전자전 기술의 기초

전자전 기술의 기초

A First Course in Electronic Warfare

EW 101

데이비드 엘 아다미(David L. Adamy)

지음

두석주, 김대영, 이길영, 황성인, 문병호, 장영진

옮김

씨아이알

이 책은 군복을 입었든 입지 않았든 EW 전문가들인 나의 동료들에게 바칩니다. 여러분 중 일부는 여러 차례 위험 지역으로 향해 갔었으며, 대다수는 평범한 사람들이 이해하기 힘든 일을 위해 종종 밤늦게까지 일을 해 왔습니다. 우리의 직업은 이상하고 도전적이지만, 대다수 우리는 다른 직업을 생각할 수 없을 만큼 그것을 사랑합니다.

전자전electronic warfare, EW은 적에게 전자기 스펙트럼electromagnetic spectrum의 사용을 거부하면서 아군의 전자기 스펙트럼의 사용을 보호하는 기술 및 과학으로 정의될 수 있습니다. 현대전에서는 적군과 아군 모두 전자장비에 대한 의존도가 점점 증가함에 따라 대부분의 군사작전들은 복잡한 전장 환경에서 전자기 스펙트럼의 우위를 달성하기 위해 노력하고 있습니다. 특히 기존의 지상, 해상, 공중의 3차원 전쟁에서 사이버 및 우주로까지 전장 환경이 확대됨에 따라 각 전장 환경을 복합적으로 상호 연결하면서 네트워크화된 다영역작전multi-domain operations 또는 모자이크전mosaic warfare을 수행하기 위해서는 각 전장 영역을 연결하고 보장하기 위한 전자기 스펙트럼의 우위가 필수적일 것입니다.

이런 중요성을 인식하여 국내 EW 기술 분야를 이끌고 있는 한국전자파학회 정보전자연구회에서는 2020년에 연구회 창립 20주년을 맞이하여 데이비드 아다미David L. Adamy의 EW 저서 중 네 번째 시리즈 『EW 104: EW Against a New Generation of Threats』를 번역하여 『EW 104: 차세대 위협에 대비한 최신 전자전 기술』을 출간한 바 있습니다. 본서의 원서인 『EW 101: A First Course in Electronic Warfare』(이하 EW 101)가 2001년에 미국에서 발간되었다는 점과 EW 104의 한국어판이 이미 출간된 것에 비하면 현재 본 번역서는 약 20여 년이 지난 시점의 기술들을 다루고 있기 때문에 시기적으로 상당히 늦은 감이 분명합니다.

그럼에도 불구하고 EW 101은 전 세계적으로 EW를 새롭게 접하거나 연구하고자 하는 많은 사람에게 여전히 훌륭한 교과서 역할을 하고 있습니다. 본서에서 다루는 여러 토론 주제들은 상당히 기초적이지만 EW 분야를 접하고자 하는 사람들에게는 꼭 필요한 주제들이며, 이 책의 많은 정보가 여전히 현대전에 적용되고 있습니다. 따라서 본서의 독자들은 EW의 주요 주제와 기초 개념에 익숙해질 수 있으며, 이를 통해 EW에 대한 기술적인 토론들을 질적으로 이해해 갈 수 있을 것입니다.

특히 국내에서는 EW 기술의 기초를 충실하게 제공해 주는 문헌이 그리 다양하지 않습니다. 따라서 본 『EW 101: 전자전 기술의 기초』는 EW 분야에서 새로운 임무를 수행하게 될 각 군의 관계자들뿐만 아니라 앞으로 스펙트럼전spectrum warfare을 주도해 가야 할 사관생도들과 후보생들, 그리고 다양한 EW 무기체계의 연구 개발을 담당하게 될 신입 연구원들을 포함하여 EW에 대한 관심과 열정을 가진 모든 사람들에게 EW에 대한 기초 지식과 폭넓은 이해를 제공할 수 있을 것입니다.

최근 전장에서의 EW에 대한 중요성이 더욱 중요해짐에 따라 우리 군에서는 전자전electronic warfare을 전자기전electromagnetic warfare으로 그 개념을 확장하고 준비해 가고 있습니다. 그러나 본서의 원서가 2001년에 발간되었다는 점에서 본서에서는 전자기전이라는 용어보다는 기존의 전자전 용어를 사용하였음을 이 자리를 빌려 말씀드립니다. 과학기술의 발전과 더불어 용어가 변화되고 새로운 개념들이 창출되듯이 EW 분야에서도 그러한 진화는 꾸준히 계속될 것입니다. 이러한 EW의 진화에 관한 부분에 대해서는 EW에 관심을 갖고 있는 여러분들에게 그 역할을 넘기고자 합니다.

마지막으로 국내의 전자전 발전과 확산을 위해 본 번역서가 출간되기까지 많은 격려를 아끼지 않으신 각 군의 관계자분들과 전자전 기술 지원으로 정보전자연구회와 함께 하며 본서의 판권 구매를 지원해 주신 LIG넥스원에 깊은 감사의 말씀을 드립니다. 아울러 본서의 번역이 충실하게 이루어질 수 있도록 많은 시간을 할애해 감수해 주신 충남대학교 전파정보통신공학과 박동철 명예교수님과 국방과학연구소 이병남 전 레이다전자전 기술센터장께도 진심으로 감사의 말씀을 드립니다.

아무쪼록 EW 분야에서 자신이 무엇을 하려는지 이해가 필요한 EW 입문자들과 자신의 팀이 무엇을 하는지 알아야 하는 EW 분야의 엔지니어들에게 본서가 큰 도움이 되길 기원합니다.

2024년 2월

역자 일동

감수의 글

본 번역서는 전자전 분야의 세계적인 전문가인 데이비드 아다미David L. Adamy의 저서인 『EW 101: A First Course in Electronic Warfare』(이하 EW 101)를 국내 군·산·학·연 전자전 관련 종사자가 전자전의 기본원리를 쉽게 이해할 수 있도록 도움을 주기 위해 한글화한 번역서입니다. EW 101은 여러 전자전 서적들 중에서도 전자전의 기초가 되는 필수 이론 및 동작 원리 등을 종합 정리한 전자전 입문 서적으로 볼 수 있습니다. EW 101은 수학적 기초이론부터 안테나 이론, 수신기 원리, 전파 재밍, 기만용 디코이 등 전자전과 관련된 다양한 주제들에 대한 기술적 내용들로 구성되어 있습니다. 따라서 EW 101은 전자전을 처음 접하는 독자들에게 적합한 서적이라 할 수 있으며, 국내 독자들에게는 본 한국어 번역서가 더 편리하게 활용될 수 있을 것으로 예상됩니다.

전자전Electronic Warfare이란 영문 표현 그대로 전쟁Warfare을 나타내는 용어이므로 당연히 군사 영역에서 다루어지는 분야입니다. 그럼에도 불구하고 전자전은 현대전의 양상을 주도하는 기술 집약형 전술로서 과학적이고 기술적인 이론을 바탕으로 체계가 설계되고 운용됩니다. 따라서 전자전은 군뿐만 아니라 기술개발을 담당하는 산·학·연에서도 매우 중요한 분야 중의 하나로 다루어지고 있습니다.

금번 EW 101 번역은 육군3사관학교 주관하에 군·산·학·연 여러 기관의 전문가들이 함께 참여하여 진행하였습니다. 번역을 주관한 육군3사관학교는 군·학·연 기능을 갖고 있어 전자전이란 주제와 매우 효과적으로 부합되는 기관이 번역을 주관한 것이라 생각합니다. 두석주 교수님을 비롯한 여러 전문가들이 심혈을 기울여 번역한 본 번역서의 감수를 맡게 되어 개인적인 영광이기도 하였으며 훌륭한 번역서 완성에 도움이 되었으면 하는 바람으로 감수를 하게 되었습니다.

감수 과정에서는 초고주파공학 전문 지식과 전자전 연구개발 실무경험을 바탕으로 한글화 용어선정 및 표현방법 등에 대해 독자가 쉽게 이해할 수 있는 표현인지를 고민하면서 감수하고자 하였습니다. 따라서 어색한 한글 표현보다는 자연스러운 영문 표현을 그대로 사용하는 것을 권고하기도 하였고, 챕터들 간에 사용된 전문용어가 잘 일치되는지 등에 대해서도 살펴보았습니다. 아울러 번역된 문장의 이해도를 높이도록 과감한 의역을 제안하여 실용적인 번역서가 되도록 감수를 진행하였습니다.

금번에 발간되는 본 번역서가 국내의 군 관련 기관, 학계, 산업계 및 연구기관 등에서 전자전을 처음 입문하는 많은 독자에게 전자전 기초이론을 쉽게 이해하는 데 큰 도움을 줄 것으로 기대합니다. 더불어 본 번역서가 기존의 전자전 관련 분야 종사자들에게도 필요시 이론적 배경에 대한 근거를 확인하기 위한 참고서로 활용되는 등 전자전 분야의 백과사전과 같은 유익한 감초 역할을 할 수 있기를 기대합니다.

2024년 2월

감수자 대표 이병남 씀

EW 101은 「Journal of Electronic Defense^{JED}」에서 여러 해 동안 인기 있는 칼럼이었습니다. 매월 두 페이지로 다양한 전자전electronic warfare, EW 측면을 다루었습니다. 실제로 특정 칼럼이 왜 인기가 있었는지는 정확히 아무도 모릅니다. 하지만 의심컨대 이 칼럼들이 다양한 사람들에게 유용한 수준에 도달했기 때문일 것입니다. 이 책에는 이 시리즈의 처음 60개 칼럼이 재구성되어 단원별로 정리되었으며 일부 추가 자료가 포함되었습니다.

이 책의 대상 독자는 다음과 같습니다. EW 분야의 새로운 전문가, EW 일부분에 특화된 전문가, 그리고 EW와 관련된 기술 분야의 전문가입니다. 또 다른 대상 그룹은 이전에 엔지니어였지만 이제 다른 사람들로부터의 정보를 기반으로 결정을 내려야 하는 관리자들입니다(물리 법칙을 어길지도 모르는 사람들과 의사소통을 해야 할 수도 있습니다). 일반적으로 이 책은 전반적인 개요, 기본 개념을 이해하고 일반적인 수준의 계산을 할 수 있는 능력이 가치 있는 사람들을 위해 집필되었습니다. 마지막으로, 찾기 어려운 EW 101 칼럼들을 완전한 세트로 모으려고 노력하던 많은 분들에게도 그 대답이 되기를 바랍니다.

이 책이 출판될 때에도 EW 101 칼럼은 JED에서 계속되고 있습니다. EW는 광범위한 분야이므로 앞으로 몇 년 동안 이야기할 것이 많습니다(먼 미래에는 이 책의 일련의 시리즈가 나올 것입니다).

이 책이 여러분의 업무에서 유용하게 사용되기를 진심으로 기대합니다. 여러분의 시간과 걱정을 절약해주고, 때로는 문제에서 벗어나는 데도 도움이 되기를 바랍니다.

목차

3장 안테나 37

6장 탐색   111

7장 LPI 신호   133

9장 재 밍 191

10장 디코이   237

11장 시뮬레이션   *259*

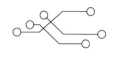

1장

서론

1장

서론

월간 튜토리얼 기사와 마찬가지로 이 책은 전자전electronic warfare, EW의 광범위하고 중요하며 대단히 흥미로운 분야에 대한 전반적인 시각을 제공하기 위해 집필되었다. 이 책에 대한 몇 가지 일반적인 사항은 다음과 같다.

- 이 책은 전자전 분야의 전문가를 위한 책은 아니지만, 그럼에도 불구하고 다른 분야의 전문가들이나 또는 전자전의 하위 분야 전문가들에게 유용할 수 있을 것이다.
- 이 책은 쉽게 읽힐 수 있도록 작성되었다. 일반적인 견해와는 다르게 기술적인 내용이라고 해서 꼭 지루할 필요는 없다.
- 이 책의 수준, 스타일 및 내용 등이 사실 칼럼에 적절한 것들이나 책으로 활용되기 위해 재구성되었다. 대부분의 칼럼은 논리적 순서로 각 장에 맞도록 조정되었고, 두 개 이상의 주제 영역이 같은 칼럼에서 다루어진 경우 자료는 각각의 적절한 장에서 다루어졌다.

이 책에서 다루는 기술 자료는 정밀하기보다는 정확하게 설명하기 위해 노력하였다. 대부분의 경우, 수식들은 거의 모든 시스템 수준 설계 작업에 충분한 정확도인 1dB까지의 정확도를 갖는다. 만약 훨씬 더 높은 정밀도가 요구되는 경우라 할지라도 거의 모든 전통적인 시스템 엔지니어들은 먼저 기본 방정식을 1dB까지로 실행한 다음 컴퓨터 전문가에게 필요한 정밀도를 구현하도록 한다. 고도로 정밀한 수학을 포함하는 문제의 경우, 우리는 때때로 세부사항에 너무 집착한 나머지 몇 배 크기의 실수를 범할 수도 있다. 이러한 실수는 때때로 잘못된 가정 또는 잘못 기술된 문제들로부터 빈번하게 발생된다. 이런 크기 문제의 오류들은 당신(그리고 아마도 당신의 상사)을 큰 문제에 빠뜨리기 때문에 이러한 오류들은 가급적 피해야 한다.

본서의 간단한 dB 형식 방정식을 사용하여 문제를 1dB까지 풀면 근사적인 답을 빠르게 도출할 수 있다. 그런 다음에는 편안하게 앉아서 얻은 답이 합리적인지 스스로에게 물어보기 바란다. 그리고 결과를 다른 유사한 문제의 결과와 비교하거나 또는 상식을 적용해 보기 바란다. 이 단계에서 문제의 가정을 재검토하거나 설명을 명확히 하는 것은 쉬울 것이다. 그런 다음 세부적인 계산을 완료하는 데 필요한 상당한 양의 시설과 인력, 예산 그리고 (아마도) 위산을 투입한다면 한번에(또는 거의 첫 번째로) 해답을 올바르게 찾을 가능성이 크다.

책의 범위

이 책은 전자전에 사용되는 대부분의 무선 주파수radio frequency, RF 측면을 시스템 수준에서 다룬다. 그것은 하드웨어와 소프트웨어가 해야 하는 일을 구체적으로 어떻게 하는지에 대한 것보다는 하드웨어와 소프트웨어가 무엇을 하는지에 대해 더 많이 이야기한다는 것을 의미한다. 독자들이 대수학과 삼각법을 이해하고 있다고 가정하였으며, 미적분학 등 복잡한 수학은 가급적 피하고자 하였다.

더 자세한 정보

더욱 자세한 EW 정보에 대해서는 아래와 같은 권장 참고자료들이 있다. 여기에는 교재, 전문 저널 및 기술 잡지 등이 포함된다. 아래 목록들이 사용 가능한 참고자료들의 전체 목록은 아니다. 그러나 처음 시작하는 자료 목록으로는 매우 적절하며, 이 참고 목록들은 EW 101 칼럼 준비를 위해 사용했던 자료들이다. 일부 참고자료는 복잡하고, 또한 다른 일부는 해당 분야의 초보자(그리고 오랫동안 학교를 떠나온 사람들)에게도 상당히 쉽지만 모두 EW와 관련된 견고하고 유용한 정보를 포함하고 있다.

일반 전자전 교재

- *Electronic Warfare*, D. Curtis Schleher (Artech House)

- *Introduction to Electronic Defense Systems*, Filippo Neri (Artech House)

- *Electronic Warfare*, David Hoisington (Lynx)

- *Applied ECM* (three volumes), Leroy Van Brunt (EW Engineering, Inc.)

전자전의 구체적인 주제에 관한 책

- *Radar Vulnerability to Jamming*, Robert Lothes, Michael Szymanski, and Richard Wiley (Artech House)

- *Electronic Intelligence: The Interception of Radar Signals*, Richard Wiley (Artech House)

- *Radar Cross Section*, Eugene Knott, John Shaeffer, and Michael Tuley (Artech House)

- *Introduction to Radar Systems*, Merrill Skolnik (McGraw-Hill)

- *Introduction to Airborne Radar*, George Stimson (SciTech)

새로운 변조방식에 관한 책

- *Spread Spectrum Communications Handbook*, Marvin Simon et al. (McGraw-Hill)

- *Detectability of Spread-Spectrum Signals*, Robin and George Dillard (Artech House)

- *Spread Spectrum Systems with Commercial Applications*, Robert Dixon (Wiley)

- *Principles of Secure Communication Systems*, Donald Torrieri (Artech House)

전자전 핸드북

- *International Countermeasures Handbook* (Horizon House)

- *EW Handbook* (Journal of Electronic Defense)

EW와 관련된 기사가 있는 잡지

- *Journal of Electronic Defense*

- *IEEE Transactions on Aerospace and Electronic Systems* (from IEEE AES working group)

- *Signal Magazine*

- *Microwave Journal*

- *Microwaves*

EW에 대한 일반 사항

전자전은 적에게 전자기 스펙트럼의 사용을 거부하면서 아군 전자기 스펙트럼의 사용을 보호하는 기술 및 과학으로 정의된다. 물론 전자기 스펙트럼은 DC에서부터 가시광선(너머)까지 존재한다. 따라서 전자전은 전체 무선 주파수 스펙트럼, 적외선 스펙트럼, 광학 스펙트럼 및 자외선 스펙트럼을 포함한다.

그림 1.1에서 볼 수 있듯이 전자전은 고전적으로 다음과 같이 나뉜다.

- 전자 지원책electromagnetic support measures, ESM — EW의 수신 부분
- 전자 방해책electromagnetic countermeasures, ECM — 레이다, 군 통신 및 열 추적 무기의 작동을 방해하는 데 사용되는 전파 방해, 채프 및 플레어
- 전자방해 방어책electromagnetic counter-countermeasures, ECCM — ECM의 영향에 대응하기 위해 레이다, 통신 시스템의 설계 또는 운용에서 취하는 대응책

대방사 무기antiradiation weapon, ARW와 지향성 에너지 무기directed-energy weapon, DEW는 전자전과 매우 밀접한 연관성을 갖고 있음에도 불구하고 EW의 일부로 간주되지 않고 대신 무기로 구별되었다. 그러나 지난 몇 년 동안 EW 분야는 많은 국가에서 그림 1.2와 같이 다시 정의되었다. 현재 NATO에서의 정의는 다음과 같다.

- 전자전 지원electronic warfare support, ES — 기존의 ESM이다.
- 전자 공격electronic attack, EA — 기존 ECM(재밍, 채프 및 플레어)을 포함할 뿐만 아니라 대방사 무기 및 지향성 에너지 무기를 포함한다.
- 전자 보호electronic protection, EP — 기존의 ECCM이다.

ESM(또는 ES)은 통신 정보communications intelligence, COMINT 및 전자 정보electronic intelligence, ELINT로 구성되는 신호 정보signal intelligence, SIGINT와 구별된다(비록 모두가 적의 전송을 수신하는 것과 관련되어 있음에도 불구하고). 신호의 복잡성이 증가함에 따라 이 둘의 구분이 점점 모호해지고 있기는 하지만 구별되는 차이점은 바로 전송을 수신하는 목적에 있다.

- COMINT는 신호에 의해 전달되는 내용에서 정보를 추출할 목적으로 적의 통신 신호를 수신한다.

- ELINT는 적의 전자파 시스템의 세부 사항을 파악하여 대응책을 개발할 목적으로 적의 비통신 신호를 수신한다. 따라서 ELINT 시스템은 일반적으로 상세한 분석을 지원하기 위해 장기간에 걸쳐 많은 데이터를 수집한다.
- 반면에 ESM/ES는 신호 또는 해당 신호와 관련된 무기에 대해 즉각적인 조치를 취하기 위해 적의 신호(통신 또는 비통신)를 수집한다. 수신된 신호는 재밍을 당하거나 또는 해당 정보가 치명적인 대응 무기체계로 전달될 수 있다. 수신된 신호는 상황 인식에도 사용할 수 있다. 즉, 적 부대의 유형과 위치, 무기체계, 전자 능력 등을 식별한다. ESM/ES는 일반적으로 높은 처리 속도로 덜 광범위한 프로세싱을 지원하기 위해 많은 양의 신호 데이터를 수집한다. 일반적으로 ESM/ES는 단지 알려진 에미터 유형 중 어떤 유형이 존재하고, 그들이 어디에 있는지만 결정한다.

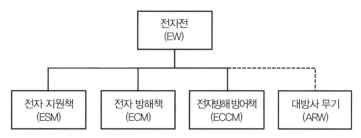

그림 1.1 전자전은 전통적으로 ESM, ECM, ECCM으로 구분된다. 대방사 무기는 전자전의 일부가 아니었다.

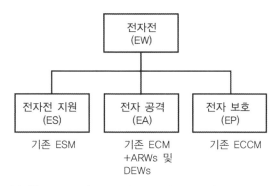

그림 1.2 현재 NATO에서는 전자전을 ES, EA 그리고 EP로 나눈다. 여기서 EA는 대방사 무기와 지향성 에너지 무기를 포함한다.

전자전을 이해하는 방법

전자전 원리(특히 RF 부분)를 이해하기 위한 핵심은 무선 전파 이론을 잘 이해하는 것이다. 무선 신호가 어떻게 전파되는지를 이해하면 신호가 어떻게 차단, 방해 또는 보호되는지를 이해하는 데 논리적인 진전을 이루게 된다. 그러한 이해 없이는 실제로 전자전을 이해하는 것이 거의 불가능하다.

단방향 링크 방정식 및 dB 형식의 레이다 거리 방정식과 같은 몇 가지 간단한 수식을 알고 나면 머릿속으로 1dB 정확도까지 전자전 문제를 해결할 수 있을 것이다. 그 정도까지 할 수 있다면 전자전 문제에 직면했을 때 빠르게 핵심을 파악할 수 있다. 어떤 누군가가 물리 법칙을 깨려고 하는지 빠르고 쉽게 확인할 수 있게 된다. (물론 찢어진 스크래치 종이 한 조각 정도를 사용하는 것은 허용된다. 그렇게 하더라도 당신이 동료들을 난관에서 벗어나도록 해준다면 동료들은 여전히 당신을 EW 전문가로 분류할 것이다.)

세부 사항에 대해

- 2장에서는 dB와 링크 방정식, 구면 삼각법과 같은 몇 가지 기본적인 수학을 다룬다.
- 3장에서는 안테나 유형, 정의 및 매개변수 절충안을 다룬다.
- 4장에서는 수신기의 유형과 정의, 응용 및 감도 계산과 같은 내용을 다룬다.
- 5장에서는 신호 식별, 제어 메커니즘 및 운영자 인터페이스와 같은 전자전 프로세싱을 다룬다.
- 6장에서는 탐색 기술과 제한 사항 그리고 장단점을 다룬다.
- 7장에서는 LPI 통신에 주로 초점을 두고 저피탐 신호에 대해 논한다.
- 8장에서는 EW 시스템에서 사용되는 모든 공통적인 에미터 위치 탐지 기술을 다룬다.
- 9장에서는 재밍의 개념과 정의, 제한사항 그리고 방정식 등을 다룬다.
- 10장에서는 레이다 디코이에 대해 다룬다. 능동 및 수동 디코이, 그리고 적절한 계산법들이 포함된다.
- 11장에서는 개념 평가, 교육 및 시스템 테스트를 위한 시뮬레이션을 포함한다.

EW 101 칼럼을 가지고 계시는 분들을 위해 본서의 말미 부록 A에 EW 101 칼럼과 비교하여 본서의 각 장에 대한 상호 참조를 제공하였다.

2장
기본적인 수학 이론

2장
기본적인 수학 이론

이 장은 다른 장에서 다루는 전자전 개념을 이해하는 데 도움이 되는 기본적인 수학 이론을 다룬다. 먼저 숫자 및 방정식의 dB 표현에 대해 다루고, 전파의 전파 및 구면 삼각법에 대해 다룰 것이다.

2.1 dB값 및 dB 방정식

전파의 전파를 다루는 전문가적 활동에서 신호의 크기, 이득, 손실은 dB 형태로 자주 표현된다. dB 형태의 방정식을 사용하는 것은 원래 방정식을 이용하는 것보다 일반적으로 더 사용하기 쉽기 때문이다.

dB값은 로그로 표현된 값이기 때문에, 아주 큰 비율을 갖는 값들을 비교하거나 다룰 때 편리하다. 편의상 로그로 표현되는 dB값과 구분하기 위해, dB형이 아닌 값을 선형 수라 하자. dB로 표현된 값은 다음과 같이 연산을 쉽게 해주는 장점을 갖고 있다.

- 선형 수의 곱셈 연산은 해당 로그값의 덧셈 연산과 같다.
- 선형 수의 나눗셈 연산은 해당 로그값의 뺄셈 연산과 같다.
- 선형 수를 n제곱 하는 것은 해당 로그값에서 n을 곱하는 것과 같다.

● 선형 수를 n제곱근 하는 것은 해당 로그값에서 n으로 나누는 것과 같다.

위의 장점들을 충분히 활용하기 위해서는 가능한 한 초기 단계부터 dB값으로 표현하고, 가능한 한 마지막 단계에서 결괏값을 다시 선형 수로 환원하면 된다. 또 많은 경우에는 결괏값을 dB값으로 남겨두어도 된다.

dB로 표현된 모든 값들은 두 선형 수의 비율을 로그 연산으로 나타낸 것임을 명심해야 한다. 전기회로나 전파의 전파에서 증폭기나 안테나의 이득, 손실이 아주 좋은 예이다.

2.1.1 dB 형태 변환

선형 수 N을 dB값으로 나타내는 공식은 다음과 같다.

$$N(dB) = 10\log_{10}(N)$$

이 책에서 우리는 이 식을 간편하게 log의 밑 10을 생략한 $10\log(N)$으로 표현할 것이다. 공학용 계산기에서 이 식을 연산할 때는 선형 수 N을 먼저 입력하고, log 키를 누른 후 10을 곱하면 된다.

dB값을 선형 수로 다시 변환하는 수식은 다음과 같다.

$$N = 10^{N(\text{dB})/10}$$

공학용 계산기를 사용할 때는 dB값을 먼저 입력하고 10으로 나눈 후에 Shift 또는 Second 키를 누르고 log 키를 누르면 된다. 또한 이 과정은 dB값을 10으로 나눈 후에 역로그antilog를 취해도 된다.

예를 들어 증폭기의 이득이 100이면 우리는 다음과 같은 연산을 통해 20dB 이득이라고 말할 수 있다.

$$10\log(100) = 10 \times 2 = 20\,\text{dB}$$

역과정으로 20dB 증폭기를 선형 이득으로 변환할 때는 다음과 같다.

$$10^{20/10} = 100$$

2.1.2 절댓값의 dB 표현

비율이 아닌 어떤 절대적인 값을 dB값으로 나타낼 때는 해당값을 잘 알려진 어떤 값의 비율로 먼저 표현해야 한다. 신호의 세기를 dBm으로 나타내는 것이 가장 좋은 예이다. 전력의 크기를 dBm으로 변환하기 위해서는 먼저 전력값을 1mW로 나누고, dB값으로 변환하면 된다. 예를 들어, 4W는 4,000mW이므로, 4,000을 dB로 나타내면 다음 식에 의해 36dBm이 된다. 여기에서 dB 뒤의 소문자 m은 변환된 dB값이 mW에 대한 비율임을 의미하는 것이다.

$$10\log(4000) = 10 \times 3.6 = 36\,\mathrm{dBm}$$

이 값을 다시 전력 W로 표현하려면 다음 식과 같이 구할 수 있다.

$$Antilog(36/10) = 4000\,\mathrm{mW} = 4\,\mathrm{W}$$

어떤 절대적인 값을 dB형으로 표현한 다른 예들은 표 2.1에 정리되어 있다.

표 2.1 자주 사용되는 dB 정의

dBm	= 1mW에 대한 전력의 dB값	신호 크기를 표현할 때 사용됨
dBW	= 1W에 대한 전력의 dB값	신호 크기를 표현할 때 사용됨
dBsm	= 1m²에 대한 면적의 dB값	안테나 면적 및 레이다 반사 단면적을 표현할 때 사용됨
dBi	= 등방성 안테나 이득에 대한 안테나 이득의 dB값	정의에 의하면, 무지향성(등방성) 안테나의 이득은 0dBi임

2.1.3 dB 방정식

이 책에서는 편의를 위해 여러 dB형의 방정식을 사용한다. 이러한 방정식은 다음 형식 중 하나를 갖지만 여러 항을 가질 수 있다.

$$A(\mathrm{dBm}) \pm B(\mathrm{dB}) = C(\mathrm{dBm})$$

$$A(\mathrm{dBm}) - B(\mathrm{dBm}) = C(\mathrm{dB})$$

$$A(\mathrm{dB}) = B(\mathrm{dB}) \pm N\log(\text{선형 수})$$

여기서, N은 10의 배수이다.

위의 마지막 방정식 형식은 숫자의 제곱(또는 더 높은 차수의 제곱)을 곱할 때 사용한다. 이 마지막 공식 유형의 중요한 예는 다음과 같은 전파의 전파 확산 손실에 대한 방정식이다.

$$L_S = 32 + 20\log(d) + 20\log(f)$$

여기서, L_S(dB)는 확산 손실이고, d(km)는 링크의 거리, f(MHz)는 전송 주파수를 나타낸다.

여기에서 32라는 값은 가장 편리한 단위의 입력값으로부터 원하는 단위의 값을 얻고자 할 때 더해진 보정상수fudge factor이다. 실제로는 4π의 제곱을 빛의 속도의 제곱으로 나누고, 적절한 단위 변환을 위해 값을 곱하거나 나눈 값을 반올림한 값으로 전체가 dB형으로 변환되어 있다. 보정상수 및 이를 포함하는 방정식을 이해할 때 중요한 것은 이 각 변수에 정확한 단위의 값이 입력될 때만 유효하다는 것이다. 위 식에서 거리는 반드시 km 값이어야 하고, 주파수는 반드시 MHz 값이어야 한다. 그렇지 않으면 구해진 손실값은 잘못된 값이 된다.

2.2 모든 전자전 기능을 위한 링크 방정식

모든 종류의 레이다, 군용 통신, 신호정보, 재밍 시스템은 각각의 통신 링크에 의해 분석이 가능하다. 이 링크에는 하나의 방사체, 하나의 수신기, 그리고 방사체에서 수신기로 전달되는 전자기 에너지에 발생하는 모든 현상이 포함된다. 방사체와 수신기는 다양한 형태를 가질 수 있다. 예를 들어 레이다 펄스가 항공기 표면으로부터 반사될 때는 이 반사 메커니즘을 송신기처럼 볼 수 있다. 반사된 펄스가 항공기 표면을 떠나게 되면, 전술 통신시스템에서 통신 신호가 송신기부터 수신기에 전달될 때 적용되는 전파 법칙을 그대로 따르게 된다.

2.2.1 "단방향 링크"

단방향one-way 링크라 불리는 기본 통신 링크는 송신기XMTR, 수신기RCVR, 송·수신 안테나 및 두 안테나 간의 전달 경로로 구성된다. 그림 2.1은 이 통신 링크를 통해 전파가 전달될 때, 전파 신호의 세기가 어떻게 변화하는지 설명하고 있다. 이 다이어그램은 신호 세기는 dBm으로 신호 세기의 증감은 dB로 표현하고 있다.

그림 2.1은 우리가 먼저 고려할 맑은 날씨에서의 가시선 링크(즉, 송·수신 안테나가 서로 볼 수 있고, 사이의 전달 경로가 지면이나 수면에 너무 가깝지 않은 상황)에서의 신호 크기를 보여주고 있다. 이후에는 악기상과 비가시선 통신에서의 효과를 포함하여 통신 링크를 계산할 것이다. 통신 링크에서 첫 번째 단계로 신호는 dBm 단위로 표현되는 일정한 전력을 갖고 송신기로부터 방사되고, 이것은 송신 안테나 이득에 의해 증가될 것이다. 만일 안테나 이득이 1, 즉 0dB보다 작다면 안테나로부터 방사되는 전력은 송신출력보다 작아질 것이다. 이때, 안테나로부터 방사되는 신호의 전력을 유효 방사 출력effective radiated power, ERP이라 하고, dBm 단위로 표현한다. 방사된 신호는 송신 안테나에서 수신 안테나로 전달되면서 여러 요소들에 의해 감쇠된다. 맑은 날씨에서 가시선 링크의 경우 신호는 단순히 확산 손실과 대기 손실에 의해 감쇠된다. 수신 안테나까지 전달된 신호는 수신 안테나 이득에 의해 증가되어 수신기에 전달되고, 이때의 전력을 "수신 전력"이라 한다.

그림 2.1로 묘사된 이 과정을 "링크 방정식" 또는 "링크 방정식의 dB형"이라 한다. 여기에서는 마치 하나의 방정식으로 나타낸 것처럼 보이나, 링크 방정식은 모든 고려사항들을

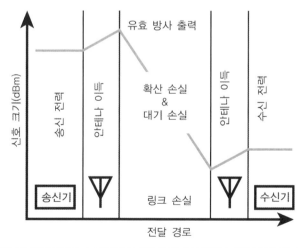

그림 2.1 수신 전력(dBm)을 계산하기 위해서, 송신 전력(dBm)으로부터 송신 안테나 이득(dB)을 더하고, 링크 손실(dB)을 빼주고, 수신 안테나 이득(dB)를 더하면 된다.

포함한 신호의 전달 과정에서 각각의 지점에서 신호 크기를 구할 수 있는 여러 방정식의 조합으로 유도된 것이다.

링크 방정식의 응용에 대한 일반적인 예는 다음과 같다.

송신 전력 (1W) = +30dBm

송신 안테나 이득 = +10dB

확산 손실 = 100dB

대기 손실 = 2dB

수신 안테나 이득 = +3dB

수신 전력 = +30dBm + 10dB – 100dB – 2dB + 3dB = -59dBm

2.2.2 전파 손실

앞 절의 링크 방정식에서 가장 어려운 두 고려요소는 확산 손실(또는 공간 손실)과 대기 손실이다(송신기 및 안테나 제조업체를 믿고, 업체의 제품 사양서에서 해당 값을 단순히 읽고, 모든 다른 상황에 대한 전파 손실을 우리가 직접 계산해야 함). 이 두 전파 손실요소는 모두 전파 거리와 송신 주파수에 따라 달라진다. 첫 번째, 확산 손실은 그림 2.2에 있는 계산도표nomograph를 통해 쉽게 구할 수 있다. 이 차트를 이용하는 방법은 그림의 왼쪽 눈금에서 해당 운용주파수(예시에서는 1GHz)로부터 오른쪽 눈금의 전송 거리(예시에서는 20km)를 직선으로 연결하면, 해당 직선이 통과하는 중간눈금의 값인 119dB가 해당 주파수 및 전송 거리에서의 확산 손실이 된다. 또한, 다음의 간단한 dB형 방정식에 의해서 확산 손실을 구할 수 있다.

$$L_S(in\ \mathrm{dB}) = 32.4 + 20\log_{10}(distance\ in\ \mathrm{km}) + 20\log_{10}(frequency\ in\ \mathrm{MHz})$$

위 식은 맑은 날씨에서 가시선 전송일 경우에만 유효함을 명심해야 한다. 위 식은 주어진 조건(거리는 km 값, 주파수는 MHz 값)에서만 유효하고, 32.4라는 값은 이러한 단위 변환 등을 모두 포함하여 구해진 상수값이다. 일반적으로 링크 방정식을 사용할 때에는 1dB 정확도를 고려하므로, 32.4라는 값은 근사화하여 32로 사용하기도 한다.

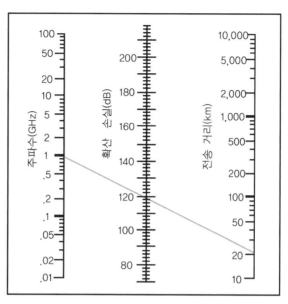

그림 2.2 확산 손실은 운용 주파수(GHz)로부터 전송 거리(km)를 직선으로 연결함으로써 구할 수 있고, 그 직선이 통과하는 중앙 눈금 값이 확산 손실(dB)이다.

확산 손실에서 중요한 또 한 가지 사실은 계산도표와 위 방정식으로부터 구해진 손실 값은 두 개의 등방성 안테나(이득이 0dB인) 사이에서 구한 값이라는 것이다. 안테나 이득은 독립된 변수로서 방정식에 더하면 되기 때문에 계산이 쉬워진다. 또한, 계산도표의 기본이 되는 이 방정식은 다음 가정에 의해 유도된 것이다. 먼저 등방성 송신 안테나가 전파 에너지를 방사형으로 방사하고, 이에 따라 유효 방사 출력은 안테나를 둘러싼 구 표면상에 균일하게 전파된다. 등방성 수신 안테나는 주파수의 함수인 "유효 면적"을 갖고, 이 안테나의 유효 면적은 등방성 안테나가 신호를 수신할 구(송신기와 수신기 간 거리와 같은 값의 반지름을 갖는)의 표면에서의 해당 표면적을 결정한다. 확산 손실 수식은 운용주파수에서의 등방성 안테나의 면적에 대한 구의 전체 표면적 비이다. 이에 대한 유도는 정말 열심히 뭔가 해보고자 하는 독자의 몫으로 남겨두겠다.

대기 손실은 비선형성을 갖기 때문에 그림 2.3에서 단순히 손실을 읽어 구하는 것이 가장 좋은 방법이다. 그림의 예시에서 송신 주파수는 50GHz이다. 50GHz에서 바로 위 곡선까지 직선을 연결하고, 다시 좌측의 눈금까지 직선을 연결하면 전송 거리 1km당 발생하는 대기 손실 값을 구하게 된다. 본 예시에서는 km당 0.4dB의 대기 손실이 있고, 따라서 50GHz 신호가 20km 진행하면 8dB의 대기 손실을 가짐을 알 수 있다. 주목할 점은 대부분의 일대일 전술통신 주파수에서는 대기 감쇠는 매우 낮아 링크 계산에서는 종종 무시되곤

한다. 그러나 주파수가 높은 마이크로파 및 밀리미터파 대역과 모든 대기층을 통과하는
지상과 위성 간의 통신에서는 무시하지 못할 만한 손실이 발생하게 된다.

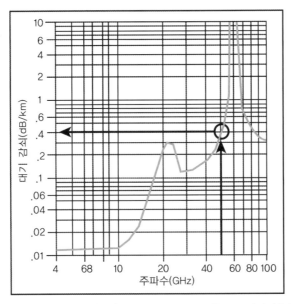

그림 2.3 단위 km당 대기 감쇠(dB)는 해당 주파수(GHz)에서 곡선까지 위로 직선을 긋고, 다시 좌측 눈금까지 직선을 연결할 때
눈금 값이다.

2.2.3 수신기 감도

수신기 감도에 대해서는 4장에서 자세하게 다루겠지만, 현 단계에서는 수신기 감도는
수신기가 신호를 수신하여 적절한 출력을 얻을 수 있는 최소한의 신호 크기로 이해할 수
있다.

만약 수신된 신호의 전력이 수신기 감도 이상이면 해당 링크를 통해서 통신이 성공적임
을 알 수 있다. 예를 들어 수신 전력이 -59dBm이고, 수신기 감도가 -65dBm이면 통신이 가
능하다. 수신 전력이 수신기 감도보다 6dB만큼 크기 때문에, 해당 링크는 6dB의 여유margin
를 갖고 있다고 말할 수 있다.

2.2.4 유효 거리

최대 링크 거리에서 수신 전력은 수신기 감도와 같게 될 것이다. 따라서 수신 전력을
수신기 감도와 같다고 놓으면, 링크 거리를 구할 수 있다. 단순한 예를 위해 평범한 지형에
서 대기 손실을 무시할 수 있는 100MHz의 주파수에서 링크 거리를 구해보자.

송신 전력은 10W(+40dBm), 주파수는 100MHz, 송신 안테나 이득은 10dB, 수신 안테나 이득은 3dB, 수신기 감도는 -65dBm이며, 두 안테나 간 가시선 거리는 충분하다고 할 때 최대 링크 거리는 얼마일까?

$$P_R = P_T + G_T - 32.4 - 20\log(f) - 20\log(d) + G_R$$

여기서, P_R(dBm)은 수신 전력, P_T(dBm)는 송신 전력, G_T(dB)는 송신 안테나 이득, f (MHz)는 전송 주파수, d(km)는 전송 거리, G_R(dB)은 수신 안테나 이득이다.

P_R은 $Sens$(수신기 감도)와 같다고 하고, $20\log(d)$에 대해 정리하면,

$$Sens = P_T + G_T - 32.4 - 20\log(f) - 20\log(d) + G_R$$
$$20\log(d) = P_T + G_T - 32.4 - 20\log(f) + G_R - Sens$$

예제에서 주어진 dB값들을 대입하면,

$$20\log(d) = +40 + 10 - 32.4 - 20\log(100) + 3 - (-65)$$
$$= +40 + 10 - 32.4 - 40 + 3 + 65 = 45.6$$

이고, d에 대해서 풀면, 다음과 같이 유효 거리를 구할 수 있다.

$$d = Antilog(20\log(d)/20) = Antilog(45.6/20) = 191\,km$$

2.3 실전적인 전자전 응용에서의 링크 이슈

앞 절의 기본적인 링크 방정식은 다양한 전자전 시스템과 작전에서 다양한 형태로 표현된다. 이 중 전자전 링크에서 발생하는 현상들의 이해에 큰 도움이 되는 중요한 기교도 있다.

2.3.1 대기 전파의 전력 출력

전자전 분야의 시스템 엔지니어로 있는 대부분의 사람들이 사용하는 이 책에 제시된 링크 방정식은 심각한 논리적 오류를 포함하고 있다. 하지만 이러한 공식들은 정확한 것을 신봉하는 사람들을 설득시킬 수 있을 만큼 문제들을 간단하게 만들어 준다. 그 오류는 우리가 송신 및 수신 안테나 사이의 "대기 전파에서 나오는" 신호의 전력을 dBm으로 표현한다는 것이다. dBm은 그저 mW의 log를 이용한 표현일 뿐이다. dBm 단위의 신호 세기는 "전력"이고, 전기적인 전력은 오직 전선 및 회로 내부에서만 정의된다. 따라서 송신 안테나에서 수신 안테나로 신호가 전파되는 동안에 신호는 통상적으로 µV/m로 나타내지는 "전계 세기"로 정확하게 표현해야 한다(그림 2.4, 2.5 참조).

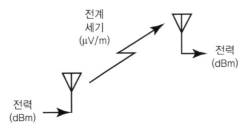

그림 2.4 엄격히 말해 dBm 단위의 신호 세기는 전선이나 회로에서만 정의된다. 대기 전파의 출력은 µV/m 단위의 전계 세기로 정의해야 한다.

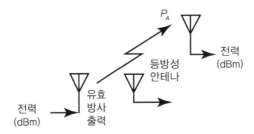

그림 2.5 방사된 신호는 종종 이상적인 수신기와 등방성 안테나가 수신하는 세기로 표현할 수 있다.

그렇다면 링크 분석에서 옳은 답을 찾기 위해 전파되고 있는 전파의 dBm 값을 어떻게 구할 것인가? 이때 약간의 기교를 사용하는데, 가상으로 이득이 1인 안테나를 신호의 세기를 구하고자 하는 곳에 놓아두는 것이다. dBm 단위의 신호 세기가 그 가상 안테나의 출력에 나타날 것이다. 따라서 유효 방사 출력ERP은 송신 안테나에서 수신 안테나까지 연결하는 선상에서 송신 안테나에 거의 붙은 경우(물론 근거리 효과는 무시함) 가상 안테나의 출력일 것이다. 마찬가지 방법으로, 수신 안테나에 도달하는 전력은 가상의 안테나가 동일한 선상에서 수신 안테나에 거의 붙어 있을 때 가상 안테나의 출력이다.

2.3.2 μV/m 단위의 감도

수신기 감도는 때때로 dBm이 아닌 μV/m로 표시된다. 안테나와 수신기 사이에 복잡한 관계가 존재하는 장치의 경우 특히 그러하다. 가장 좋은 예는 방향 탐지를 위해 공간적으로 이격되어 있는 배열 안테나의 경우이다. 다행스럽게도 다음 한 쌍의 간단한 dB형 공식을 통해 μV/m와 dBm 사이를 쉽게 변환할 수 있다. 앞으로 이 장의 모든 방정식에서 밑이 10인 log는 단순히 "log"로 표현한다. μV/m에서 dBm으로 변환하기 위해 다음 식을 사용한다.

$$P = -77 + 20\log(E) - 20\log(F)$$

여기에서, P(dBm)는 신호 세기, E(μV/m)는 전계 세기, F(MHz)는 주파수를 의미한다.

dBm에서 μV/m로 변환하기 위해서는 다음 식을 사용한다.

$$E = 10^{(P+77+20\log[F])/20}$$

이 수식들은 다음 방정식들로부터 구해진 것이다.

$$P = (E^2 A)/Z_0,$$
$$A = (Gc^2)/(4\pi F^2)$$

여기서, P(W)는 신호 세기, E(V/m)는 전계 세기, A(m²)위는 안테나 면적, Z_0는 자유공간의 특성 임피던스(120πΩ), G는 안테나 이득(등방성 안테나의 경우 1), c는 광속(3×10^8 m/sec), F(Hz)는 주파수를 의미한다.

기꺼이 하고 싶다면 독자 스스로 유도해 보길 권장한다. 여러분들이 단위 변환을 기억하고, 전체 결합된 방정식을 dB형으로 변환한다면 유도는 아주 쉬울 것이다.

2.3.3 레이다 작전에서의 링크 방정식

많은 교과서에서 제시하는 레이다 탐지거리 방정식은 얼마나 레이다가 잘 동작하느냐에 초점이 맞추어져 있어, 레이다 종사자들에게 가장 유용하다. 하지만 전자전(EW) 종사들에게는 그림 2.6에 도시된 것처럼 레이다 방정식을 구성품별로 "링크"의 형태로 보고, 모든 단위를 dB나 dBm으로 다루는 것이 훨씬 더 유용하다. 이를 통해 레이다 신호가 표적에 도달할 때의 전력을 구할 수 있고, 표적에 반사되어 레이다 수신기에 도달하는 전력을 구하여, 이와 같거나 초과하도록 하는 재머의 송신 출력을 구하는 등의 다른 유용한 값들을 구할 수 있다.

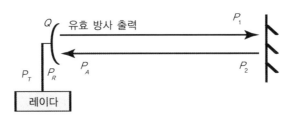

그림 2.6 전자전 응용 분야에서는 레이다 방정식을 일련의 "링크"로 보는 것이 더 편리하다.

이전에 언급했듯이, 확산 손실은 $32.4 + 20\log(D) + 20\log(F)$로 구할 수 있고, 편의상 32.4는 통상적으로 근사화하여 32로 사용하기도 한다. 이와 유사하게, 표적의 레이다 반사단면적radar cross section, RCS에 의해 반사되는 신호를 구하는 유용한 식, $-39 + 10\log(\sigma) + 20\log(F)$가 있다. 이 식에 대한 유도 및 세부적인 사항들은 10장에서 다룰 것이다.

그림 2.6에서 P_T(dBm)는 레이다의 송신 출력, G(dB)는 레이다 안테나 이득, ERP는 유효 방사 출력, P_1(dBm)은 표적에 도달한 신호의 전력, P_2(dBm)는 표적에서 반사된 신호의 전력, P_A(dBm)는 레이다 안테나에 도달한 신호의 전력, P_R(dBm)은 레이다 수신기의 수신 전력을 나타낸다.

dB형으로 나타내면,

$$ERP = P_T + G$$
$$P_1 = ERP - 32 - 20\log(D) - 20\log(F)$$
$$= P_T + G - 32 - 20\log(D) - 20\log(F)$$

여기에서 D(km)는 거리, F(MHz)는 주파수를 의미한다.

$$P_2 = P_1 - 39 + 10\log(\sigma) + 20\log(F)$$

여기서, σ는 레이다 반사 단면적(m^2)이다.

$$P_A = P_2 - 32 - 20\log(D) - 20\log(F)$$
$$P_R = P_A + G$$

결론적으로 레이다 수신 전력은 다음과 같이 구할 수 있다.

$$P_R = P_T + 2G - 103 - 40\log(D) - 20\log(F) + 10\log(\sigma)$$

2.3.4 간섭 신호

동일한 주파수의 두 신호가 단일 안테나에 도달하면 일반적으로 하나는 원하는 신호로 간주되고 다른 하나는 간섭 신호로 간주된다(그림 2.7 참조). 간섭 신호가 의도적인 재밍인지 아닌지 여부와 관계없이 동일한 방정식이 적용된다. 수신기 안테나가 두 신호에 동일한 이득을 제공한다고 가정할 때에 두 신호 간의 전력 차이에 대한 dB 표현은 다음과 같다.

$$P_S - P_I = ERP_S - ERP_I - 20\log(D_S) + 20\log(D_I)$$

여기서, P_S는 원하는 신호의 수신 전력, P_I는 간섭 신호의 수신 전력, ERP_S는 원하는

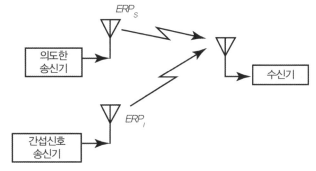

그림 2.7 간섭 신호는 각 송신기에서 고려 중인 수신기로의 링크로 설명할 수 있다.

신호의 유효 방사 출력, ERP_I는 간섭 신호의 유효 방사 출력, D_S는 원하는 신호 송신기로부터의 경로 거리, D_I는 간섭 신호 송신기로부터의 경로 거리를 나타낸다.

이 식은 간섭 방정식의 가장 간단한 형태이다. 3장에서는 두 신호에 서로 다른 안테나 이득 계수를 적용하는 지향성 수신 안테나에 대해 다룰 것이다. 또한 레이다가 원하는 레이다 반사신호와 함께 재머로부터의 간섭 신호를 동시에 수신할 때의 상황을 다룰 것이다. 이러한 모든 공식은 위에서 설명한 간단한 dB형으로 표현될 것이다.

2.3.5 지표면 근처에서의 저주파 신호

앞 절에서 설명한 확산 손실 공식은 전자전 링크에서 일반적으로 적용된다. 하지만 지표면에 가까운 안테나 간 전송된 상대적으로 낮은 주파수 신호에 대해서는 다른 형태의 방정식이 적용된다. 만약 통신 링크가 프레넬 영역 넘어까지 도달한다면, 프레넬 영역까지 확산 손실은 원래 식($L_S = 32 + 20\log(f) + 20\log(d)$)을 따른다. 하지만 프레넬 영역 외부에서 확산 손실은 다음 식에 의해 구할 수 있다.

$$L_S = 120 + 40\log(d) - 20\log(h_T) - 20\log(h_R)$$

여기서, L_S(dB)는 프레넬 영역 외부에서 확산 손실, d(km)는 링크 거리, h_T(m)는 송신 안테나 높이, h_R(m)은 수신 안테나 높이를 나타낸다.

송신기에서 프레넬 영역까지 거리는 다음 식에 의해 구해진다.

$$F_Z = (h_T \times h_R \times f)/24,000$$

여기서, F_Z(km)는 프레넬 영역까지의 거리, h_T(m)는 송신 안테나 높이, h_R(m)은 수신 안테나 높이, f(MHz)는 송신 주파수를 나타낸다.

구면 삼각법은 다양한 면에서 전자전에 가치있는 도구이다. 특히 11장에서의 전자전 모델링이나 시뮬레이션에서 아주 중요한 방법이다.

2.4.1 전자전에서 구면 삼각법의 역할

구면 삼각법은 3차원 문제를 해결하는 한 가지 방법이며, 센서의 "관점"으로부터 공간적인 관계를 다룰 때 장점을 갖는다. 예를 들어 레이다 안테나는 표적 방향을 정의하는 고각과 방위를 갖는다. 또 다른 예는 항공기에 장착된 안테나의 조준선의 방향이다. 구면 삼각법을 사용하면 항공기에 장착된 안테나의 조준선 방향과 항공기의 피치, 요 및 롤 방향을 정의할 때 유용하다. 또 다른 예는 송신기와 수신기가 각각 임의의 속도를 갖는 다른 두 항공기에 장착되어 있을 때 도플러 편이를 구하는 것이다.

2.4.2 구면 삼각형

구면 삼각형은 단위 구, 즉 반지름이 1인 구로 정의된다. 이 구의 중심은 항법 문제인 경우 지구의 중심에, 안테나 조준선 문제이면 안테나 중심에, 교전 시나리오에서는 항공기나 무장의 중심에 놓이게 된다. 물론 무한한 응용이 있겠지만, 각각의 구의 중심은 원하는 정보를 제공하는 삼각법 결과를 얻도록 위치하게 된다.

구면 삼각형의 "변"은 단위 구의 대원이어야 한다. 즉, 구의 표면과 구의 원점을 통과하는 평면의 교차점이어야 한다. 구면 삼각형의 "각도"는 이 평면들이 교차하는 각도이다. 구면 삼각형의 "변"과 "각도"는 모두 도(°)로 측정된다. "변"의 크기는 해당 측면의 두 끝점이 구의 원점에서 이루는 각도이다. 통상적으로 그림 2.9와 같이 변은 소문자로, 각도는 그 변 맞은편 변에 해당하는 대문자로 표기한다.

평면 삼각형의 몇몇 특성들이 구면 삼각형에서는 적용되지 않는다는 것을 기억해야 한다. 예를 들면, 구면 삼각형의 세 각의 합은 90°일 수도 있다.

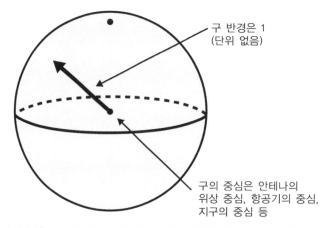

구 반경은 1
(단위 없음)

구의 중심은 안테나의
위상 중심, 항공기의 중심,
지구의 중심 등

그림 2.8 구면 삼각법은 단위 구의 관계에 기초한다. 구의 중심은 풀고자 하는 문제와 연관된 한 지점이 된다.

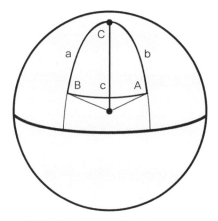

그림 2.9 구면 삼각형은 구의 대원인 세 "변"을 갖고 있으며, 그 대원들을 포함하는 평면 간의 교차각인 세 "각"을 갖고 있다.

2.4.3 구면 삼각형을 위한 삼각함수 공식들

많은 삼각함수 공식들이 있지만, 전자전 분야에서 가장 많이 사용되는 식은 사인 법칙, 각에 대한 코사인 법칙, 변에 대한 코사인 법칙이다. 각각의 정의는 다음과 같다.

- 구면 삼각형의 사인 법칙

$$\frac{\sin(a)}{\sin(A)} = \frac{\sin(b)}{\sin(B)} = \frac{\sin(c)}{\sin(C)}$$

- 변에 대한 코사인 법칙

$$\cos(a) = \cos(b)\cos(c) + \sin(b)\sin(c)\cos(A)$$

$$\cos(A) = -\cos(B)\cos(C) + \sin(B)\sin(C)\cos(a)$$

여기서, a는 구면 삼각형의 어떤 변도 될 수 있으며, A는 이 변 반대쪽의 각도를 나타낸다. 위의 구면 삼각형에 대한 세 공식은 평면 삼각형의 다음 공식들과 유사함을 알 수 있다.

$$\frac{a}{\sin(A)} = \frac{b}{\sin(B)} = \frac{c}{\sin(C)}$$

$$a^2 = b^2 + c^2 - 2bc\cos(A)$$

$$a = b\cos(C) + c\cos(B)$$

2.4.4 직각 구면 삼각형

그림 2.10에 보이는 것처럼 직각 구면 삼각형은 한 각이 90°이다. 이 그림은 지구 표면에 있는 한 지점의 위도와 경도가 내비게이션 문제에서 표현되는 방식을 보여주며, 많은 전자전(EW) 응용 프로그램은 유사한 직각 구면 삼각형을 사용하여 분석할 수 있다.

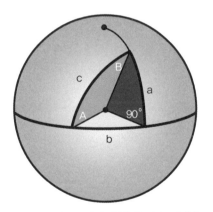

그림 2.10 직각 구면 삼각형은 한 각이 90°이다.

직각 구면 삼각형은 네이피어의 법칙에 의해 생성된 일련의 단순화된 삼각 방정식을 사용할 수 있게 한다. 그림 2.11의 5분할 디스크에는 90° 각도를 제외하고 직각 구면 삼각형의 모든 부분이 포함되어 있다. 또한, 세 부분에서 앞에 "co-"가 붙는 것을 알 수 있는데, 이것은 삼각형의 해당 부분의 삼각 함수가 네이피어 법칙의 co-함수로 변경되어야 함을 나타낸다(즉, 사인 함수가 코사인 함수가 되는 등).

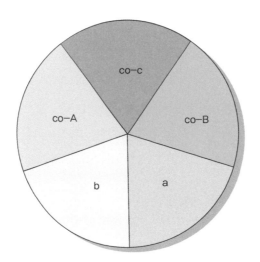

그림 2.11 직각 구면 삼각형에 대한 네이피어의 법칙은 이 5분할 원을 참조하여 단순화된 방정식을 제공한다.

네이피어의 법칙은 다음과 같다.

- 중간 부분의 사인은 인접한 부분의 탄젠트 곱과 같다.
- 중간 부분의 사인은 반대 부분의 코사인 곱과 같다.

네이피어의 법칙에 의한 몇 가지 공식 예는 다음과 같다.

$$\sin(a) = \tan(b)\ \text{cotan}(B)$$
$$\cos(A) = \text{cotan}(c)\tan(b)$$
$$\cos(c) = \cos(a)\cos(b)$$
$$\sin(a) = \sin(A)\sin(c)$$

곧 알게 되겠지만, 실제 EW 문제에 적용할 때 위의 식들은 직각 구면 삼각형을 포함하도록 문제를 설정할 수 있을 때 구면 조작과 관련된 수학을 크게 단순화할 것이다.

2.5.1 방위각 전용 방향 탐지 시스템에서의 고도로 인한 오차

방향 탐지DF 시스템은 신호 도래 방위만 측정하도록 설계되어 있다. 그러나 이 신호는 방향 탐지 센서가 에미터emitter가 있다고 가정하는 평면 밖에 위치할 수도 있다. 수평면 위에 있는 에미터의 고도에 의한 수평면상의 방향 오차는 얼마일까?

이 예제에서는 간단한 진폭 비교 방향 탐지 시스템을 가정한다. 방향 탐지 시스템은 기준 방향(일반적으로 안테나 기준선의 중심)에서 신호가 도래하는 방향까지의 실제 각도를 측정한다. 방위각 전용 시스템에서 이 측정된 각도는 기준 방향의 방위각에 측정된 각을 더하여 도래 방위각으로 보고된다.

그림 2.12에서 볼 수 있듯이, 측정된 각도는 실제 방위각과 표고가 있는 직각 구면 삼각형을 형성하고, 절대 방위각은 다음과 같이 결정된다.

$$\cos\left(Az\right) = \frac{\cos(M)}{\cos(El)}$$

실제 표고에 따른 방위각 계산 오차는 다음 식에 의해 계산할 수 있다.

$$Error = M - \mathrm{acos}\left[\frac{\cos(M)}{\cos(El)}\right]$$

그림 2.12 일반적인 방향 탐지 시스템은 신호가 도래하는 방향과 기준 방향 사이의 각도를 측정한다.

2.5.2 도플러 편이

송신기와 수신기가 모두 움직이고 있다고 가정하면, 각각은 임의의 방향으로 속도 벡터를 갖게 된다. 이때, 도플러 편이는 송신기와 수신기의 거리 변화율의 함수가 된다. 두 속도 벡터의 함수로서 송신기와 수신기 사이의 범위 변화율을 찾기 위해서는 각각의 속도 벡터와 송신기와 수신기 사이의 직선 사이의 각도를 결정할 필요가 있다. 그러면 거리의 변화율은 송신기 속도에 이 각도(송신기에서)의 코사인을 곱하고, 수신기 속도에 이 각도(수신기에서)의 코사인을 곱한 값을 더하면 구할 수 있다. y축이 북쪽, x축이 서쪽, z축이 위쪽인 직교 좌표계에 송신기와 수신기를 배치해 보자. 송신기는 X_T, Y_T, Z_T에 놓여 있고, 수신기는 X_R, Y_R, Z_R에 놓여 있다. 그러면 속도 벡터의 방향은 그림 2.13과 같이 고각(x, y 평면 위 또는 아래)과 방위각(x, y 평면에서 북쪽에서 시계 방향으로 각도)으로 구할 수 있고, 평면 삼각법을 사용하면 송신기에서 수신기의 방위각과 고각을 구할 수 있다.

$$Az_R = \text{atan}\left[\frac{X_R - X_T}{Y_R - Y_T}\right] \tag{2.1}$$

$$El_R = \text{atan}\left[\frac{Z_R - Z_T}{\sqrt{(X_R - X_T)^2 + (Y_R - Y_T)^2}}\right] \tag{2.2}$$

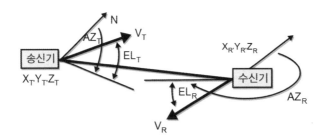

그림 2.13 일반적인 경우의 도플러 편이 계산 시, 송신기와 수신기 모두 임의의 속도 벡터 방향으로 움직임을 가질 수 있다.

이제 그림 2.14와 같이 송신기에서의 각도 변환을 생각해 보자. 이것은 송신기에 원점이 있는 구면 삼각형 세트이다. N은 북쪽 방향, V는 속도 벡터 방향, R은 수신기로의 방향을 나타낸다. 북쪽에서 속도 벡터까지의 각도는 속도 벡터 방위각과 고각으로 구성된 직각 구면 삼각형을 사용하여 결정할 수 있다. 마찬가지로 북쪽에서 수신기까지의 각도는 방위각과 고도에 의해 형성된 직각 구면 삼각형에서 결정할 수 있게 된다.

$$\cos(d) = \cos(Az_V)\cos(El_V)$$

$$\cos(e) = \cos(Az_{RCVR})\cos(El_R)$$

Az_{RCVR}와 El_{RCVR}은 2.5.3절에서 보여준 방법을 이용하여 구할 수 있고, 각도 A와 B는 다음 식에 의해 구할 수 있다.

$$ctn(A) = \frac{\sin(Az_V)}{\tan(El_V)}$$

$$ctn(B) = \frac{\sin(Az_{RCVR})}{\tan(El_R)}$$

$$C = A - B$$

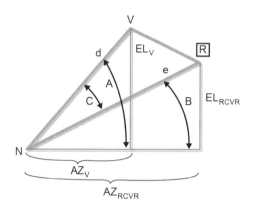

그림 2.14 송신기를 원점으로 하는 단위 구에는 속도 벡터의 방위각 및 고각 성분 및 수신기에 의해 형성된 두 개의 직각 구면 삼각형이 있다.

그런 다음, 측면에 대한 코사인 법칙을 사용하여 N, V, R 사이의 구면 삼각형으로부터 송신기의 속도 벡터와 수신기 사이의 각도를 다음 식을 통해 찾을 수 있다.

$$\cos(VR) = \cos(d)\cos(e) + \sin(d)\sin(e)\cos(C)$$

이제 수신기 방향으로 송신기 속도 벡터 성분은 속도에 cos(VR)를 곱하여 구할 수 있다. 이와 동일한 방법으로 송신기 방향으로 수신기 속도 성분도 구할 수 있다. 두 개의 속도 벡터를 더함으로써 송신기와 수신기 사이의 거리 변화율(V_{REL})을 구할 수 있다. 최종적으로 도플러 편이는 다음 식에 의해 구할 수 있다.

$$\triangle f = \frac{f V_{REL}}{c}$$

2.5.3 3-D 교전에서의 관측 각도

3차원 공간에서 두 객체가 존재하고, T는 표적, A는 기동하고 있는 항공기라 하자. A의 조종사는 요yaw 평면에 수직으로 앉아 항공기의 롤roll 축을 향하고 있다. 이때, 조종사의 관점에서 관측된 표적 T의 수평 및 수직 각도는 얼마일까? 이것은 전방 상향 시현기head-up display, HUD에서 위협 심벌을 배치할 위치를 결정하기 위해 해결해야 하는 문제이다.

그림 2.15는 3차원 교전 공간에서 표적과 항공기를 보여주고 있다. 표적은 X_T, Y_T, Z_T에 위치하고, 항공기는 X_A, Y_A, Z_A에 위치해 있다. 롤 축은 교전 영역 좌표계를 기준으로 방위와 고각으로 정의된다. 항공기 위치로부터 표적의 방위와 고각은 (2.1)과 (2.2)에서와 같이 다음 식에 의해 결정된다.

$$Az_T = \operatorname{atan}\left[\frac{X_T - X_A}{Y_T - Y_A}\right]$$

$$El_T = \operatorname{atan}\left[\frac{Z_T - Z_A}{\sqrt{(X_T - X_A)^2 + (Y_T - Y_A)^2}}\right]$$

각도가 4분면을 통과할 때 불연속하게 변하는 것을 주의해야 한다.

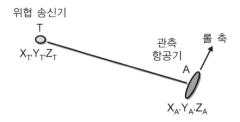

그림 2.15 위협 송신기가 항공기의 ESM 체계에 의해 관측되고 있다.

그림 2.16의 2개의 직각 구면 삼각형과 1개의 구면 삼각형을 사용하면 롤 축과 표적으로부터의 각도 거리(j)를 계산할 수 있다.

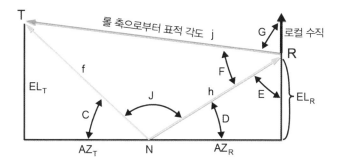

그림 2.16 항공기를 원점으로 하는 단위 구에는 표적(T)과 롤 축(R)의 방위각과 고도에 의해 형성된 두 개의 직각 구면 삼각형이 있다.

$$\cos(f) = \cos(Az_T)\cos(El_T)$$

$$\cos(h) = \cos(Az_R)\cos(El_R)$$

$$ctn(C) = \frac{\sin(Az_T)}{\tan(El_T)}$$

$$ctn(D) = \frac{\sin(Az_R)}{\tan(El_R)}$$

$$J = 180° - C - D$$

$$\cos(j) = \cos(f)\cos(h) + \sin(f)\sin(h)\cos(J)$$

그러면, 각도 E는 다음 식에 의해 결정된다.

$$ctn(E) = \frac{\sin(El_R)}{\tan(Az_R)}$$

각도 F는 다음과 같이 사인 법칙에 의해 결정된다.

$$\sin(F) = \frac{\sin(J)\sin(f)}{\sin(j)}$$

그런 다음 항공기의 로컬 수직에서 위협의 오프셋 각도는 다음과 같이 구할 수 있다.

$$G = 180° - E - F$$

마지막으로 그림 2.17에 표시된 것처럼 HUD의 위협 심벌 위치는 시현기 중심으로부터 각도 거리(j)에, HUD 수직방향에서의 오프셋은 수직으로부터의 항공기 롤 각도와 각도 G 의 합으로 나타낼 수 있다.

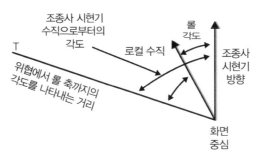

그림 2.17 조종사 화면에서 위협 심벌의 위치는 롤 축으로부터의 각도 거리, 위협 위치에서 로컬 수직까지의 각도 오프셋 및 항공기의 롤로 인한 각도 오프셋의 합에 의해 결정된다.

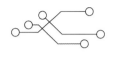

3장
안테나

3장

안테나

이 장의 목적은 여러분을 안테나 분야의 전문가로 만드는 것이 아니라, 여러분에게 안테나에 대한 일반적인 이해와 다양한 유형의 안테나의 역할과 기능을 제공하는 것이다. 또 하나의 목적은 안테나 파라미터 간 절충이 있음을 인식시키는 것이다. 이 장을 학습한 이후에 여러분은 적절한 안테나를 지정하고 선택할 수 있을 것이며, 이 분야에서 오랜 경험을 쌓은 전문가들과 합리적이고 지적인 토론을 할 수 있게 될 것이다.

3.1 안테나 파라미터와 정의

안테나는 다양한 방식으로 전자전 시스템 및 응용 분야에 영향을 미친다. 수신 시스템에서는 이득과 지향성을 제공하는데, 이러한 파라미터들은 많은 종류의 방향 탐지 시스템에서 신호의 도래 방향을 결정하는 데 중요한 역할을 한다. 재밍 시스템에서도 역시 이득과 지향성을 제공하는데, 레이다와 같은 위협 에미터에서 송신 안테나의 이득 패턴, 스캔 특성 등을 통해 위협 신호를 식별하는 데 사용된다. 또한, 위협의 송신 안테나의 스캔 및 편파 특성 등은 기만적인 대응책을 사용할 수 있게 해 준다.

이 장에서는 다양한 안테나들의 파라미터와 응용분야들에 대해서 알아보고, 특정한 임무를 수행할 때 어떤 종류의 안테나가 적절한지 판단할 수 있도록 도울 것이며, 다양한 안테나 파라미터들 간의 절충 관계를 나타내는 간단한 공식에 대해 다룰 것이다.

3.1.1 첫 번째, 몇 가지 정의

안테나는 케이블 내부의 전기 신호를 공간에서의 전자기파로 변환하거나, 그 역의 변환을 수행하는 장치이다. 안테나는 다루는 신호의 주파수나 작동 파라미터에 따라 매우 다양한 크기나 모양을 갖고 있다. 기능적으로 모든 안테나는 신호를 전송하거나 수신할 수 있다. 그러나 고전력 전송을 위해 설계된 안테나는 매우 큰 전력을 처리할 수 있어야 한다. 표 3.1은 안테나의 주요 성능 파라미터들에 대해 보여주고 있다.

3.1.2 안테나 빔

전자전에서 가장 중요하지만 잘못 표현된 분야 중의 하나는 안테나의 빔을 정의하는 파라미터들과 관련 있다. 한 평면에서 신호의 크기 패턴을 보여주는 그림 3.1에는 안테나 빔과 관련된 정의들을 보여주고 있다. 이것은 수평 또는 수직 평면에서의 패턴을 보여주는 것이다. 안테나를 포함하는 다른 평면의 패턴일 수도 있다. 이러한 유형의 패턴은 신호가 벽에 반사되는 것을 방지하도록 설계된 전파 무반향실에서 측정된다. 대상 안테나는 고정된 테스트 안테나로부터 신호를 수신하는 동안 한 평면에서 회전하고, 수신 전력은 테스트 안테나에 대한 대상 안테나의 상대 방위에 따라 기록된다.

표 3.1 안테나의 주요 성능 파라미터

용어	정의
이득	신호가 안테나에 의해 처리됨에 따른 신호 세기의 증가(일반적으로 dB로 표시되며, 이때 이득은 양수 또는 음수값을 가질 수 있음. 등방성 안테나의 이득은 "1" 또는 "0dB"로 표시함)
주파수 범위	안테나가 적정수준의 성능을 유지하며 신호를 송신하고 수신할 수 있는 주파수 범위
대역폭	안테나의 사용 가능한 주파수 범위를 나타내며, % 대역폭으로 주로 표현 $$\frac{(최고주파수 - 최저주파수)}{평균 주파수} \times 100 \, (\%)$$
편파	송신 및 수신되는 전계(E) 및 자계(H)의 방향 수직, 수평, 우수 원형, 좌수 원형, 기울어진 선형, 타원형 편파 등이 있음
빔폭	안테나 빔의 각도(°) 범위
효율	안테나 송수신 시 빔에 의해 방사되는 전체 전력과 안테나에 이론적으로 공급된 전체 전력의 백분율

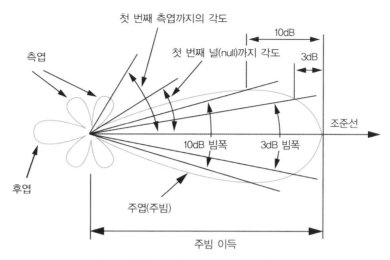

그림 3.1 안테나 이득 패턴에 의한 안테나 파라미터 정의

- 조준선 : 조준선은 안테나가 지향하고 있는 방향을 나타낸다. 일반적으로는 안테나가 최대 이득을 갖는 빔의 방향이며, 다른 각도 값들은 조준선에 대한 상대적인 값으로 정의된다.

- 주엽 : 안테나의 주된 또는 최대 이득 빔. 이 빔의 모양은 조준선으로부터의 각도 대비 이득으로 정의된다.

- 빔폭 : 빔의 폭(통상 °로 표현됨)을 나타내며, 이득이 어느 정도 감소되는 조준선으로부터의 각도로 정의된다. 특별한 언급이 없는 경우 "빔폭"은 일반적으로 3dB 빔폭을 나타낸다.

- 3dB 빔폭 : 안테나 이득이 조준선에서 이득의 절반으로 감소(즉, 3dB 이득 감소)되는 한 평면에서의 양쪽이 이루는 각도 값을 나타낸다. 예를 들어, 3dB 빔폭이 10°인 안테나에서 이득은 조준선으로부터 5° 아래에서 3dB이므로 두 3dB 지점은 10° 떨어져 있다.

- "n"dB 빔폭 : 빔폭은 임의의 어떤 값의 이득 감소되는 지점으로 정의될 수 있다. 예를 들어 10dB 빔폭은 그림에 정의되어 있다.

- 측엽 : 안테나는 그림과 같이 의도된 빔(주엽) 이외의 빔을 갖고 있다. 후엽은 주빔과 반대 방향에 있고 측엽은 다른 각도에 있다.

- 첫 번째 측엽까지의 각도 : 주빔의 조준선에서 첫 번째 측엽의 최대 이득 방향까지의 각도로 정의된다. 이 값은 한 방향 값이다(사람들은 첫 번째 측엽까지의 각도가 주빔 빔폭보다 작은 값인 경우일 때 혼란해 할 수 있다. 주빔의 빔폭은 정의된 두 각도가 이루

는 값이고, 측엽까지의 각도는 한 방향 값이다).

- 첫 번째 널(null)까지의 각도 : 조준선에서 주빔과 첫 번째 측엽 사이의 최소 이득 지점까지의 각도를 나타내며, 한 방향 값이다.

- 측엽 이득 : 이것은 일반적으로 주빔의 조준선 이득에 상대적인 큰 음수의 이득으로 표시된다. 안테나는 일부 특정 측엽 수준을 위해 설계되지는 않으며, 측엽은 단점으로 간주되므로 보통 제조업체에서 특정 수준 미만임을 인증한다. 그러나 EW 또는 정찰 관점에서는 가로채려는 신호에 대한 전송 안테나의 측엽 수준을 아는 것이 중요하다. EW 수신 시스템은 종종 "0dB 측엽"을 수신하도록 설계한다. 즉, 측엽은 해당 이득의 양만큼 주엽 이득에서 내려간다. 예를 들어, 40dB 이득 안테나의 "0dB" 측엽은 안테나 조준선이 수신 안테나를 직접 가리키는 경우 관찰된 것보다 40dB 적은 전력을 전송한다.

3.1.3 안테나 이득에 대한 부연

수신 신호의 세기에 단순히 안테나 이득을 더하려면, 비록 실제와 다르지만 "대기 전파 ether wave"에서의 신호 세기를 dBm으로 표현할 필요가 있다. 2장에서 언급했듯이, dBm은 오직 회로에서만 정의되는 mW의 전력을 로그함수로 표현한 것이다. 공간으로 전송된 신호의 세기는 좀 더 정확하게는 전계의 세기인 μV/m로 표현해야 한다. 또한 안테나를 포함한 수신기 감도도 종종 μV/m로 표현된다. 2장에 dBm과 μV/m의 편리한 변환 공식이 있다.

3.1.4 편파에 대하여

EW 관점에서 가장 중요한 편파polarization의 효과는 수신 신호의 편파와 수신 안테나의 편파가 일치하지 않으면 수신 전력이 줄어든다는 것이다. 항상 그렇지는 않지만, 일반적으로 선형 편파 안테나는 편파와 같은 방향의 선형 구조를 갖는다. 예를 들어, 수직 편파 안테나는 수직방향으로 선형이다. 원형 편파 안테나는 원형이나 십자가 형태의 구조를 가지며, 우수 원형 또는 좌수 원형 편파 중 어느 하나가 될 수 있다. 그림 3.2는 다양한 편파 정합에 따른 이득의 감소를 보여주고 있다.

EW에서 편파에 대한 중요한 기술은 방향을 알 수 없는 선형 편파 신호를 수신하기 위해 원형 편파 안테나를 사용하는 것이다. 비록 항상 3dB의 전력은 잃겠지만, 교차 편파cross-polarization일 때 발생하는 25dB의 전력 감소는 피할 수 있을 것이다. 수신 신호가 임의의 어떤 편파(임의의 선형 또는 원형 편파)를 수신할 때, 좌수 원형 편파와 우수 원형 편파 안테나로 재빠른 측정을 통해 강한 신호를 선택하면 된다. 교차 편파 안테나로 인한 25dB 감쇠는 보통 광대역 주파수 범위를 다루는 EW 시스템에서는 흔한 일이다. 위성 통신시스템과 같은 협대역 주파수 안테나들은 30dB 이상의 교차 편파 격리가 되도록 주도면밀하게 설계 가능하다. 소형의 원형 편파 안테나를 갖는 레이다 경보 수신기radar warning receiver, RWR의 경우는 10dB 정도의 교차 편파 격리를 얻을 수 있다.

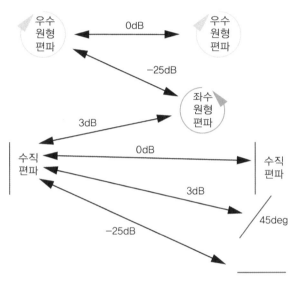

그림 3.2 교차 편파에 인한 손실은 0dB에서 약 25dB에 이른다. 주목할 만한 사실은 임의의 선형 편파와 원형 편파 간 손실은 3dB 라는 것이다.

3.2 안테나 유형

EW 분야에 많은 유형의 안테나들이 사용되고 있다. 수신 각도 범위, 안테나 이득, 편파, 물리적인 크기 및 모양 특성에 따라 다양한 유형을 갖는다. 최적의 안테나 유형을 결정하는 것은 절대적으로 응용 분야에 따라 결정되며, 다른 설계 파라미터에 큰 영향을 미치는 엄격한 성능 절충을 요구하게 된다.

3.2.1 임무에 맞는 안테나 선택

특정 EW 임무에 적절한 역할을 하기 위해서 안테나는 반드시 적절한 수신 각도 범위, 편파, 주파수 대역폭을 가져야 한다. 표 3.2는 일반적인 성능지표에 따른 안테나 선택 가이드를 제공하고 있다. 이 표에서 수신 각도 범위는 단순히 "360° 전방위"와 "지향성"으로만 구분하였다. 수평으로 360°의 수신범위를 갖는 안테나는 사실과는 다르지만 무지향성 omnidirectional 안테나라 불리기도 한다.

표 3.2 각도 범위, 편파, 대역폭에 따른 송신 또는 수신용의 몇 가지 안테나 유형

각도 범위	편파	대역폭	안테나 유형
360° 전방위	선형	협대역	휩(whip), 다이폴, 루프 안테나
		광대역	바이코니컬(biconical), 만(卍)자(swastika) 안테나
	원형	협대역	수직 모드 헬릭스 안테나
		광대역	린덴블라드(lindenblad), 4-arm 코니컬 스파이럴 안테나
지향성	선형	협대역	야기, 다이폴 배열, 혼 급전 접시 안테나
		광대역	로그 주기, 혼, 로그 주기 급전 접시 안테나
	원형	협대역	축 모드 헬릭스, 편파자(polarizer) 있는 혼, 교차 다이폴 급전 접시 안테나
		광대역	캐비티형 스파이럴(cavity-backed spiral), 코니컬 스파이럴, 스파이럴 급전 접시 안테나

무지향성 안테나는 의미상 모든 방향으로 동일한 전력을 전달하지만, 실제 안테나는 고각 방향에 대해서는 제한된 각도 범위를 갖고 있다. 하지만 여전히 "omni"라는 단어는 임의의 방향에서 오는 신호를 즉각 수신할 수 있어야 하는 역할에 충분한 의미를 갖고 있다. 혹은 모든 방향으로 신호를 보내야 한다는 의미로 충분하다. 지향성 안테나는 수평, 고각 방향 모두 제한된 수신각도 범위를 제공한다. 비록 이런 안테나는 원하는 송신기나 수신기 방향을 향해야 하지만, 보통 360°형의 안테나보다 높은 이득을 갖는다. 지향성 안테나의 또 다른 장점은 원하지 않는 신호를 급격하게 감쇠하여 수신할 수 있고, 한편으로는 적 수신기에 강한 전력을 전송할 수도 있다는 것이다.

이어서 표 3.2는 편파에 따라 구분되고, 마지막으로는 주파수 대역폭(단순히 협대역, 광대역)으로 구분되어 있다. 대부분의 EW에서 광대역이라 함은 2배 또는 그 이상의 주파수 범위를 일컫는다.

3.2.2 다양한 안테나의 일반적인 특성

그림 3.3은 EW 분야에서 사용되는 다양한 안테나들의 특성들을 간편하게 요약하여 보여주고 있다. 각 안테나별로 왼쪽 열은 간단한 안테나의 물리적 구조를 보여주고 있으며, 중간 열은 안테나별로 고각elevation 및 방위azimuth 방향에서의 이득 패턴을 보여주고 있다. 이 방사 패턴은 해당 안테나의 일반적인 패턴 모양을 나타낼 뿐이며, 실제 이득 패턴은

안테나 유형	방사 패턴	전형적인 특성
다이폴	고각 / 수평	편파: 수직 빔폭: 80°x 360° 이득: 2dB 대역폭: 10% 주파수 범위: 0μwave
휩	고각 / 수평	편파: 수직 빔폭: 45°x 360° 이득: 0dB 대역폭: 10% 주파수 범위: HF~UHF
루프	고각 / 수평	편파: 수평 빔폭: 80°x 360° 이득: -2dB 대역폭: 10% 주파수 범위: HF~UHF
수직 모드 헬릭스	고각 / 수평	편파: 수평 빔폭: 45°x 360° 이득: 0dB 대역폭: 10% 주파수 범위: HF~UHF
축 모드 헬릭스	고각 & 수평	편파: 원형 빔폭: 50°x 50° 이득: 10dB 대역폭: 70% 주파수 범위: UHF~low μwave
바이코니컬	고각 / 수평	편파: 수직 빔폭: 20°x 100°x 360° 이득: 0~4dB 대역폭: 4:1 주파수 범위: UHF~mm wave
린덴블라드	고각 / 수평	편파: 원형 빔폭: 80°x 360° 이득: -1dB 대역폭: 2:1 주파수 범위: UHF~μwave
만(판)자	고각 / 수평	편파: 수평 빔폭: 80°x 360° 이득: -1dB 대역폭: 2:1 주파수 범위: UHF~μwave
야기	고각 / 수평	편파: 수평 빔폭: 90°x50° 이득: 5~15dB 대역폭: 5% 주파수 범위: VHF~UHF
로그 주기	고각 / 수평	편파: 수직 or 수평 빔폭: 80°x60° 이득: 6~8dB 대역폭: 10:1 주파수 범위: HF~μwave

안테나 유형	방사 패턴	전형적인 특성
캐비티형 스파이럴	고각 & 수평	편파: 우수 & 좌수 원형편파 빔폭: 60°x60° 이득: -15dB(최소주파수) +3dB(최대주파수) 대역폭: 9:1 주파수 범위: μwave
코니컬 스파이럴	고각 & 수평	편파: 원형 빔폭: 60°x60° 이득: 5~8dB 대역폭: 4:1 주파수 범위: UHF~μwave
4-arm 코니컬 스파이럴	고각 / 수평	편파: 원형 빔폭: 50°x360° 이득: 0dB 대역폭: 4:1 주파수 범위: UHF~μwave
혼	고각 / 수평	편파: 선형 빔폭: 40°x40° 이득: 5~10dB 대역폭: 4:1 주파수 범위: VHF~mmwave
편파자(polarizer) 있는 혼	고각 / 수평	편파: 원형 빔폭: 40°x40° 이득: 4~10dB 대역폭: 3:1 주파수 범위: μwave
파라볼릭 접시	수평 & 고각	편파: 급전기에 의해 결정 빔폭: 0.5°x30° 이득: 10~55dB 대역폭: 급전기에 의해 결정 주파수 범위: UHF~μwave
위상 배열	고각 / 수평	편파: 단위 소자에 의해 결정 빔폭: 0.5°x30° 이득: 10~40dB 대역폭: 단위 소자에 의해 결정 주파수 범위: VHF~μwave 단위 소자

그림 3.3 각각 안테나는 특별한 이득 패턴과 전형적인 특성을 갖는다. 해당 안테나의 실제 패턴과 특성은 각 안테나의 세부 설계에 의해 결정된다.

각각의 디자인에 의해 결정된다. 오른쪽 열은 각 안테나가 가지는 전형적인 몇 가지 특성을 보여준다. 여기에서 "전형적인"이라는 수식어가 중요한데, 실제로는 좀 더 넓은 범위의 값을 가질 수 있기 때문이다. 예를 들어 각각의 안테나는 이론적으로 임의의 주파수 범위에서 사용될 수 있다. 하지만 안테나의 크기, 설치 장소 및 적절한 응용 분야를 현실적으로 고려할 때, 특정한 안테나는 "전형적인" 주파수 범위에서 사용되기 때문이다.

3.3 파라볼릭 안테나의 파라미터 절충

EW 및 기타 분야에서 가장 다양한 형태로 사용되는 안테나 중 하나가 파라볼릭 접시 안테나이다. 포물선parabolic 곡선의 정의는 초점(단일점)으로부터 광선이 평행선이 되도록 반사하는 곡선으로 정의된다. 이론적으로는 파라볼릭 접시의 초점에 급전기라 불리는 송신 안테나를 위치시킴으로써 접시 반사판으로 향하는 모든 신호 전력을 한 방향으로 집중시켜 반사시킬 수 있게 된다. 이때 이상적인 급전기는 모든 전력을 접시 쪽으로 방사하는 것이나, 실용적인 관점에서 90% 이상의 전력을 접시로 방사하면 이상적인 급전기로 볼 수 있다. 실제 안테나 패턴은 주엽을 가질 것이며, 각도에 따라 감소하면서 하나의 후엽 및 다수의 측엽을 갖게 될 것이다.

각각 안테나 반사판의 크기, 사용 주파수, 효율, 안테나 유효 면적 및 이득 사이에는 어떤 관계가 있다. 이 관계는 아래에 있는 몇몇 유용한 형태로 표현된다.

3.3.1 이득과 빔폭 간의 관계

그림 3.4는 55%의 효율을 갖는 파라볼릭 안테나의 빔폭과 이득과의 관계를 보여주고 있다. 이 효율은 약 10%의 비교적 좁은 대역폭을 갖는 상용 안테나에서 볼 수 있는 효율이며, EW나 정찰 분야에서 사용되는 2배 이상의 넓은 대역폭을 갖는 안테나의 효율은 55%보다 작을 것이다. 안테나 빔은 수평 및 고도 방향에서 대칭이라고 가정하였고, 이 그래프를 사용하는 방법은 해당 안테나 빔폭에서 수직 위로 해당 직선까지 연결하고, 다시 좌측으로 수평으로 연결할 때 세로축 값이 dB 단위의 안테나 이득 값이다.

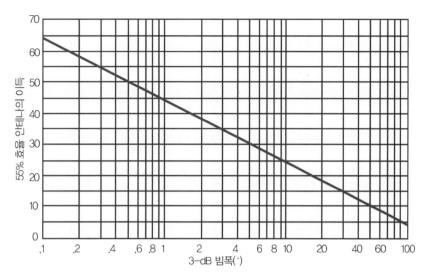

그림 3.4 어느 형태의 안테나이든 빔폭과 이득 간에는 절충 관계가 있다. 위 그래프는 55%의 효율을 갖는 파라볼릭 안테나의 빔폭과 이득 간의 관계를 보여주고 있다.

3.3.2 안테나 유효 면적

그림 3.5의 계산도표nomograph는 안테나의 사용 주파수, 조준선 이득, 안테나 유효 면적 간의 관계를 보여주고 있다. 본 그래프에 있는 직선은 $1m^2$의 유효 단면적과 0dB 이득을 갖는 등방성 안테나를 연결한 것이며, 이 안테나는 약 85MHz에서 운용된다는 것을 알 수 있다. 이 계산도표를 위한 방정식은 다음과 같다.

$$A = 38.6 + G - 20\log(F)$$

여기서, A(dBsm, $1m^2$에 대한 dB값)는 면적, G(dB)는 조준선 이득, F(MHz)는 사용 주파수이다.

3.3.3 안테나 운용 주파수 및 직경에 따른 안테나 이득

그림 3.6은 안테나의 사용 주파수 및 반사판 직경에 따른 안테나 이득을 구할 때 사용되는 계산도표이다. 55%의 효율을 갖는 안테나의 계산도표임을 특별히 기억하기 바란다. 그림에서의 직선은 10GHz에서 사용되고 0.5m 직경의 접시를 갖는 경우 약 32dB의 안테나 이득을 갖게 된다. 접시 표면의 포물선 모양이 안테나 운용 주파수에 해당하는 파장에 비하여 작은 오차를 갖는다고 가정했을 때의 계산도표이며, 그렇지 않다면 이득은 감소할

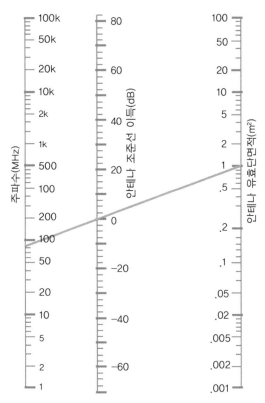

그림 3.5 안테나 유효 단면적은 안테나의 이득 및 운용 주파수의 함수이다.

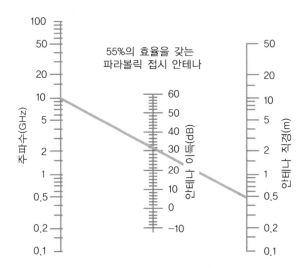

그림 3.6 파라볼릭 접시 안테나의 이득은 접시의 직경, 운용 주파수, 안테나 효율의 함수이다. 이 그래프는 안테나 효율이 55%인 경우이다.

것이다. 이 계산도표를 위한 방정식은 다음과 같다.

$$G = -42.2 + 20\log(D) + 20\log(F)$$

여기서, G(dB)는 안테나 이득, D(m)는 반사판 직경, F(MHz)는 주파수이다.

몇몇 안테나 제조사들의 판매부서에 요청한다면, 그들은 위와 같은 절충 관계를 검토할 수 있는 편리한 계산자 등을 제공할 것이다. 이 계산자는 기타 여러 유용한 정보들을 포함하고 있을 것이다.

표 3.3은 안테나 효율에 따른 이득의 조정값을 보여주고 있다. 그림 3.4와 3.6은 효율이 55%일 때를 가정한 것이므로, 다른 값의 효율을 갖는 안테나의 이득값을 구하는 데 표 3.3은 매우 유용하다.

표 3.3 임의의 효율을 갖는 안테나의 이득은 55%의 효율일 때 안테나의 이득으로부터 다음 표를 이용하여 구할 수 있다.

안테나 효율	효율 55%의 안테나 이득에 대한 조정값
60%	0.4dB 더함
50%	0.4dB 뺌
45%	0.9dB 뺌
40%	1.4dB 뺌
35%	2.0dB 뺌
30%	2.6dB 뺌

3.3.4 비대칭 안테나의 이득

앞 절에서 다룬 내용들은 안테나 빔이 수평방향과 고각방향으로 빔의 모양이 동일한 대칭 구조일 때를 가정하고 있다. 파라볼릭 접시 안테나의 효율이 55%이고, 비대칭 패턴을 가질 때 안테나 이득은 다음 식에 의해 구할 수 있다.

$$이득 = \frac{29,000}{\theta_1 \times \theta_2}$$

여기서, θ_1, θ_2는 두 직교 방향(예를 들어 수직과 수평 평면)으로의 3dB 빔폭을 나타내며, 이득은 dB값이 아니다.

당연하지만, 앞의 식의 우변에 log를 취하고 10을 곱하면 dB 이득 값을 구할 수 있게 된다.

이 식은 경험적으로 구해진 식이지만, 이득을 3dB 빔폭 내부의 에너지 집중값과 동일하다고 가정한다면, 앞의 식과 꽤 유사하게 유도할 수 있다. 따라서 이득은 구의 전체 표면적과 안테나의 빔 커버리지(효율 55%의 요소를 상기하자)를 대표하는 장축과 단축(구의 중심각에 의하여 표현되는)의 3dB 빔폭에 의한 구면상 타원 내측의 표면적의 비로 등가적으로 나타낼 수 있다.

3.4 위상 배열 안테나

수많은 실용적인 이유로 EW 분야에서 위상 배열 안테나의 중요성은 점점 더 커지고 있다. 레이다에서 위상 배열은 한 표적에서 다른 표적으로 즉시 빔을 옮길 수 있게 하였으며, 여러 표적을 획득하거나 추적이 가능할 정도로 효율을 높이고 있다. EW 관점에서 바라보면, 위상 배열은 수신된 신호의 세기를 시간축에서 분석함으로써 위협 레이다의 안테나 특성을 결정하는 것을 거의 불가능하도록 만들었다.

위상 배열이 수신 또는 재밍 안테나로 사용된다면, EW 시스템은 앞의 위협 레이다가 갖는 장점과 동일한 유연성을 얻을 수 있게 된다. 예를 들어, 재머가 재밍 전력을 분산하여 여러 위협에게 동시에 재밍하거나, 각각의 위협을 빠른 시간 안에 옮겨 가면서 재밍할 수 있게 될 것이다. 어떤 응용에서는 동일한 위상 배열을 통해 동시에 수신하고 재밍을 할 수 있을 것이다.

위상 배열은 소위 "스마트 스킨smart skin"이라는 기술이 항공기에 실현되었을 때, EW 분야에서 매우 유용하게 될 것이다. 이 기술은 항공기의 거의 모든 표면에 안테나 소자들을 위치시킴으로써 거대한 위상 배열을 만드는 기술이다.

위상 배열의 또 하나의 장점은 안테나가 설치되는 플랫폼의 형상에 맞게 만들 수 있다는 것이다. 항공기에서 기계적인 스캔 안테나의 공기역학적 문제를 다룬 사람이라면 누구나 항공기 표면에 일치하는 위상 배열의 능력을 높이 평가할 것이다. 파라볼릭 안테나(기계적 스캔 안테나)가 넓은 탐색 범위를 갖게 하려고 레이돔을 확장시키려 할 때, 공기역학적 문제를 해결하는 것은 매우 어렵기 때문이다.

독자들은 이미 짐작했겠지만, 이렇게 놀라운 장점들은 비용이나 성능 측면에서 아무 대가 없이 주어지는 것은 아니다. 다음은 위상 배열 안테나를 위한 성능 제한이나 설계 제약에 대한 일반적인 가이드라인을 제공할 것이다. 좀 더 자세한 내용은 메릴 스콜닉Merrill Skolnik이 저술한 전자전 서적인 『Introduction to Radar Systems』를 참고하기 바란다.

3.4.1 위상 배열 안테나의 동작

그림 3.7에서 볼 수 있듯이, 위상 배열 안테나는 각각의 안테나가 위상 천이기phase shifter에 의해 연결된 안테나 그룹이다. 이것이 송신 안테나로 사용될 때, 송신 신호는 각각의 안테나로 나누어 전송되고, 각 안테나에서 신호의 위상은 의도한 특정한 방향에서 수신할 때 동일한 위상이 되도록 조정하여, 각 신호들이 서로 더해져 보강될 것이다. 한편으로는 다른 방향에서 바라볼 때는 각 신호들이 다른 위상이 됨으로써 신호는 덜 보강될 것이다. 이러한 방식으로 안테나 빔을 형성하게 된다.

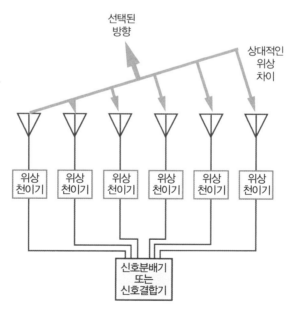

그림 3.7 여러 개의 안테나로 구성된 위상 배열 안테나이며, 각각의 안테나는 개별적으로 조정되는 위상 천이기와 연결되어 있다. 위상 천이기들의 상대적인 위상 차이는 선택된 방향에서 신호를 수신할 때 신호 결합기에서 동일 위상이 되도록 설정되거나, 반대로 모든 안테나 소자들로부터 전송된 신호가 선택된 방향에서 보강되어 더해지도록 설정된다.

또한, 수신 안테나 배열로 사용될 때는 위상 천이기가 신호 결합기에서 원하는 방향으로부터 들어오는 신호들이 동일 위상이 되게 하여 보강되도록 할 것이다.

선형배열은 안테나가 한 방향으로만 배열되어 있는 것으로, 위상 천이기들에 의해 한 평면(예를 들어 수평 평면)에서만 좁은 방향성을 갖는다. 이런 경우 배열 안테나의 빔폭은 오직 해당 방향의 위상 천이기에 의해서만 결정된다. 다른 방향(예를 들어, 수직 평면)으로의 빔폭은 해당 방향으로의 개별 안테나 빔폭에 의해 결정된다.

또한 안테나들이 수평 및 수직 평면으로 모두 배열되어 있어서, 위상천이기에 의해 수평 및 수직 평면 빔폭 및 빔의 방향을 조정할 수 있는 평면 배열 안테나가 있다.

위상 천이기는 거리에 의한 지연을 다음과 같게 하기 위함인 것을 기억하기 바란다.

$$신호파장 \times (위상천이 / 360°)$$

광대역 주파수 범위에서 동작시키기 위해서는 위상 천이기는 신호 주파수에 독립적인 물리적 거리에 의해 신호를 지연시키는 "실시간 지연 선로"일 것이다.

다른 형태의 안테나와 마찬가지로, 위상 배열도 빔폭과 이득 간에 상호적인 관계를 가지고 있다.

3.4.2 안테나 소자 간격

일반적으로 배열 안테나의 개별 안테나 간 간격은 그림 3.8에서 볼 수 있듯이 최고 주파수에서 반파장이 되도록 한다. 이것은 빔의 방향을 조정할 때, 안테나 성능을 저하시키는 "그레이팅 로브grating lobes"를 피하기 위한 것이다.

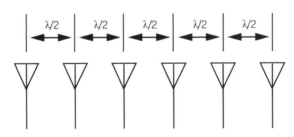

그림 3.8 그레이팅 로브를 피하기 위해, 안테나 소자 간 간격은 안테나의 최고 주파수에서 반파장(λ/2)보다는 작아야 한다.

3.4.3 위상 배열 안테나의 빔폭

반파장의 다이폴 소자를 가지는 위상 배열의 3dB 빔폭은 다음 식과 같다.

$$\text{빔폭} = 102 / N$$

여기서, N은 배열 소자의 수이며, 빔폭은 도(°)의 단위를 갖는다.

예를 들어, 10개 소자로 구성된 수평 선형배열의 수평방향 빔폭은 10.2°이다. 이것은 배열된 안테나의 방향에 수직인 방향으로의 빔폭이다. 고이득 안테나로 구성된 배열인 경우, 빔폭은 안테나 소자의 빔폭을 N(소자 수)으로 나누면 구할 수 있다.

그림 3.9에서 볼 수 있듯이 이 빔폭은 배열의 조준선(수직선) 방향에서 멀어짐에 따라 그 각도의 코사인 값의 역수배로 증가한다. 조준선에서 빔폭이 10.2°인 경우 조준선으로부터 45°로 빔의 방향을 조정하면 빔폭이 14.4°로 증가한다.

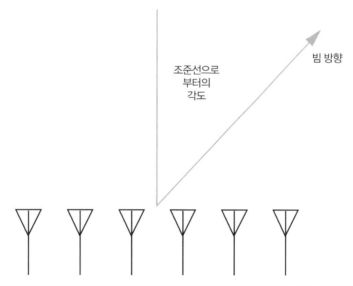

그림 3.9 배열의 이득은 빔이 조준선으로부터 벗어날수록 벗어난 각도의 코사인값에 의해 감소한다. 반면 빔폭은 동일한 비율로 증가한다.

3.4.4 위상 배열 안테나의 이득

소자 간 간격이 반파장인 위상 배열의 이득은 다음 식에 의해 결정된다.

$$G = 10\log_{10}(N) + G_e$$

여기서, G는 빔의 방향이 안테나 배열에 수직(조준선) 방향일 때 배열 안테나의 이득이고, N은 배열 소자의 수, G_e는 개별 소자의 이득이다.

예를 들어, 개별 소자의 이득이 6dB이고, 10개의 소자로 구성된 배열 안테나의 이득은 16dB가 된다. 다시 한번 그림 3.9를 본다면, 배열 안테나의 이득은 조준선에서 벗어난 각도의 코사인 값에 의해 줄어드는데, 이것은 이득 계수이며, 그 값은 dB값이 아니다. dB값으로의 이득 감소 계수(factor)는 다음 식에 의해 구할 수 있다.

$$10\log_{10}\{\cos(\text{조준선으로부터의 각도})\}$$

빔이 조준선으로부터 45° 벗어날 경우, 배열 안테나의 이득은 0.707 또는 1.5dB만큼 감소한다.

3.4.5 빔 조향 한계

반파장 이상의 소자 간격을 갖는 위상 배열은 그레이팅 로브grating lobes 문제가 발생하기 이전인 제한된 각도 범위에서만 조향될 수 있다. 실제 사용되는 위상 배열 안테나의 경우 ±90° 이내에서만 조향 가능하다.

4장
수신기

4장

수신기

수신기는 거의 모든 종류의 전자전 시스템에 있어 중요한 구성요소이다. 다양한 유형의 수신기가 있으며, 수신기의 특성이 그들의 역할을 결정한다. 이 장에서는 먼저 EW 응용 분야에 있어 가장 중요한 수신기 유형을 설명한다. 그런 다음 하나의 응용 분야에 여러 유형의 수신기를 사용하는 수신기 시스템에 대하여 설명한다. 마지막으로 다양한 유형의 수신기에 대한 감도 계산에 대해 다룬다.

표 4.1 전자전 시스템에 일반적으로 사용되는 수신기 유형

수신기 유형	일반적 특성
크리스털 비디오	순시 광대역 범위, 낮은 감도 및 선택도 없음, 펄스 신호에 주로 사용
IFM	크리스털 비디오 수신기와 유사한 수신 범위와 감도 및 선택도, 수신 신호들의 주파수 측정
TRF	크리스털 비디오 수신기와 유사, 단, 주파수를 분리할 수 있어 감도는 다소 우수
슈퍼헤테로다인	가장 일반적인 종류의 수신기, 우수한 선택도와 감도
고정 동조	우수한 선택도와 감도, 단일 신호용
채널화(channelized)	광대역의 선택도와 감도를 결합
브래그 셀(Bragg cell)	순시 광대역 범위, 낮은 동적 범위, 동시 다중 신호 수신, 복조 기능 없음
압축(compressive)	주파수 분리 가능, 주파수 측정, 복조 기능 없음
디지털	고도의 유연성, 미지의 매개변수를 갖는 신호 처리 가능

이상적인 EW 수신기는 항상 모든 주파수에서 모든 유형의 신호를 뛰어난 감도로 감지

할 수 있어야 한다. 매우 강한 신호가 있는 환경에서도 아주 약한 신호를 포함하여 여러 신호들을 동시에 감지하고 복조할 수 있어야 한다. 또한 작고 가벼우며, 비용이 적게 들고 전력 소모가 매우 적어야 한다.

그러나 이러한 수신기는 아직까지 개발되지 못했다. 대부분의 복잡한 시스템은 예상되는 특정 신호 환경에 대해 최적의 결과를 얻기 위해 여러 수신기 유형들을 결합한다. 표 4.1은 EW 시스템에 가장 많이 사용되는 9개 유형의 수신기와 각각의 일반적인 특성을 나타낸다. 표 4.2는 각 유형의 구체적인 성능을 보여준다.

표 4.2 EW 수신기들의 특성

수신기 유형	수신기 성능									
	펄스 수신	지속파 수신	주파수 측정	선택도	다중 신호	감도	주파수 범위	포착 확률	동적 범위	신호 복조
크리스털 비디오	Y	N	N	P	N	P	G	G	G	Y
IFM	Y	Y	Y	P	N	P	G	G	M	N
TRF	Y	Y	Y	M	Y	P	G	P	G	Y
슈퍼헤테로다인	Y	Y	Y	G	Y	G	G	P	G	Y
고정 동조	Y	Y	Y	G	Y	G	P	P	G	Y
채널화(channelized)	Y	Y	Y	G	Y	G	G	G	G	Y
브래그 셀(Bragg cell)	Y	Y	Y	G	Y	M	G	G	P	N
압축(compressive)	Y	Y	Y	G	Y	G	G	G	G	N
디지털	Y	Y	Y	G	Y	G	G	M	G	Y

G = 양호　　　M = 보통　　　P = 미흡　　　Y = 해당　　　N = 미해당

일반적으로 크리스털 비디오crystal video 및 순시 주파수 측정instantaneous frequency measurement, IFM 수신기는 고밀도 펄스 신호 환경에서 작동하는 저비용부터 중간 비용의 시스템에 사용된다. 두 유형 모두 넓은 주파수 범위에 대하여 100%의 커버리지를 제공하지만, 동시에 여러 신호들을 처리할 수는 없다. 따라서 수신 주파수 범위 내에 고출력의 지속파 신호가 있으면 펄스를 수신하는 능력이 심각하게 저하된다. 또한 감도가 낮기 때문에 매우 강한 신호에 가장 효과적으로 작동한다. 현대의 시스템에서는 여러 문제들을 처리하기 위해 종종 협대역 유형의 수신기와 결합하여 사용된다.

고정 동조fixed-tuned 수신기와 슈퍼헤테로다인superheterodyne 수신기는 협대역이기 때문에 동시에 수신되는 신호를 분리하고 감도를 향상시키기 위해 종종 다른 유형의 수신기와 결합된다. 동조 무선 주파수tuned radio frequency, TRF 수신기도 동시에 수신되는 신호들을 분리할

수 있다. 물론 이런 유형의 수신기들이 갖는 문제는 어느 한순간에 주파수 스펙트럼의 협대역 부분만을 커버하기 때문에 예상치 못한 신호를 수신할 확률이 낮다는 것이다.

브래그 셀Bragg cell과 압축compressive 수신기는 넓은 주파수 범위의 순시 커버리지를 제공하고 여러 개의 동시 신호를 처리할 수 있지만, 신호를 복조하지는 않는다.

채널화channelized 및 디지털 수신기는 미래의 발전추세이다. 이들은 EW 시스템에서 필요한 대부분의 수신기 성능 요건을 충족하지만, 크기와 무게 및 전력 사양은 부품과 서브시스템 소형화의 기술 수준이 반영된다. 현재의 기술 수준에서는 두 수신기 유형 모두 매우 큰 크기와 무게, 그리고 상당한 전력을 필요로 하며, 비용이 매우 고가이기 때문에 상당히 복잡한 시스템에서 가장 어려운 부분만을 수행한다.

이제 수신기 유형에 대해 구체적으로 알아보자.

4.1 크리스털 비디오 수신기

크리스털 비디오crystal video 수신기는 오늘날 사용되는 가장 단순한 유형의 수신기이다. 이 수신기는 크리스털(다이오드) 검출기와 비디오 증폭기로 구성된다. 이 수신기는 DC(검출기가 증폭기에 AC 커플링되지 않은 경우)에서 매우 높은 마이크로파 주파수에 이르기까지 검출기로 입력되는 모든 신호를 진폭 복조한다. 이러한 모든 신호의 진폭 변조는 비디오 증폭기에서 결합되어 출력된다.

크리스털 비디오 수신기를 효과적으로 사용하기 위해서는 일반적으로 일부 관심 대역(예를 들어, 2~4GHz)의 신호만 수신하고 출력하도록 대역통과필터를 사용한다. 전형적으로 넓은 동적 범위를 제공하기 위해 이러한 유형의 수신기에는 로그 비디오 증폭기가 사용된다.

크리스털 검출기에 입력되는 신호는 전력이 매우 낮아 검출기가 "제곱 법칙square law" 영역에서 동작한다. 즉, 출력은 신호 전압이 아닌 입력 전력의 함수이다(다른 유형의 수신기에서는 검출이 약 10mW에서 발생하므로 검출기가 "선형linear" 영역에서 동작한다). 크리스털 비디오 수신기에 대한 빌 아이어 박사Dr. Bill Ayer의 1956년 고전 논문에는 "성능이 우수한" 1956년식 검출 다이오드에 대한 0dB 신호 대 잡음비SNR가 약 $-54 + 5\log_{10} B_V$ dBm

정도의 감도를 나타내는 그래프가 포함되어 있다(여기서, B_V는 MHz 단위의 비디오 대역폭이다). 대부분의 EW 시스템이 자동 펄스 처리에 의존하며(이 경우 15dB 이상의 SNR이 필요함), 예상되는 가장 좁은 펄스를 처리하기 위해서는 충분히 넓은 대역폭이 필요하기 때문에 오늘날 크리스털 비디오 수신기의 감도에 대한 경험법칙 값은 -40에서 -45dBm이다.

크리스털 비디오 수신기의 출력은 각 수신 RF 펄스의 수신신호 전력에 비례하는 진폭을 가지며, 동일한 시작과 끝 시간을 갖는 일련의 펄스열이다. 두 개의 수신 펄스가 겹쳐지는 경우, 출력은 두 펄스의 결합이 될 것이다. 대역 내의 강한 CW 신호는 모든 펄스와 결합하여 비디오 출력의 진폭을 변형시키게 된다.

그림 4.1과 같이 크리스털 비디오 수신기는 일반적으로 대역통과필터와 전단증폭기의 뒤에 위치한다. 최적의 전단증폭기 이득(이것도 빌 아이어 박사의 논문에 정의됨)을 가질 때, 전단증폭형 크리스털 비디오 수신기의 감도는 다음과 같다.

$$S_{\max} = -114\,\mathrm{dBm} + N_{PA} + 10\log_{10}(B_e) + \mathrm{SNR}_{\mathrm{RQD}}$$

여기서, $S_{\max}$(dBm)는 최적의 전단증폭기 이득을 가지는 감도, N_{PA}(dB)는 전단증폭기의 잡음지수, B_e(MHz)는 유효대역폭으로 $B_e = (2B_r B_v - B_v^2)^{1/2}$이며, $\mathrm{SNR}_{\mathrm{RQD}}$(dB)는 요구되는 신호 대 잡음비를 각각 의미한다.

전형적인 구성을 갖는 현대의 크리스털 비디오 수신기는 자동으로 처리된 출력을 갖추며, 전단증폭을 통해 최종 감도를 -65에서 -70dBm 범위로 향상시킨다.

그림 4.1 크리스털 비디오 수신기는 일반적으로 대역통과필터 및 전단증폭기와 함께 사용되어 주파수 범위를 맞추고, 주파수 범위와 감도를 향상시킨다.

순시 주파수 측정instantaneous frequency measurement, IFM 수신기는 이름 그대로 동작하는 수신기이다. 기본적인 IFM 회로는 수신 신호의 무선 주파수 함수인 두 개의 신호를 생성한다. 이러한 신호는 직접적인 디지털 주파수 측정값을 생성하기 위하여 디지털화된다. 그림 4.2와 같이 입력은 대역이 제한되어 있다. IFM 회로 내의 지연 선로는 최대의 정확도로 입력 주파수 대역을 명확하게 커버하기 위해 출력의 범위를 설정한다. IFM 회로 역시 신호의 크기에 민감하기 때문에 IFM 수신기의 입력은 먼저 하드 리미팅hard limiting 증폭기를 통과하여 일정한 신호 수준을 생성한다.

전단증폭형 IFM 수신기는 크리스털 수신기와 거의 동일한 감도를 갖지만, 동적 범위는 다소 작다. 그림 4.2의 전환식 감쇠기switchable attenuator는 동적 범위를 크리스털 수신기의 동적 범위와 동일한 수준으로 확장한다. 일반적으로 IFM 수신기는 신호 주파수를 입력 주파수 범위의 약 1/1,000 정도(예를 들어, 2~4GHz 범위에서 2MHz 해상도)까지 측정한다. 이는 아주 짧은 펄스(마이크로초의 일부분) 동안에도 주파수를 측정하기에 충분히 빠르지만, 하나 이상의 여러 신호가 유사한 세기를 가지며 동시에 존재하는 경우 의미 없는 측정값을 준다. 동일 대역 내에 강한 CW 신호가 있다면 IFM은 펄스의 주파수를 정확하게 측정할 수 없다.

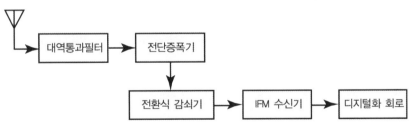

그림 4.2 순시 주파수 측정 수신기는 펄스 또는 CW 신호의 무선 주파수에 대한 디지털 측정값을 제공한다.

4.3 동조 무선 주파수 수신기

무선의 개발 초기에는 많은 수신기에 동조 무선 주파수tuned radio frequency, TRF 방식이 사용되었다. TRF는 수신된 신호의 실제 주파수에서 여러 단계의 동조 필터링과 이득을 가지고 있다. 슈퍼헤테로다인 방식의 단순함은 실제 TRF 방식의 수신기 구조를 대부분 대체하였다. 그러나 그림 4.3에서와 같이 EW 수신기 설계에 사용되는 또 다른 방식이 있으며, 이것이 종종 TRF라고 불린다.

TRF 수신기는 기본적으로 YIG 동조 대역통과필터에 의해 입력 주파수 대역이 제한된 크리스털 비디오 수신기이다. 이러한 크리스털 비디오 수신기는 좁은 RF 대역으로 인해 동시에 여러 신호들을 처리할 수 있으며 다소 더 나은 감도를 제공한다. 시스템 응용에서 TRF 수신기 앞에는 동적 범위를 확장하기 위해 추가적인 전단증폭기와 전환식 감쇠기가 올 수 있다.

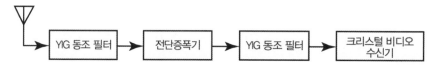

그림 4.3 YIG 동조 필터를 사용하여 동시 신호들을 분리하는 크리스털 비디오 수신기가 종종 동조 무선 주파수 수신기로 불린다.

4.4 슈퍼헤테로다인 수신기

슈퍼헤테로다인superheterodyne 수신기는 매우 유연하다. 이 수신기는 선형 검파기 또는 변별기를 사용하기 때문에 사전 검파 대역폭 및 사후 검파 처리 이득의 함수로 사용 가능한 최상의 감도를 제공한다. 기본적인 슈퍼헤테로다인 수신기는 동조된 국부 발진기local oscillator, LO를 사용하여 RF 주파수 대역의 일부를 고정 중간주파수intermediate frequency, IF 대역으로 "헤테로다인heterodynes"(즉, 선형 이동)한다. 고정 IF는 필요한 이득과 필터 선택도를 얻기에 매우 효과적이다.

간섭신호로부터의 분리는 IF 대역폭으로 변환되는 입력 스펙트럼의 일부만 선택하기 위하여 국부 발진기와 함께 제어되는 사전 선택기preselector를 추가함으로써 구현된다. 동조된 사전선택 기능을 갖춘 간단한 슈퍼헤테로다인 수신기를 그림 4.4에 나타내었다.

사전 선택기와 IF 대역폭을 조정함으로써 감도, 선택도, 그리고 순시 주파수 스펙트럼 범위의 최적 조합이 달성된다. 넓은 주파수 범위를 커버하거나 복잡한 신호 환경에서의 대역폭 분리를 위해, 여러 변환을 포함한 더 복잡한 슈퍼헤테로다인 수신기 설계가 필요할 수 있다. 수신기는 종종 선택 가능한 IF 대역폭과 검파기/변별기를 갖추어 다양한 신호 변조를 처리할 수 있다.

슈퍼헤테로다인 수신기는 기본적으로 좁은 대역폭을 갖는 EW나 정찰시스템(예를 들어, 통신 대역의 ESM 시스템과 많은 ELINT 수집 시스템들)에서 사용된다. 또한 이 수신기는 복잡한 상황(예를 들어, CW 신호의 상세한 매개변수 분석)에 대응하기 위하여 광대역 시스템에 추가될 수 있다.

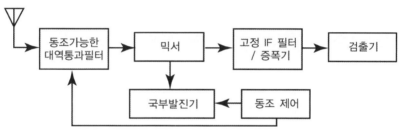

그림 4.4 슈퍼헤테로다인 수신기는 필터의 매개변수 선택에 의해 감도와 선택도, 대역폭에 대한 최적의 절충안을 제공할 수 있다.

4.5 고정 동조 수신기

단일 신호(또는 항상 단일 주파수에 있는 여러 신호)를 감시해야 하는 경우, 고정 동조 수신기fixed tuned receiver가 적합할 수 있다. 이는 전형적으로 진정한 TRF 수신기 또는 사전 설정된 LO를 갖춘 슈퍼헤테로다인 수신기이다. 어느 경우에든 간에 이 간단한 수신기는 단일 주파수에서 100% 탐지확률을 제공한다.

통과대역이 인접하여 배치된(일반적으로 한 수신기의 3dB 대역폭 상단 가장자리가 다른 수신기의 3dB 대역폭 하단 가장자리와 동일한 주파수에 있음) 고정 주파수 수신기 세트를 채널화 수신기channelized receiver라고 한다(그림 4.5 참조). 이것은 이상적인 수신기 유형 중 하나이다. 이 수신기는 각 채널별로 복조된 출력을 제공한다. 우수한 감도와 선택도가 얻어질 수 있도록 좁은 대역폭을 가질 수 있다. 이 수신기는 주파수 범위 내의 신호들에 대하여 100%의 탐지확률을 가지며, 서로 다른 주파수 채널에 있는 경우 동시에 여러 신호들의 완전한 수신 기능을 제공할 수 있다.

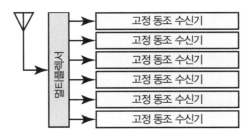

그림 4.5 채널화 수신기는 다중 동시 신호의 100% 수신과 탐지를 제공하기 위해 일정 주파수 범위를 커버하는 고정 동조 수신기의 집합이다.

물론, 문제는 실제 구현의 어려움이다. 만약 2~4GHz의 주파수 범위 전 대역에 대하여 1MHz씩 분리하려면 2,000개의 채널화가 필요하다. 즉, 2,000개의 독립된 수신기가 필요하며, 이는 단일 수신기의 크기, 무게, 전력의 2,000배에 해당한다. 좋은 소식은 패키징 기술이 올바른 방향으로 발전되고 있다는 것이다. 소형화 기술은 채널당 크기, 중량, 전력, 비용을 인상적인 비율로 낮추고 있지만, 이러한 값들이 아직 채널화 수신기를 무조건 사용할 정도로 도달하지는 못했다.

전형적인 채널화 수신기는 EW 시스템이 처리해야 하는 주파수 범위의 10% 또는 20%를 커버하는 10개 또는 20개의 채널을 갖는다. 전환 가능한 주파수 변환기를 사용하여 시스템 주파수 범위에서 일부를 선택하고, 단일의 채널화 수신기가 커버하는 주파수 대역으로 이동시킨다. 이러한 방식으로 채널화 수신기는 EW 시스템의 주파수 범위에서 발생하는 어려운 문제(예: CW 신호, 다중 동시 신호 또는 특히 중요한 매개변수들)를 해결하기 위해 적용된다. 이는 잘 정립된 우선순위 체계에 따라 신중하게(컴퓨터 제어하에) 사용되는 가치 있는 자산이다.

4.7 브래그 셀 수신기

브래그 셀 수신기는 그림 4.6과 같이 동시에 여러 신호를 처리할 수 있는 순시 스펙트럼 분석기이다. 고전력 수준으로 증폭된 RF 신호들이 크리스털 "브래그 셀Bragg cell"에 인가되면, 이 크리스털은 수신기 입력에 존재하는 모든 RF 신호의 파장에 비례한 간격으로 내부 압축선을 생성한다. 이로 인해 레이저 빔이 해당 RF 주파수에 따라 특정 각도로 굴절된다. 이 굴절된 빔의 집합은 광 검출 배열에 초점을 맞추게 된다. 이 배열은 굴절된 빔의 모든 성분에 대한 굴절 각도를 탐지하고, 입력에 존재하는 모든 신호 주파수의 디지털 출력을 결정하는 출력 신호를 생성한다.

브래그 셀 수신기는 존재하는 신호의 주파수를 결정하여 협대역 수신기가 이를 신속하게 처리할 수 있도록 하는 데 사용된다. 그 감도는 동일한 주파수 해상도를 가진 슈퍼헤테로다인 수신기와 동일한 수준이다.

그러나 브래그 셀 수신기는 30년 이상 해결되지 않는 제한된 동적 범위 문제를 가지고 있다. 일부 응용 분야에는 적합하지만, 브래그 셀 기술은 채널화 및 디지털 수신기의 최신 기술이 끊임없이 발전되고 있기 때문에 점점 밀려나고 있다.

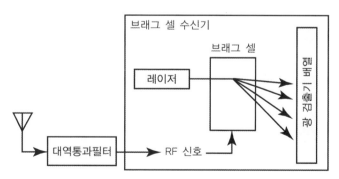

그림 4.6 브래그 셀 수신기는 전 대역의 순시 주파수 측정이 가능하며, 다수의 동시 신호를 처리한다.

마이크로스캔microscan 수신기라고도 불리는 압축 수신기compressive receiver의 블록 다이어그램은 그림 4.7과 같다. 이 수신기는 기본적으로 동조가 신속한 슈퍼헤테로다인 수신기이다. 보통 슈퍼헤테로다인 수신기(혹은 다른 형태의 협대역 수신기)는 대역폭과 같거나 그 이상의 기간 동안 단일 주파수에 머무르게 하는 속도로 동조할 수 있다(즉, 1MHz 대역폭을 가진 수신기는 각 주파수에서 최소 1μsec 이상 머무르게 된다). 압축 수신기의 동조 속도는 이 속도보다 훨씬 빠르지만, 출력은 주파수에 비례하는 지연을 가진 압축 필터를 통과한다. 주파수 대비 지연 기울기는 수신기의 소인율을 정확하게 보상한다. 따라서 수신기가 신호를 대역폭에 걸쳐 소인함에 따라 수신기의 출력은 강력한 스파이크를 만들기 위해 일관되게 시간 압축된다. 결과적으로 출력은 수신기가 동조되는 전체 대역의 스펙트럼 표시이다.

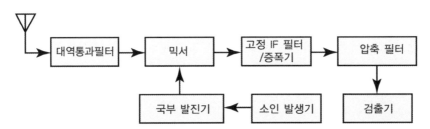

그림 4.7 압축 수신기는 일반적인 단일 대역폭 한계보다 훨씬 빠르게 소인하며, 수신기의 주파수 범위 내 모든 신호의 주파수를 측정하기 위해 정합 압축 필터를 사용하여 수신된 신호를 통합한다.

브래그 셀과 마찬가지로 압축 수신기는 동시에 여러 신호들을 100% 탐지할 수 있으며, 동일한 주파수 해상도를 갖는 일반적인 슈퍼헤테로다인 수신기와 동등한 감도를 가지지만 더 좋은 동적 범위를 제공한다. 또한, 브래그 셀과 마찬가지로 신호를 복조할 수 없으며, 따라서 주로 협대역 수신기로 전환하기 위해 새로운 신호를 탐지하는 데 가장 유용하다.

디지털 수신기는 미래의 커다란 희망으로 여겨지고 있다(그림 4.8). 기본적으로 이 수신기는 컴퓨터 처리를 위하여 신호를 디지털화한다. 소프트웨어는 어떤 형태의 필터나 복조기를 기능적으로 시뮬레이션할 수 있기 때문에(일부 하드웨어로 구현되지 못하는 것을 포함하여) 디지털화된 신호는 최적으로 필터링되고 복조되며, 탐지 후 처리 등이 가능하다.

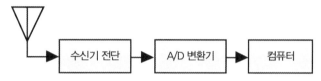

그림 4.8 디지털 수신기는 IF 통과대역을 디지털화하고, 필터링과 복조 기능으로 구성된 적절한 소프트웨어를 이용하여 수신 신호를 복구한다.

물론, 문제는 구현에 있다. 가장 중요한 구성요소는 아날로그-디지털(A/D) 변환기이다. 컴퓨터에 충분한 신호를 제공하기 위해서는 디지털화되는 신호의 최고 주파수에 대해 주기당 두 개의 샘플이 필요하다. 최신 기술이 매일 발전하고 있지만, 그래도 디지털화할 수 있는 최대 주파수와 제공할 수 있는 최대 해상도에는 여전히 한계가 있다.

컴퓨터는 유한한 처리능력을 가지고 있다(그러나 이것 역시 매일 진전을 거듭하고 있다). 이러한 처리능력은 신호 데이터의 처리량을 제한한다. 또 복잡한 소프트웨어는 많은 저장 공간과 처리 메모리를 필요로 한다. 컴퓨터의 능력은 크기, 무게, 전력 및 비용과 같은 요소들에 크게 영향을 받으며 상호 작용한다.

최신 기술이 올바른 방향으로 발전하고 있지만, 전체 주파수 대역에 대한 디지털 수신기를 제작하는 것은 보통 현실적으로 불가능하기 때문에 시스템은 주파수 범위의 일부를 디지털 수신기가 처리 가능한 대역으로 변환해야 한다. 이 주파수 대역은 "제로 중간주파수zero IF"(IF 대역의 하단 가장자리가 DC에 가까운)로 변환되거나 또는 IF가 서브 샘플링subsampling된다. IF의 서브 샘플링은 IF 주파수보다 훨씬 낮은 샘플링 속도에서 발생하지만, 디지털화되는 신호가 갖는 최고 변조 속도의 두 배와 동일한 샘플링 속도에서 이루어진다.

거의 모든 현대 EW 및 정찰시스템들은 기능을 충분히 수행하기 위하여 한 유형의 수신기보다 많은 유형의 수신기를 필요로 한다. 전형적인 수신기 시스템(또는 서브 시스템)의 구성이 그림 4.9에 나타나 있다. 하나 또는 여러 안테나로부터의 입력은 전력이 분배되거나(모든 수신기가 전체 주파수 대역에서 동작하는 경우) 다중화된다(수신기가 시스템 주파수 범위의 별도 부분에서 동작하는 경우). 복잡한 시스템에서는 신호 분배가 두 가지 방식의 조합으로 이루어진다.

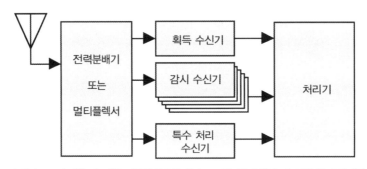

그림 4.9 대부분의 현대 EW 및 정찰 시스템은 다양한 임무를 최적으로 처리하기 위해 여러 유형의 수신기를 포함하고 있다.

협대역 수신을 필요로 하는 EW/정찰 시스템에서는 새로운 신호를 탐색하기 위하여 단일 수신기(또는 수신기 세트)에 임무를 할당하고, 그런 다음 전용 수신기로 이를 전달하는 것이 일반적이다. 이러한 전용 수신기들은 신호를 완전하게 분석하는 데 필요한 만큼의 시간 동안 할당된 주파수, 대역폭 및 복조 설정으로 계속해서 유지된다(더 높은 우선순위의 신호에 재할당되지 않는 한).

다른 수신기들보다 일반적으로 더 복잡한 특수 처리 수신기special processing receiver를 사용하여 여러 감시 수신기monitor receiver 중 하나가 처리하는 신호에 대해 추가 정보를 제공하는 것도 일반적인 방법이다.

다음은 EW 또는 정찰 시스템에서 협력적으로 동작하는 여러 유형의 수신기들에 대한 전형적인 응용사례들이다. 모든 가능한 접근 방식을 다루기 위한 것은 아니지만 이러한 사례들은 여러 가지 중요한 수신기 시스템 문제를 설명해준다.

4.10.1 크리스털 비디오 및 IFM 수신기 조합

전자지원 시스템, 특히 레이다 경보 수신기radar warning receiver, RWR는 수신한 각 펄스의 모든 매개변수를 매우 신속하게 결정해야 하므로 크리스털 비디오와 순시 주파수 측정(IFM) 수신기를 함께 사용하는 경우가 많다(그림 4.10 참조). 크리스털 비디오 수신기는 펄스의 진폭, 시작 시간 및 종료 시간을 측정하고, IFM 장치에서는 각 펄스의 주파수를 측정한다.

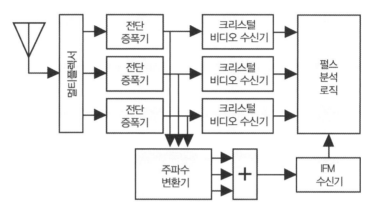

그림 4.10 크리스털 비디오 및 순시 주파수 측정 수신기가 종종 결합되어 밀도가 높은 신호 환경에서 펄스 매개변수 데이터를 제공하는 데 사용된다.

멀티플렉서는 입력 주파수 범위를 분할하여 각 크리스털 비디오 채널들이 다른 대역을 담당하도록 한다(예를 들어, 2~4GHz, 4~6GHz, 그리고 6~8GHz). 주파수 변환기는 각 대역을 단일 주파수 범위로 변환하여 IFM에 입력한다(예를 들어, 2~4GHz). 따라서 IFM 출력은 모호하게 된다(3GHz, 5GHz 및 7GHz 모두 IFM에게는 3GHz로 보임). 그러나 펄스 분석기는 각각의 분리된 대역으로부터 펄스들을 수신한다. IFM이 주파수를 측정하는 시간과 각 대역에서 수신된 펄스의 시간을 상호 연관시킴으로써 IFM 측정의 모호함을 해결할 수 있다.

4.10.2 어려운 신호를 위한 수신기

넓은 주파수 범위의 신호 환경에서 "처리하기 어려운" 신호들이 예상되는 경우, 그림 4.11에 나와 있는 구성에서 특수 수신기의 선택적 사용이 그 해결책이다. 이에 대한 가장 좋은 예는 현대적인 RWR로서 RWR은 밀집한 펄스 환경에서 몇 개의 CW 또는 다른 도전적인 신호들을 처리해야만 한다. 개별 대역 수신기는 크리스털 비디오 수신기이고, 특수 수신기는 슈퍼헤테로다인, 채널화 또는 디지털 수신기이다. 신호 분석 로직은 일반 대역 수신기로부터 수신된 데이터, 예상되는 환경의 사전 지식 및 그림 4.10처럼 구성된 IFM을 조합하여 특수 수신기를 할당한다. 다른 아무런 단서가 없는 경우, 로직은 우선순위가 있는 탐색 패턴을 따라 특수 수신기를 전체 주파수 범위에 걸쳐 단순하게 순환시킬 수도 있다.

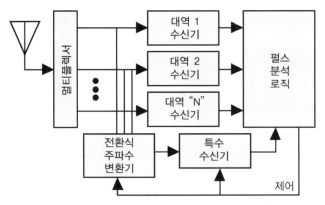

그림 4.11 현대 RWR은 복잡한 변조를 가진 에미터의 식별 및 위치 결정을 위해 특수 수신기(디지털, 채널화 또는 슈퍼헤테로다인)를 사용한다.

이 경우, 주파수 변환기는 그림 4.12에 보여진 것과 같으며, 여기서 특수 수신기는 "대역 1"을 커버한다. 하나 이상의 변환된 채널들이 출력으로 전환되도록 시스템을 설계하는 것도 가능하지만 이 경우에는 주파수 모호성을 해결해야 한다. 주파수 변환기는 종종 각 국부 발진기가 하나 이상의 대역 변환기를 제공하도록 설계됨을 알아야 한다. 즉, "상향 변환" 또는 "하향 변환" 중에서 어느 하나가 대역 변환기에 사용될 수 있다. 상향 변환에서 LO는 입력 대역의 위에 있으며, 하향 변환에서는 입력 대역의 아래에 있게 된다. 입력 대역과 LO 주파수에 따라 출력 대역은 주파수가 높아지거나 낮아질 수 있으며, 방향이 뒤집혀 있을 수도 있다(가장 낮은 입력 = 가장 높은 출력).

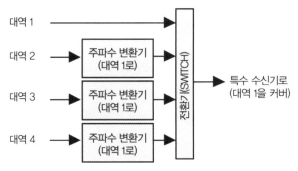

그림 4.12 일반적으로 다중 대역 변환기는 시스템 전체 주파수 범위의 동일 대역폭 부분을 하나의 대역으로 선형 이동하여 특수 수신기에서 처리하기 위해 사용된다.

4.10.3 다수 운용자가 시분할로 사용하는 특수 수신기

그림 4.13은 특수 수신기가 다수의 독립적인 분석 수신기들에게 특수 기능을 제공하는 일반적인 예를 보여준다. 이 경우, 신호에 대해 깊이 있는 분석을 수행하고 에미터 위치 파악이 필요한 운용자들에게 방향 탐지(DF) 수신기가 할당된다. 적용되는 에미터 위치 파악 기법(8장 참조)에 따라 DF 수신기는 추가적인 안테나, 또는 다른 추가적인 DF 사이트와의 협력적 운영이 필요할 수도 있다.

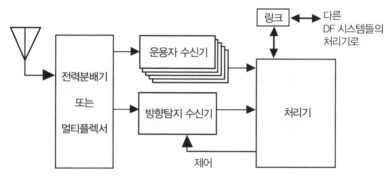

그림 4.13 전형적인 통신대역 방향 탐지 시스템에서는 여러 운용자 간에 다수의 사이트에서 하나의 DF 수신기를 공유한다.

4.11 수신기 감도

수신기 감도란 수신기가 수신하고자 하는 작업을 수행하는 데 필요한 최소 신호 강도로 정의된다. 감도는 전력 수준으로 표시되며, 일반적으로 dBm(통상 큰 음수 dBm 값)으로 나타낸다. 또한 전계 강도(μV/m)로도 표시할 수 있다. 간단히 말해서, 링크 방정식(2장에서 정의된)의 출력이 수신기 감도와 동일하거나 더 큰 "수신 전력"이라면, 링크가 동작한다. 즉, 수신기는 전송된 신호에 포함된 정보를 "적절하게" 추출할 수 있다. 만약 수신된 전력이 감도 수준보다 낮다면, 정보는 설정된 품질보다 낮게 복원될 것이다.

4.11.1 감도가 정의되는 위치

항상 그렇지는 않지만, 수신 시스템의 감도sensitivity를 그림 4.14에서와 같이 수신 안테나의 출력에서 정의하는 것이 좋은 방법이다. 감도가 이 지점에서 정의되는 경우, 수신 안테나의 이득(dB 단위)은 수신 안테나에 도착하는 신호 전력(dBm 단위)에 더해질 수 있으므로 수신 시스템에 들어가는 전력을 계산할 수 있다. 이는 안테나와 수신기 사이의 케이블 연결로 인한 손실 및 전단증폭기와 전력분배 회로망의 영향 등이 모두 수신기 시스템의 감도 계산에 고려된다는 것을 의미한다. 당연히 제조업체로부터 수신기를 구매하는 경우, 제조업체의 사양은 안테나와 수신기 사이에 아무것도 없다고 가정하므로 "수신기 감도"(수신 시스템 감도와 대조되는 개념)는 수신기의 입력단에서 정의된다.

위의 논의에서는 안테나(또는 안테나 배열)의 일부로 정의된 케이블, 커넥터 등과 관련된 손실들도 안테나의 이득을 정의할 때 고려되어야 한다는 것을 내포한다. 이는 사소한 사안처럼 보일 수 있지만, "경험이 많은 사람"들은 이러한 영역에서의 오해가 장비의 구매 또는 판매 시에 많은 논란을 일으킨다고 말한다.

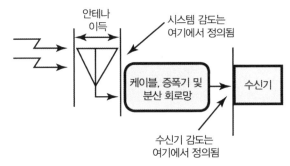

그림 4.14 수신기 시스템 감도는 수신 안테나의 출력에서 정의되므로 안테나에 도달하는 수신 가능한 최소신호는 감도와 안테나 이득의 합으로 결정될 수 있다.

4.11.2 감도의 세 가지 구성요소

수신기의 감도는 세 가지 구성요소로 이루어져 있다. 열잡음 수준(kTB라고 함), 수신기 시스템의 잡음지수 그리고 수신 신호로부터 원하는 정보를 충분히 복구하기 위해 필요한 신호 대 잡음비이다.

4.11.2.1 kTB

kTB(일반적으로 실제 단어처럼 사용된다)는 실제로 세 가지 값의 곱으로 이루어진다.
- k는 볼츠만 상수(1.38×10^{-23} J/°K)
- T는 켈빈 단위의 동작 온도
- B는 수신기의 유효 대역폭

kTB는 이상적인 수신기의 열잡음 전력 수준을 정의한다. 동작 온도가 290°K(실제로는 17°C 또는 63°F로 표현되는 "실내" 온도를 나타내는 표준 조건)로 설정되고, 수신기의 대역폭이 1MHz로 설정되며, 그 결과를 dBm으로 변환하면 kTB의 대략적인 값은 -114dBm이다. 이것은 종종 다음과 같이 나타낸다.

$$kTB = -114\,dBm/MHz$$

이 "경험적인" 값으로부터 어떤 수신기 대역폭에서든 이상적인 열잡음 수준을 빠르게 계산할 수 있다. 예를 들어, 수신기 대역폭이 100kHz라면 kTB는 -114dBm - 10dB = -124dBm이 된다.

4.11.2.2 잡음지수

연륜 있는 교수님이 "이상적인 수신기 가게"라고 부르는 신화적인 회사에서 수신기를 구매하지 않는 한, 수신기는 수신하는 모든 신호에 약간의 추가 잡음을 더하게 된다. 수신기 대역폭에 존재하는 잡음과 kTB만 존재할 때 잡음과의 비율을 잡음지수noise figure라고 부른다. 실제로는 조금 다른데, 잡음지수는 실제 출력에서 존재하는 잡음을 생성하기 위해 이상적이고 잡음이 없는 수신기(또는 수신 시스템)의 입력에 주입해야 할 잡음의 비율(잡음/kTB)로 정의된다(그림 4.15). 이 정의는 증폭기의 잡음지수에도 동일하게 적용된다.

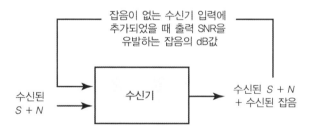

그림 4.15 수신기의 잡음지수는 수신기가 수신 신호에 추가하는 열잡음의 양을 수신기 입력 기준으로 나타낸 것이다.

수신기나 증폭기의 잡음지수는 제조업체에 의해 설정되지만, 시스템 잡음지수의 결정은 조금 더 복잡하다. 먼저 단일 수신기가 손실이 있는 케이블을 통해 안테나에 연결된 매우 간단한 수신 시스템을 고려해 보자(또는 수동 전력분배기와 같이 이득이 없는 어떤 수동 소자). 이 경우, 안테나와 수신기 사이의 모든 손실은 수신기의 잡음지수에 단순히 추가되어 시스템의 잡음지수를 결정한다. 예를 들어, 안테나 출력과 12dB 잡음지수를 가진 수신기의 입력 사이에 10dB 손실이 있는 케이블이 있는 경우, 시스템의 잡음지수는 22dB가 된다.

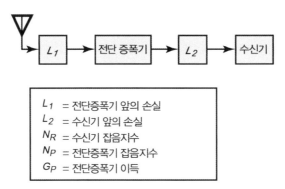

L_1 = 전단증폭기 앞의 손실
L_2 = 수신기 앞의 손실
N_R = 수신기 잡음지수
N_P = 전단증폭기 잡음지수
G_P = 전단증폭기 이득

그림 4.16 수신 시스템의 잡음지수는 전단증폭기를 추가하여 낮출 수 있다.

이제 그림 4.16에서와 같이 전단증폭기를 가지는 수신 시스템의 잡음지수에 대하여 생각해 보자. L_1(안테나와 전단증폭기 사이의 손실, dB 단위), G_P(전단증폭기 이득, dB 단위), N_P(전단증폭기의 잡음지수, dB 단위), L_2(전단증폭기와 수신기 사이의 손실, dB 단위), N_R(수신기의 잡음지수, dB 단위)은 정의된 변수들이다. 이 시스템의 잡음지수(NF)는 다음 식과 같이 주어진다.

$$NF = L_1 + N_P + D$$

여기서, L_1과 N_P값은 그대로 대입되고, D는 전단증폭기 이후의 모든 것에 의한 시스템 잡음지수의 저하 또는 열화를 나타낸다. D의 값은 그림 4.17의 그래프에서 결정될 수 있다. 이 그래프를 사용하기 위해서는 가로축 수신기 잡음지수(N_R) 값에서 수직선을 그리고, 전단증폭기의 잡음지수와 이득에서 수신기까지의 손실을 뺀 값($N_P + G_P - L_2$)에서 수평선을 그린다. 이 두 선은 dB로 표현된 열화지수 값에서 서로 교차한다. 그림에 나와 있는 예에서 수신기의 잡음지수가 12dB이고, 전단증폭기의 이득과 수신기 손실에 의해 감소된 잡음지수의 합은 17dB이다(예를 들어, 15dB 이득, 5dB 잡음지수, 그리고 3dB 손실). 이 경우, 열화는 1dB이다. 만약 안테나와 전단증폭기 사이의 손실이 2dB라면, 결과적인 시스템 잡음지수는 2dB + 5dB + 1dB = 8dB가 될 것이다.

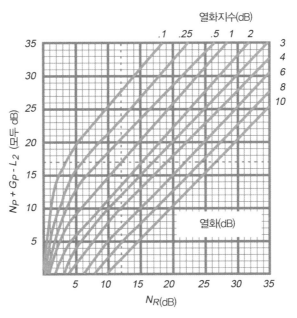

그림 4.17 전단증폭기 이후의 모든 구성요소에 의한 시스템 잡음지수 열화는 이 그래프로부터 결정될 수 있다.

4.11.2.3 요구되는 신호 대 잡음비

수신기가 작업을 수행하기 위해 필요한 신호 대 잡음비(signal-to-noise ratio, SNR)는 신호에 실려 있는 정보의 유형, 해당 정보를 전달하는 신호 변조 유형, 수신기 출력에서 수행될 처리 유형, 그리고 신호 정보의 최종 사용에 크게 의존한다. 수신감도를 결정하기 위해 정의되어야 하는 요구 SNR은 사전검출 SNR로, RF SNR 또는 반송파 대 잡음비(carrier-to-noise ratio, CNR)라고도 불린다. 일부 변조 유형에서는 수신기 출력 신호에서의 SNR이 RF SNR보다 현저하게 클 수 있다.

예를 들어, 어떤 수신 시스템의 유효 대역폭이 10MHz, 시스템의 잡음지수가 10dB, 그리고 자동 처리를 위해 펄스 신호를 수신하도록 설계된 경우, 해당 시스템의 감도는

$$kTB + 잡음지수 + 요구 \ SNR \ = \ (-114dBm + 10dB) + 10dB + 15dB \ = \ -79dBm$$

이다.

주파수 변조frequency modulation, FM 신호의 변조 특성 때문에 FM 수신기의 감도는 수신전력 수준과 변조 특성에 의해 결정된다. 수신된 전력은 FM 변별기에 적절한 SNR을 제공하여 변조를 복구할 수 있을 만큼 충분해야 한다. 이 "임곗값"에 도달하면 주파수 변조의 폭은 감도를 향상시키는 SNR 개선지수를 결정하게 된다.

주파수 변조 신호는 변조 신호의 진폭 변화를 전송되는 주파수의 변화로 나타낸다(그림 4.18은 정현파 형태의 주파수 변조 신호를 보여준다). 전송 신호의 최대 주파수 편이(변조되지 않은 반송파 신호의 주파수로부터)와 변조하고자 하는 신호의 최대 주파수 사이의 비율을 변조지수라고 하며, 그리스 문자 β로 나타낸다.

적절하게 복조되었을 때, 출력 신호의 품질은 β값의 함수인 RF SNR보다 향상된다. 이는 RF SNR이 요구되는 임곗값보다 높은 경우에만 해당된다.

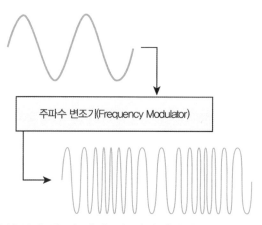

그림 4.18 주파수 변조는 변조하고자 하는 신호의 진폭을 송신 주파수의 변화로써 전송한다.

4.12.1 FM 개선지수

일반 FM 변별기의 임계 RF SNR은 약 12dB이다. 위상동기루프PLL 형태의 FM 변별기 임계 RF SNR은 약 4dB이다. 이러한 수신 신호의 RF SNR 임곗값 아래에서는 출력 SNR이 심각하게 저하되지만, 이러한 임곗값 이상에서는 다음과 같은 식으로 정의된 FM 개선지수 FM improvement factor에 의해 출력 SNR이 향상된다.

$$\text{IF}_\text{FM}(\text{dB}) = 5 + 20\log_{10}\beta$$

예를 들어, 수신기가 일반적인 FM 변별기를 가지고 있고, 수신 신호가 12dB의 RF SNR을 생성할 만큼 충분히 강하며, 수신 신호의 변조지수가 4인 경우라면, FM 개선지수는 다음과 같다.

$$\text{IF}_\text{FM}(\text{dB}) = 5 + 20\log_{10}4 = 5 + 12 = 17\,\text{dB}$$

그러면 출력 SNR은 다음과 같다.

$$\text{SNR}(\text{dB}) = \text{RF SNR} + \text{IF}_\text{FM} = 12 + 17 = 29\,\text{dB}$$

FM 개선지수를 얻기 위해서는 수신기를 통해 신호가 이동함에 따라 적절한 대역폭을 가져야 한다(즉, 수신기 설계자는 무엇을 하는지 알아야 한다. 다행히 대부분의 경우에는 거의 그렇다).

다른 예로, 40dB SNR의 출력이 필요하다고 가정해보자(잡음이 없는 TV 화면을 출력하기 위해 필요). TV 신호가 변조지수 5인 주파수 변조 신호로 전송된다면, 수신기의 감도를 결정하는 데 요구되는 RF SNR은 다음과 같이 계산된다.

$$\text{IF}_\text{FM}(\text{dB}) = 5 + 20\log_{10}(5) = 5 + 14 = 19\,\text{dB}$$
$$\text{요구 RF SNR}(\text{dB}) = \text{출력 SNR} - \text{IF}_\text{FM} = 40 - 19 = 21\,\text{dB}$$

4.13 디지털 감도

디지털화된 신호의 출력 품질은 변조 매개변수에 의존한다. RF SNR이 너무 낮으면 비트 오류가 발생할 수 있다(비트 오류는 신호의 품질을 저하시키지만, 일반적으로 비트 오류는 디지털화된 아날로그 신호의 품질과 별도로 고려되며, 이것은 원래부터 아날로그가 아닌 디지털 신호들에 대해서도 동일하게 적용된다. 예를 들면, 이메일 메시지 등). 디지털 신호의 장점은 각 수신기에서 RF SNR이 비트 오류를 허용 가능한 수준으로 유지하기에 적절하다면 신호의 품질을 저하시키지 않고 여러 차례 중계될 수 있다는 점이다.

4.13.1 출력 SNR

디지털화된 아날로그 신호의 "출력 SNR"은 실제로는 신호 대 양자화 잡음비signal-to-quantizing noise ratio, SQR이다. 그림 4.19에 대해 고려해 보자. 원래 아날로그 신호가 디지털화되고, 그 후에 수신기 출력에서 디지털-아날로그 변환기를 통해 다시 아날로그 형태로 변환되면, 그림에 나타난 것처럼 "재생되어진 디지털화된 신호"와 유사한 형태를 갖게 된다. 적절한 필터링을 통해 파형의 날카로운 모서리를 부드럽게 만들 수 있지만, 실제로는 디지털화된 신호 정보만이 전송되었기 때문에 재생의 정확성이 향상되지는 않는다. SQR의 편리한 표현은 신호 진폭이 양자화되는 비트 수이다.

$$SQR(dB) = 5 + 3(2m - 1)$$

여기서, m은 샘플당 비트 수이다.

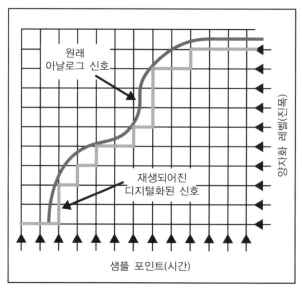

그림 4.19 디지털화된 신호로부터 아날로그 신호로 복구된 신호의 정확도는 양자화 과정에서 일어나는 '양자화 잡음'에 의해 열화된다.

예를 들어, 샘플당 6비트로 디지털화된 신호의 SQR은 다음과 같다.

$$\text{SQR}(\text{dB}) = 5 + 3(11) = 38\text{dB}$$

4.13.2 비트 오류율

디지털 형식의 신호는 일련의 변조 기술을 사용하여 RF 반송파 신호에 변조되고, "1"과 "0"의 연속으로 전송된다. 다양한 변조 유형들이 있으며, 이들은 각각의 장단점이 있다. 이 것은 전송 대역폭 대 디지털 데이터 비트율, 그리고 비트 오류율bit error rate 대 RF SNR 성능 을 포함한다. 대부분의 경우, 다양한 변조방식은 RF 대역폭 대 디지털 데이터 비율이 1과 2 사이에 있어야 한다(즉, 1Mbps의 데이터는 1~2MHz의 전송 대역폭이 필요).

각 변조방식마다 비트 오류율 대 RF SNR 성능은 다르지만, 모든 방식은 그림 4.20에 나타나 있는 일반적인 동기식 위상 편이 키잉phase-shift keying, PSK 변조와 비동기식 주파수 편이 키잉frequency-shift keying, FSK 변조 곡선 사이에 위치하는 경향을 갖는다. 비트 오류율은 잘못된 비트의 평균 개수를 전송된 비트 수로 나눈 값이다. 그림의 예에서 비동기식 FSK 변조를 사용하는 디지털 신호가 11dB의 RF SNR을 갖는 수신기로 도달하려면 비트 오류율 은 10^{-3} 보다 약간 작게 된다. 만일 동기식 PSK 변조라면, 비트 오류율은 약 10^{-6} 일 것이 다. 디지털 데이터 시스템에서 요구되는 전송 정확도는 종종 "문자 오류율word error rate" 또 는 "메시지 오류율message error rate"이라는 용어로 지정된다. 이러한 그래프를 사용하여 오

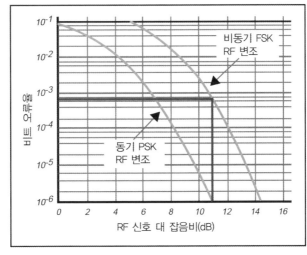

그림 4.20 디지털 데이터 전송에 사용된 모든 무선 변조방식에서 수신 신호의 비트 오류율은 RF 신호 대 잡음비의 함수이다.

류율을 요구 RF SNR로 변환하려면, 먼저 이를 비트 오류율로 변환해야 한다. 예를 들어, 비트 오류율은 메시지 오류율을 표준 메시지의 비트 수로 나눈 것과 같다. 만약 표준 메시지에 1,000개의 비트가 있고, 메시지 중 1%만이 정확하지 않은 경우(즉, 메시지에 하나 이상의 비트 오류가 있는 경우), 비트 오류율은 10^{-5}이어야 한다.

5장
EW 프로세싱

5장

EW 프로세싱

프로세싱의 범위와 관련하여 먼저 세 가지 기본적인 사항을 언급하고자 한다. 첫째, EW 프로세싱은 매우 광범위한 주제이기 때문에 이 장에서 모든 분야를 다루지는 않는다. 둘째, 다른 장의 일부 주제들이 프로세싱으로 간주될 수 있다. 따라서 이 장은 때때로 다른 장을 참조하면서 다른 장들을 현재 토의의 흐름으로 가져와 연결할 것이다. 셋째, 컴퓨터 하드웨어의 능력이 폭발적으로 성장하는 시기에 있기 때문에 EW 프로세싱의 구현이 거의 매일 변화하고 있다. 따라서 이 장의 초점은 하드웨어나 구현에 사용되는 특정 소프트웨어보다는 무엇을 수행했고, 왜 수행하는지에 대한 것이다.

5.1 프로세싱 임무

EW는 본질적으로 환경에 존재하는 위협 신호에 반응한다. 올바른 대응책을 언제 어떻게 사용할지 결정하기 위해 1940년대 초 현대 EW가 시작될 때부터 일종의 프로세싱을 수행할 필요가 있어 왔다. 처음에는 어떤 위협 신호가 존재하는지 판단하고 적절한 대응책을 사용할 수 있었던 숙련된 운용자에게 전적으로 의존하였다. 인간은 무선 주파수 신호를 직접 감지할 수 없기 때문에 수신기가 신호를 감지한 다음 운용자가 인식할 수 있는 형태로 표시하기 위해 어떤 방식으로든 처리되었다.

신호 환경이 더욱 복잡해지고 레이다로 제어되는 무기가 더 치명적이며, 타임라인이 짧아짐에 따라 위협을 자동으로 감지하고 식별할 필요가 있게 되었다. 위협 식별은 거의 모든 EW 시스템에서 주요한 EW 프로세싱 임무로 남아 있다.

에미터 위치 파악은 EW 작전의 또 다른 기본적인 임무이다. 에미터 위치 파악(그리고 방향 탐지)은 8장에서 다루므로 여기서는 그 기술들을 다루지 않는다. 그러나 더 높은 수준의 프로세싱 기능과 에미터 위치를 파악하는 역할은 밀접한 관련이 있다.

현대의 EW 시스템은, 특히 항공 응용분야에서는 많은 신호(초당 수백만 개의 펄스를 포함)를 처리해야 하므로 수신된 RF 에너지 집단에서 개별 신호들을 분리하는 것은 중요한 프로세싱 기능이 될 수 있다.

최신 EW 시스템은 종종 다중 센서와 다중 대응책을 포함하여 고도로 통합된다. 이러한 모든 시스템 자산은 적절하게 통제되고 조정되어야 한다. 우리는 이미 탐색 역할(4장)에서 여러 수신기 제어를 다루었지만, 여기서는 특정 EW 응용에서 좀 더 구체적인 선택 기준을 다룰 것이다.

재밍과 직접적으로 관련된 프로세싱 기능은 9장에 기술된 재밍 기술의 설명에 포함될 수 있다. 따라서 여기서는 재머 제어와 관련된 프로세싱만 고려할 것이다.

표 5.1은 EW 프로세싱의 주요 유형과 EW 임무에서의 각 역할에 대한 최상위 개요이다. 이것은 EW의 매우 복잡한 영역에 대한 임의적인 구분이기 때문에 다른 EW 프로세싱 전문가(모든 분야의 전문가와 마찬가지로)는 이러한 일반적인 구분에 동의하지 않을 수도 있다. 이 표의 목적은 단지 EW 프로세싱에 대해 토의할 수 있는 논리적 구조를 제공하는 것이다.

표 5.1 EW 프로세싱 임무

프로세싱 임무	전자전에서의 역할
위협 식별	신호 매개변수에서 에미터 유형을 결정
신호 연결	위협 식별을 지원하기 위해 신호 구성요소들을 신호에 할당
에미터 식별	개별 에미터를 식별(에미터 유형 대비)
에미터 위치 결정	신호의 도달 방향 또는 에미터 위치를 결정
센서 제어	데이터 분석을 기반으로 EW 시스템의 센서 자산을 할당
대응책 제어	수신된 신호 데이터를 기반으로 통합 EW 시스템에서 대응책을 위한 제어 입력을 생성
센서 큐잉	좁은 개구 자산을 위해 매개변수 검색량을 감소
인간–기계 인터페이스	제어 입력을 읽고 시현기를 생성
데이터 융합	여러 센서 또는 시스템 데이터를 결합하여 전자전투서열을 생성

5.1.1 RF 위협 식별

수신된 RF 신호의 매개변수에서 위협을 식별하는 문제부터 시작해보자. 일반적으로 위협 신호의 매개변수는 다음과 같다.

- 유효 방사 출력
- 안테나 패턴
- 안테나 스캔 유형
- 안테나 스캔율
- 전송 주파수
- 변조 유형
- 변조 매개변수

이러한 신호가 수신기에 도착하면 신호는 다소 다른 방식으로 특성화된다. 수신된 신호의 매개변수는 다음과 같다.

- 수신 신호 강도
- 수신 주파수
- 관찰된 안테나 스캔
- 변조 유형
- 변조 매개변수

일부 매개변수는 상대적으로 측정하기 쉽지만 다른 일부 매개변수는 특수 자산을 사용해야 하는 등 어려움이 있다. EW에서 위협 식별은 일반적으로 실시간 프로세스이므로 매개변수가 분석되는 순서를 신중하게 고려해야 한다.

5.1.2 위협 식별의 논리 흐름

현대 시스템에서 위협 식별은 매우 복잡하다. 많은 위협이 존재할 수 있고 위협 매개변수가 점점 더 복잡해지고 있기 때문이다. 일반적으로 어떤 유형의 위협이 존재하는지와 위협의 위치, 위협의 동작 모드를 알아야 한다. RF 유도 위협의 경우 일반적으로 이러한 세 가지 항목이 모두 수신된 RF 신호로부터 결정된다.

위협 식별의 논리 흐름은 다음과 같이 3가지 단계로 유용하게 일반화할 수 있다.

- 가장 쉬운 분석 작업이 먼저 수행된다. 이것은 일반적으로 광대역 자산의 사용 그리고/또는 매우 짧은 신호의 포착만 필요한 작업이다.
- 초기에 쉽게 분석한 신호 데이터를 제거함으로써 남아 있는 작은 분량의 데이터에 대해 더 복잡한 분석을 수행하도록 한다.
- 모든 필요한 모호성이 해결되는 즉시 분석이 종료된다.

예를 들어, 펄스 에미터에 대해 동작하는 레이다 경보 수신기RWR를 고려해 볼 때 분석해야 하는 신호 매개변수는 다음과 같다.

- 펄스폭
- 주파수
- 펄스 반복 주기
- 안테나 스캔

이러한 수신 신호 매개변수가 그림 5.1에 나와 있다.

그림 5.2에서 볼 수 있듯이 RWR은 먼저 각 펄스에 존재하는 주파수와 펄스폭 매개변수에서 위협 유형을 결정하려고 시도한다. 위협 신호의 유형이 이 두 개의 매개변수만으로 식별될 수 있는 경우 프로세서는 분석을 중지하고 위협 ID를 보고한다.

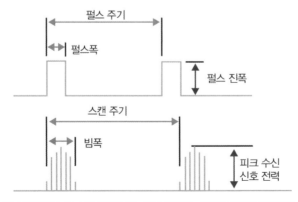

그림 5.1 레이다 신호의 펄스 및 스캔 매개변수는 이를 생성하는 레이다 유형을 결정하기 위해 분석된다.

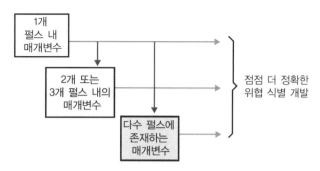

그림 5.2 위협 식별을 위한 프로세싱은 일반적으로 데이터 수집에 요구되는 시간이 증가하는 순서로 수행된다.

다음으로 RWR은 펄스 반복 주기를 고려한다. 왜냐하면 이것은 두 개 이상의 펄스간격을 결정하는 것으로도 충분하기 때문이다. 그러나 아쉽게도 이 작업은 복잡할 수도 있다. 만일 여러 개의 펄스열이 존재하는 경우 펄스들은 개별 신호들로 분류되어야 한다. 또한 펄스열이 단순한 펄스 반복 주기를 가지지 않고 스태거 또는 지터 형태가 될 수도 있다. 그러나 펄스 주기의 분석은 두 번째로 쉬운 작업이기 때문에 이 단계에서 수행되어야 한다. 만일 식별 결과가 나오면 프로세서는 여기서 멈춘다.

마지막으로 RWR은 안테나 스캔을 고려한다. 여기에는 긴 일련의 펄스들에 대한 상대적 진폭 분석이 포함되므로 개별 신호들과 이미 연관되어 있는 많은 순차적인 펄스들을 고려해야 한다. 이것이 가장 어려운 이유는 가장 많은 시간이 소요되기 때문이다. 사실 수신된 안테나 빔 사이의 간격을 분석하는 일은 RWR이 모든 분석을 완료하고 위협 ID를 보고하는 데 설정된 총 시간과 같을 정도로 오래 걸리는 작업이다.

가상의 위협 식별 사례가 그림 5.3에 있다. 그림에서는 세 가지 신호 매개변수가 측정되며, 네 가지 유형의 가상 위협이 존재한다. 위협 1은 매개변수 A의 측정값으로 명확하게 식별할 수 있기 때문에 식별하기 가장 쉽다. 위협 2와 3은 둘 다 모호성을 해결하기 위해 두 매개변수에 대한 값을 결정해야 하므로 위협 1보다 더 많은 분석 노력이 필요하다. 위협

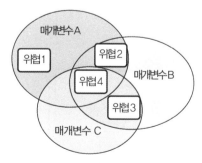

그림 5.3 일반적으로 EW 프로세서는 식별하도록 설계된 위협 유형 간의 모호성을 해결하기에 충분한 데이터만 평가한다.

4의 경우는 세 매개변수 모두에 대한 값을 결정해야만 명확하게 식별할 수 있다.

5.2 매개변수 값 결정

위협 신호 분석의 첫 번째 단계는 수신 신호의 매개변수를 측정하는 것이다. 측정 메커니즘을 이해하려면 컴퓨터가 RWR에 활용되기 이전에 이러한 측정들이 수행된 방식을 고려하는 것이 좋다. 각 매개변수 측정 회로는 개별 소자로 구성되었으며 단일 작업만 수행할 수 있었다. 현대 시스템의 컴퓨터는 그와 동일한 작업을 수행하지만 훨씬 더 효율적으로 수행한다.

5.2.1 펄스폭

펄스가 고역통과필터를 통과할 때 결과는 그림 5.4와 같이 앞부분에서 양의 스파이크가, 그리고 뒷부분에서 음의 스파이크가 발생한다. 양의 스파이크를 사용하여 카운터를 시작하고 음의 스파이크를 사용하여 카운트를 중지함으로써 펄스폭을 매우 정확하게 측정할 수 있었다. 그림 5.5에 나와 있는 두 번째 접근 방식은 펄스 신호를 높은 샘플링 속도로

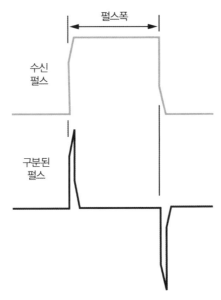

그림 5.4 앞부분과 뒷부분의 스파이크로 카운터를 시작하고 중지하면 펄스폭을 매우 정확하게 측정할 수 있다.

디지털화하고 분석하여 펄스폭을 결정한다. 이 접근 방식은 펄스 모양에 대한 자세한 정보도 제공한다. 이 접근 방식은 펄스폭 외에도 상승 시간, 오버슈트 등을 측정하는 시스템에서 필요하다.

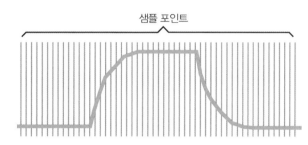

그림 5.5 펄스 파형을 높은 속도로 샘플링하면 펄스의 전체 모양을 디지털로 캡처할 수 있다.

5.2.2 주파수

크리스털 비디오 수신기를 사용하는 초기 RWR에서 수신 신호의 주파수는 필터를 사용하여 입력을 주파수 범위로 분할하고 각 필터 출력에 크리스털 비디오 수신기를 배치해야만 결정될 수 있었다. 펄스 또는 지속파CW 신호의 주파수는 협대역 수신기를 신호에 동조시켜 측정할 수도 있었다. 해당 신호의 주파수는 수신기가 동조된 주파수였다.

실용적인 순시 주파수 측정IFM 수신기와 데이터 수집이 가능한 컴퓨터의 도래로 각 펄스의 주파수를 측정하고 저장할 수 있게 되었다.

5.2.3 도래 방향

각 펄스의 도래 방향direction of arrival, DOA은 8장에 설명된 여러 가지 방향 탐지 접근 방식 중 하나를 사용하여 측정된다. 낮은 정확도의 DOA 측정은 진폭 비교 방향 탐지를 사용하여 수행되었으며, 고정밀의 DOA 측정은 간섭계interferometric 방식을 사용하여 수행되었다. 이런 방식들은 현재에도 사용된다.

5.2.4 펄스 반복 주기

예전에는 펄스 신호의 펄스 반복 주기pulse repetition interval, PRI를 소위 "디지털 필터"라는 것을 사용하여 측정하였다. 이것은 특정 펄스 간격의 존재를 감지하도록 설계된 장치이다. 디지털 필터는 펄스 수신 후에 고정된 시간 동안 입력 게이트를 열어 두었다. 게이트가 열려 있을 때 펄스가 발생하면 동일한 간격으로 다른 펄스를 찾는다. 충분한 수의 적합한 펄스들이 수신되면 지정된 PRI를 갖는 신호의 존재를 결정할 수 있었다. 이 방식은 위협 PRI당 하나의 디지털 필터 회로가 필요하며, 스태거 펄스열을 처리하기 위해서는 여러 개의 디지털 필터 회로가 필요하다. 이 접근 방식의 장점 중 하나는 광대역 수신기에서 여러 신호들로 복합된 펄스열에서 단일 신호의 펄스를 "분리"해낼 수 있다는 것이다. 물론 지금은 컴퓨터가 많은 펄스들의 앞부분이 도달하는 시간을 수집하고, 수학적으로 여러 개의 PRI들과 스태거 PRI들을 결정할 수 있다.

5.2.5 안테나 스캔

초기 RWR은 그림 5.6과 같이 임곗값을 설정하고 임곗값 이상으로 수신된 연속 펄스의 수를 측정하여 위협 에미터의 빔폭을 결정해야 했다. 위협 안테나 빔 스캔이 수신기 위치를 통과했을 때 수신 펄스의 진폭은 그림과 같이 변화한다. 따라서 펄스 수를 카운트하는 도중에 다른 신호가 존재하지 않는 한 펄스를 카운트하는 방법은 매우 잘 동작하였다. 현재는 신호를 분리할 수 있는 더 좋은 방법들이 있기 때문에 단일 신호로부터 펄스들을 잘 분리해 낼 수 있으며 펄스 진폭 히스토리 곡선의 형상도 계산할 수 있다.

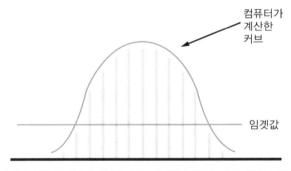

그림 5.6 펄스 위협 신호의 안테나 빔폭은 임곗값 이상의 펄스를 계산하거나 펄스 진폭 기록의 모양을 분석하여 감지할 수 있다.

DOA의 히스토그램 대비 수신 전력은 안테나 스캔 유형을 결정하는 데 사용될 수 있다. 그림 5.7은 서로 다른 유형의 안테나 스캔을 가진 세 개의 신호가 하나의 DOA를 따라 위치하는(매우 가능성이 낮은) 상황을 보여준다. 수직축은 해당 전력 수준에서 수신된 히트(또는 펄스) 수이다. 다양한 스캔 유형에 대해서 시간 대 수신 전력의 히스토리에 대해 생각해 본다면 세 가지 스캔 유형 간에 표시된 모양이 구별됨을 알 수 있다.

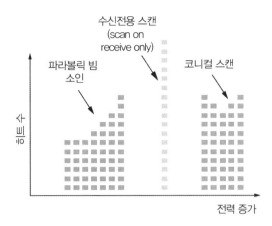

그림 5.7 위협 안테나 스캔은 DOA 대 진폭 히스토그램에서도 결정될 수 있다. 이 그림은 모두 동일한 DOA에서 나온 3개의 히스토그램을 보여준다.

5.2.6 CW가 있는 상태에서 펄스 수신

이 장의 앞부분에서는 CW 또는 매우 높은 듀티 사이클 펄스(주로 펄스 도플러) 신호가 없는 이상적인 환경에서 동작하는 RWR에 대해 논의했다. 그러나 펄스들과 함께 CW 신호들이 존재할 때 광대역 수신기(예를 들어 크리스털 비디오 수신기)의 대수 응답은 왜곡된다. 매우 높은 듀티 사이클을 갖는 펄스 신호들이 있는 경우 해당 펄스가 낮은 듀티 사이클의 펄스들과 겹치므로 동일한 문제가 발생한다. DOA를 결정하려면 정확한 진폭 측정이 필요하기 때문에 CW 신호는 펄스들에 대한 적절한 시스템 동작을 방해한다. 또한 IFM 수신기는 한 번에 하나의 신호만 처리할 수 있는 광대역 수신기임을 주목해야 한다. 이 문제를 해결하는 방안은 대역저지필터를 사용하여 CW 신호를 필터링하는 것이다. 그렇게 되면 협대역 수신기가 CW(또는 펄스 도플러) 신호를 처리하는 동안 광대역 수신기는 다른 모든 부분의 주파수 범위에서 펄스들을 볼 수 있게 된다.

5.3 디인터리빙

최대의 주파수 대 시간 성능을 제공하는 광대역 수신기로 수신 대역폭을 확대하면 탐지 확률을 증가시킬 수 있다고 말해 왔다. 마찬가지로, 많은 EW 시스템에서 필요로 하는 360° 커버리지로 순시각 커버리지를 확대하면 탐지확률이 높아진다. 대역폭과 순시각 커버리지

확대에 따른 문제 중 하나는 특히 고밀도 신호 환경에서 동시에 여러 신호를 처리해야 할 가능성이 더욱 높아진다는 것이다. 이 절에서는 동일한 수신기 채널에서 동시에 수신된 다수의 펄스 신호를 분리하는 것에 대해 다룬다. 이 경우 신호 분석이 시작되기 전에 매우 높은 듀티 사이클을 갖는 신호는(어떤 방법으로든) 신호 그룹에서 제거되었다고 가정하고 의도적으로 무시한다.

디인터리빙deinterleaving은 두 개 이상의 펄스 신호들을 포함하는 펄스열에서 단일 에미터의 펄스를 분리하는 과정이다. 그림 5.8을 보자. 그림은 세 개의 신호만 있는 매우 단순한 펄스 환경의 비디오를 나타낸다. 이러한 신호는 모두 매우 높은 듀티 사이클(펄스폭을 펄스 반복 주기로 나눈 값)로 묘사됨을 주목할 필요가 있다. 일반적인 펄스 신호는 약 0.1% 듀티 사이클을 갖는다.

이러한 모든 신호들은 고정된 펄스 반복 주파수pulse-repetition frequency, PRF를 갖는다. 신호 B는 수신기를 통과할 때 좁은 빔 레이다의 빔 모양을 나타낸다. 다른 두 신호는 에미터의 빔 내에 있기 때문에 일정한 진폭을 갖는 것으로 표시되었다.

그림에서 "인터리브된 신호"는 광대역 수신기 내에서 흔히 보이는 것처럼 세 가지 신호들이 서로 혼합된 모습을 나타낸다. 각 펄스는 해당 신호에 따라 레이블이 지정된다. 신호들이 디인터리브되면 3개의 펄스열이 각각의 개별 신호로 분리된다. 이를 통해 더 나은 처리를 수행할 수 있다.

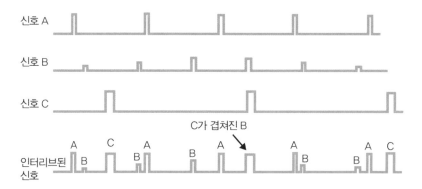

그림 5.8 만약 동일한 수신기 채널에 펄스 신호가 여러 개 수신되면 개별 신호들을 분리하기 위해 디인터리빙을 수행해야 한다.

5.3.1 펄스 온 펄스

신호 C의 두 번째 펄스는 신호 B의 네 번째 펄스를 포함한다. 이를 "펄스 온 펄스pulsed on pulse" 또는 "POP" 문제라고 한다. 만일 시스템이 이 위치에서 하나의 펄스만 본다면 디인터리브된 신호들에서 해당 펄스가 제거한다. 이렇게 제거되는 펄스의 수와 이어지는 신호 식별 처리의 특성은 시스템 성능에 부정적인 영향을 미칠 수 있다.

그림 5.9에서 두 개가 중첩된 펄스를 자세히 살펴보자. 합쳐진 비디오 신호 속에는 각 펄스의 진폭과 지속 시간이 존재한다. 따라서 시스템 프로세싱이 이러한 값들을 측정할 수 있는 적절한 분해능이 있다면 두 펄스 모두 적절한 신호로 연관될 수 있다. 그러나 이를 위해서 프로세싱에 비디오 파형을 제공하는 수신기는 적절한 대역폭을 가져야만 한다. 그래야만 위 값들의 측정을 수행할 수 있도록 적절한 충실도를 갖는 혼합된 비디오 신호를 전달할 수 있다.

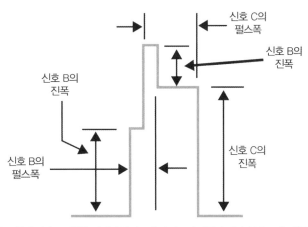

그림 5.9 두 개의 펄스가 중첩된 비디오 파형을 자세히 살펴보면 각 펄스의 진폭과 너비가 복구 가능함을 알 수 있다. 중첩된 시간 동안 펄스의 결합된 진폭은 두 진폭의 합보다 작게 표시되는데 이는 일반적인 EW 수신기의 대수 비디오 출력이 이를 압축하기 때문이다.

5.3.2 디인터리빙 툴

디인터리빙 프로세스에는 수신된 각 펄스에 대해 우리가 알고 있는 모든 것을 사용하는 것이 포함된다. 물론 이는 수신 시스템의 구성에 따라 달라진다. 표 5.2는 신호를 탐지하는 수신기 유형에 따라 시스템이 각 펄스에 대해 알 수 있는 정보들을 보여준다. 수신 시스템에 이러한 수신기 자산들의 조합이 있는 경우 프로세서는 해당 수신기 자산이 적용되는 각 펄스에 대한 관련 정보를 갖게 된다. 그렇지만 시스템은 주파수 대역 간에 수신기 자산의 일부를 시간적으로 공유할 수도 있기 때문에 각 펄스에 대한 모든 정보를 사용할 수 있다고 가정하는 것은 일반적으로 바람직하지 않다.

표 5.2 수신기 유형 대비 각 펄스에 가용한 정보

수신기 유형 또는 하위 시스템	각 펄스에서 측정되는 정보
크리스털 비디오 수신기	펄스폭, 신호 세기, 도래 시간, 시간 대비 진폭
모노 펄스 DF 시스템	도래 방향
IFM 수신기	RF 주파수
AM 및 FM 분별기가 있는 수신기	펄스폭, 신호 세기, 도래 시간, RF 주파수, 그리고 시간 대비 진폭 및 주파수
디지털 수신기	펄스폭, 신호 세기, 도래 시간, RF 주파수, 그리고 펄스상의 FM 또는 디지털 변조
채널화 수신기	펄스폭, 신호 세기, 도래 시간, 그리고 주파수(채널별)

EW에서 사용되는 수신기의 유형은 4장에서 이미 설명되었다.

디인터리빙은 각 펄스들을 명확하게 식별하여 신호를 분리할 수 있는 경우에 더 쉽게 수행된다. 이를 위해서는 매개변수 측정뿐만 아니라 사용된 각 매개변수에 대한 신호를 구별할 수 있는 적절한 분해능이 필요하다.

현대의 RWR 개발 초기에는 모노 펄스 방향 탐지 시스템에 크리스털 비디오 수신기만 있는 것이 일반적이었다. 위협 에미터의 안테나 스캔이 수신기를 지나감에 따라 수신 펄스의 진폭은 펄스마다 다양할 수 있으므로 도래 시간과 도래 방향만 사용할 수 있었다. 그러나 도래 방향의 측정 출력은 수신 안테나 이득 패턴의 변화에 따라 상대적으로 부정확하고 변동되기 때문에 도래 방향은 신뢰할 수 있는 매개변수가 아니었다. 이것은 펄스들이 펄스폭으로 분리될 수 없는 경우에 펄스들의 도래 시간이 펄스들을 디인터리빙하는 유일하고 실용적인 방법이라는 것을 의미했다.

앞 절에서 설명되었던 펄스 간격을 디인터리빙하는 원래 기술은 고정된 PRF 신호에 대해 가장 효과적이다는 점에 유의해야 한다. 스태거 펄스열의 경우 스태커 위상당 하나의 "디지털 필터"가 있다면 스태거 펄스열을 식별할 수 있지만, 지터 펄스열의 경우는 별개의 문제이다. 스태거 펄스 프로세싱의 경우 일련의 펄스가 도착한 시점에서 펄스 간격을 식별하기 위해 컴퓨터 처리를 사용하면 단순화할 수 있지만, 지터 펄스열의 디인터리빙은 만일 개별 펄스들이 어떤 방법으로도 식별될 수 없다면 상당히 복잡한 문제로 남는다. 이러한 프로세스는 복잡한 펄스열을 처리하기 전에 먼저 단순한 펄스열의 펄스들을 식별한 후 데이터에서 제거함으로써 크게 향상된다.

IFM 수신기를 사용할 수 있게 되면서 펄스 단위의 주파수 측정이 가능하게 되었다. 이는 펄스를 주파수 구간으로 분류하는 강력한 도구를 제공한다. 이 구간은 일반적으로 개별 신호와 연관될 수 있으며, 충분한 처리능력과 메모리가 있는 경우 강력한 디인터리빙 도구가 될 수 있다. 이 기술은 펄스 간 주파수 급속변환을 수행하는 위협 신호에 대해서는 어려움을 겪을 수 있다. 다시 말하지만, 만일 수신기에 동일 유형의 여러 주파수 급속변환 레이다들이 있지 않다면 이러한 복잡한 신호를 처리하기 전에 단순 펄스열의 모든 펄스들을 데이터에서 제거할 수 있는 경우 주파수 가변 펄스들을 연계시키는 것이 실용적이다.

만약 고정밀의 방향 탐지 시스템을 사용할 수 있고, 펄스 단위로 안정적인 도래 방향 데이터를 제공할 수 있다면 펄스들은 도래 방향에 의해 디인터리브될 수 있다. 대부분의 상황에서 이것이 매우 바람직한 디인터리빙 방식인데 이는 매우 복잡한 변조(예로서 펄스 및 주파수 급속변환)가 있는 신호에서도 작동하기 때문이다. 우선 단일 신호의 펄스들이 분리되면 통계 분석을 수행하여 변조에서 필요한 정보를 얻을 수 있다.

5.3.3 디지털 수신기

디지털 수신기의 가용성과 기능이 향상됨에 따라 이전 유형의 시스템에서 사용된 모든 기술들을 소프트웨어를 이용해 수행할 수 있게 되었다. 신호가 충분한 정확도로 디지털화될 수 있는 한 소프트웨어를 사용하여 거의 모든 유형의 프로세스를 수행할 수 있다. 여기에는 적응 복조, 필터링, 매개변수 추출 등이 포함된다. 그러나 "충분한 정확도"는 만만치 않은 수식어이다. 디지털화는 샘플당 비트 수(처리가 수행될 수 있는 동적 범위를 제한함)와 디지털화 속도(처리 시간의 정확도를 제한함)에서 제한을 갖는다. 이 두 가지 제한사항은 거의 매일 새로운 기술개발에 의해 테스트되고 있으므로 이 기술을 주의 깊게 관찰해야 한다.

5.4 운용자 인터페이스

전자전 프로세싱 작업 중 어려운 것 중의 하나는 운용자 인터페이스(인간-기계 인터페이스man-machine interface, MMI라고도 함)이다. 시스템은 운용자의 명령을 받아들이고 데이터를 제공해야 한다. 문제는 EW 시스템을 "사용자 친화적"으로 만드는 것이다. 즉, 운용자에게 가장 직관적인 형식으로 운용자의 명령을 수락하고, 정보를 가장 직접적으로 사용 가능한 형식으로 운용자에게 제공하는 것을 의미한다. 이 문장은 간단하지만 시스템 구현에는 상당한 영향을 미칠 수 있다. 문제를 설명하기 위해 두 가지 특정 EW 시스템 응용 프로그램을 고려할 것이다. 이들은 통합 항공기 EW 제품군과 다른 원격 방향 탐지 시스템과 연결된 전술 에미터 위치 결정 시스템이다. 이러한 각 예에 대하여 관련된 명령과 데이터를 특성화하고 시현기display 개발의 역사, 현재의 일반적인 접근 방식, 그리고 예상되는 추세 및 타이밍 문제에 대해 논의할 것이다.

5.4.1 일반(컴퓨터 대 인간)

일반적인 문제는 컴퓨터와 인간에 있어 정보의 입출력(I/O)에 대한 접근 방식이 완전히 다르다는 것이다(그림 5.10 및 5.11 참조). 컴퓨터는 컴퓨터의 내부 작업과 호환되는 I/O 정보를 원한다. 이것은 제어 입력이 (단순하고 모호하지 않은 디지털 형식으로) 컴퓨터가 정보를 사용할 준비가 되었을 때 이용 가능해야 함을 의미한다. 또한 컴퓨터가 계산을 수행하는 즉시 표시된 데이터가 디지털 형식으로 출력됨을 의미한다. 컴퓨터 I/O 속도는 초당 수백만 비트이다. 컴퓨터 입력은 폴링(즉, 컴퓨터가 필요할 때 데이터를 찾음) 또는 인터럽트(즉, 컴퓨터가 입력을 받아들이기 위해 작업의 일부를 중단해야 함)할 수 있다. 인터럽트는 컴퓨터의 처리 효율성을 감소시키기 때문에 컴퓨터는 폴링된 입력을 "선호"한다. 컴퓨터는 실제 출력 데이터를 디지털 형식으로 생성하고, 최대 I/O 속도로 출력하는 것을 선호한다.

식별된 소스를 갖는
이진 데이터 입력

이진 데이터
(초당 수백만 비트)

고정된 포맷을 갖는
디지털 워드 단위의
모드/기능 명령어

광학 입력
(모든 장면별
40msec)

구두 출력
(분당 100~180개
단어)

키보드
(분당 50~300개 문자)
또는 스위치 출력
(거의 1초)

촉각 입력
(1초 이내)

그림 5.10 정보가 입력되고 출력되는 형태는 컴퓨터와 인간이 크게 다르다. 데이터 속도(그러나 반드시 효율적인 정보 속도는 아님)도 상당히 다르다.

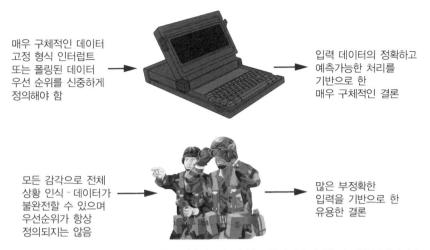

매우 구체적인 데이터
고정 형식 인터럽트
또는 폴링된 데이터
우선 순위를 신중하게
정의해야 함

입력 데이터의 정확하고
예측가능한 처리를
기반으로 한
매우 구체적인 결론

모든 감각으로 전체
상황 인식 · 데이터가
불완전할 수 있으며
우선순위가 항상
정의되지는 않음

많은 부정확한
입력을 기반으로 한
유용한 결론

그림 5.11 인간과 컴퓨터가 정보를 처리하는 방식은 완전히 다르다. 인간은 상황에 따라 적절한 결론을 형성하기 위해 보다 덜 구체적인 정보를 사용할 수 있다.

컴퓨터는 I/O 요구 사항에 있어 매우 명확하다. 이 점을 증명하고 싶다면 컴퓨터가 쉼표를 원할 때 마침표를 입력해 보고, 소문자를 원할 때 대문자를 입력해 보기 바란다. 입력값은 매우 정확한 것으로 받아들여지고, 출력값은 사용 가능한 최대 해상도에서 생성된다. 일반적으로 컴퓨터는 최고 데이터 속도가 너무 높거나 평균 속도가 프로세싱 처리 속도를 초과하지 않는 한 컴퓨터로 전송된 모든 적절한 형식의 데이터를 받아들인다.

반면에 우리 인간은 I/O가 다른 활동과 통합된 것을 선호한다. 우리는 복잡하고 때로는 모순되는 인간의 언어로 의사소통을 수행한다. 단어는 문맥과 사용된 시간 및 장소에 따라 다른 의미를 갖는다. 우리는 눈, 귀, 촉각을 통해 정보를 얻을 수 있지만 정보의 약 90%를 시각을 통해 얻는다. 정보가 두 개의 채널(시각 및 청각, 시각 및 촉각 또는 청각 및 촉각)을 통해 동시에 수신되는 경우 정보를 더 효율적으로 수용하고 더 오래 기억한다.

정보가 맥락에 따라 제시되고 우리의 경험과 관련이 있는 경우 사람들은 엄청난 속도로 방대한 양의 정보를 받아들일 수 있다. 반면에 우리는 무작위 또는 추상적인 정보를 매우 천천히 받아들이고 새로운 정보를 사용하기 전에 익숙한 참조 프레임과 연관시켜야 한다. 인간 정보 활용의 또 다른 특징은 100% 정확하거나 완전한 데이터들이 아니더라도 여러 입력을 받아 올바른 정보로 컴파일할 수 있다는 것이다.

이러한 컴퓨터와 인간의 정보처리 차이를 해결하는 방법이 두 가지 운용자 인터페이스 예제에 대한 논의의 기초이다.

5.4.2 통합 항공기 EW 제품군의 운용자 인터페이스

베트남 전쟁 초기에 전투기 EW 기능을 업그레이드하기 시작했을 때 거의 모든 EW 시스템과 하위 시스템에는 자체 제어 장치와 표시기가 있었다. 운용자는 "노볼로지knobology(기기 조작 기술)"를 익히는 데만 상당한 교육 시간을 소비해야 했다. 운용자는 시스템의 데이터를 흡수하고 해석해야 했으며, 운용자는 적절한 대응책을 수동으로 시작해야 했다. 예를 들어, B-52D의 전자전 운용자electronic warfare operator, EWO 위치에는 34개의 개별 패널이 있었다(추가적으로 그의 좌석 뒤에는 다른 장비들도 있었다). 이 패널들에는 총 200개 이상의 노브와 스위치들이 있었는데 이것들은 1,000개의 가능한 스위치 위치와 이에 더해서 비례적인 아날로그 조정도 필요로 했다. 이러한 초기 EW 시스템의 제어를 통해 운용자는 장비의 특정 성능 매개변수들을 직접 수정할 수 있었다. 상태 시현기들은 특정 장비의 운용 조건을 보여주고, 수신된 신호 시현기들은 개별 신호의 매개변수에 대한 세부 정보를 보여주었다.

아마도 적 신호를 탐지하는 가장 일반적인 장치는 레이다 경보 수신기RWR일 것이다. 시현기에는 벡터 스코프와 불이 켜지는 푸시버튼 스위치가 있는 패널이 포함되어 있다. 그림 5.12는 AN/APR-25 RWR에 사용된 벡터 스코프를 보여준다. 벡터 스코프는 대부분의 전투기 계기판에 장착되었다. 수신된 신호는 이 시현기에 스트로브로 표시되었다. 시현기의 상단은 항공기의 기수를 나타내고, 스트로브는 위협 신호의 상대적 도래 방향을 나타낸다. 비록 스트로브가 안정적이지는 않았지만 평균 방향에 대해서만 불규칙하게 변했기 때문에 운용자는 몇 도 이내로 도래 방향을 순조롭게 결정할 수 있었다. 스트로브의 길이는 수신

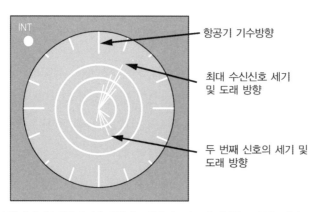

그림 5.12 초기 RWR 시현기(베트남 전쟁 초기에 사용)에는 개별 펄스의 도래 방향을 보여주는 벡터 스코프가 포함되어 있었다. 운용자의 눈은 표시된 정보를 "통합"하여 스트로브의 최대 길이와 스코프의 각도를 결정한다. 스트로브의 길이는 수신된 신호의 강도에 비례했고 스코프상의 위치는 항공기 기수를 기준으로 도래 방향을 보여주었다.

된 신호의 강도를 나타내며, 이 신호 강도는 송신기까지의 대략적인 거리를 나타낸다. 이 시스템은 8장에서 설명하는 다중 안테나 진폭 비교 DF 기술을 사용했으며, 수신 신호 강도가 송신기까지의 거리에 따라 달라지는 방식은 2장에서 설명하였다. 또한 RWR에는 존재하는 위협 신호의 유형을 결정하는 회로도 있었는데, 이는 마지막 세 단락에서 설명되는 가장 초기의 기술을 사용했다. 불이 켜진 스위치 패널은 존재하는 위협 유형을 표시한다. 운용자는 적절한 스위치를 눌러 시스템의 동작 모드를 변경할 수 있었다(예를 들어, 특정 종류의 위협을 무시).

운용자가 사용할 수 있는 추가적인 신호 인식 보조 장치는 수신된 펄스를 늘려 생성된 오디오 신호였다. 그렇게 함으로써 운용자는 펄스 반복 주파수를 들을 수 있었다. 위협 안테나가 항공기를 스캔함에 따라 수신된 신호의 진폭이 변하면서 고유한 소리를 생성하는데 운용자는 이러한 소리를 인식하도록 훈련되었다(예를 들어, SA-2의 소리는 일반적으로 "방울뱀과 같다"라고 묘사되었다).

만약 여러 위협이 존재하는 경우라면 어떤 유형의 위협이 어떤 위치에 있는지 확인하기 어려운 경우도 있었다. 이러한 유형의 시현기는 비교적 낮은 위협 밀도에서 고도로 숙련된 운용자가 사용할 때 효과적이었다.

그림 5.13은 벡터 스코프 스트로브가 생성된 방법을 보여준다. 수신 펄스당 하나의 스트로브가 있는데 펄스는 시현기를 형성하는 음극선관을 둘러싼 자기 편향 코일에 전류 램프를 공급하여 생성된다. 스트로브의 방향과 진폭은 4개의 편향 코일에서 피크 전류 값의 벡터 합으로 얻어진다.

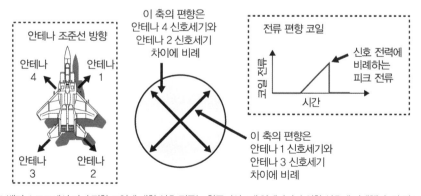

그림 5.13 벡터 스코프에서 자기 편향 코일에 대한 신호 전류는 항공기의 4개 안테나가 수신한 신호에 비례했다. 각 펄스가 수신될 때 전류 램프가 각 코일에 입력되었으며, 이것은 스코프 면에 스트로브를 형성하였다.

전쟁이 계속되면서 2세대 프로세서는 펄스별 스트로브를 각 도래 방향에서 신호 유형에 대한 정보를 제공하는 코드화된 스트로브로 대체하였다. 프로세싱은 특화된 아날로그 및 디지털 하드웨어에서 주로 수행되었다.

베트남 전쟁이 끝날 무렵, 소위 "디지털 시현기"가 RWR에 도입되었다. 전형적인 초기 디지털 시현기가 그림 5.14에 제시되어 있다. 위협 유형이 식별되면 컴퓨터는 해당 위협 유형을 나타내는 심벌을 생성하였다. 항공기를 기준으로 상대적인 에미터의 위치를 벡터 스코프에 심벌로 배치하였다. 항공기 위치는 일반적으로 화면 중앙이므로 에미터가 가까울수록 심벌이 중앙에 더 가깝게 된다. 시현기에 사용되는 심벌에는 많은 종류가 있었다 (현재도 그렇다). 이 경우 지대공 미사일surface-to-air missiles, SAM은 유형별로 구분되며, 대공포와 공중 요격기는 그래픽 기호로 표시된다. 또한 시현기에 사용되는 다양한 유형의 심벌들이 있다. 그림 5.14에서 숫자 6(SA-6 SAM의 경우) 주위의 다이아몬드는 이것이 현재 가장 우선순위가 높은 위협으로 간주됨을 나타낸다(비록 숙련된 EWO는 7시 방향의 적 전투기에 아무렇지도 않게 관심을 가질 것이지만). 이런 심벌은 위협 에미터의 모드(예를 들어, 추적 또는 발사 모드)를 나타내거나 어떤 위협 신호가 재밍되는지 나타내는 데 사용된다.

이 시기 동안 재머 제어는 여전히 별도로 이루어졌지만, 기능의 통합이 시작되었음을 볼 수 있다(벡터 스코프상의 심벌 수정).

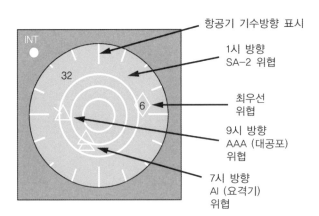

그림 5.14 3세대 RWR 시현기(베트남 전쟁 말기)는 위협 유형을 식별하기 위한 심벌들을 제공했다. 심벌들은 에미터의 위치를 나타내기 위해 화면에 배치되었다. 그림에서는 전형적인 심벌들이 표시되었는데 이런 심벌들은 디자인 프로그램 관리자가 전적으로 선택할 수 있다.

위협 환경이 더 조밀해지고 치명적해짐에 따라 더욱 짧은 시간에 더 많은 정보를 운용자에게 전송해야 한다. 이를 위해서, 그리고 짧아지는 허용 응답 시간 내에 운용자가 결정적인 조치를 취할 수 있기 위해서 정보는 "상황에 따라" 제시되어야 한다. 일부 엔지니어에게는 충격적이겠지만 전투기 조종사가 거꾸로 되어 6G를 느끼면서 다음 5초 동안 생존하는 방법을 알아내야 할 때 조종사는 전술 상황을 이해하기 위해 미분 방정식을 풀어내는데에는 관심이 없다. 해당 정보를 제공하는 컴퓨터는 유창한 "전투기 조종사" 용어를 구사해야 한다.

현대의 EW 시현기는 운용자를 위한 전술적 상황을 통합하고 신속하게 사용할 수 있는 형식으로 정보를 제공한다. 현대 항공기 시현기와 지상 전술 시현기에 대해 논의해 보자.

5.5.1 화면 형식 시현기

이 절의 그림들은 미 공군의 연구보고서(AFWAL-TR-87-3047 최종 보고서)에서 가져온 것이다. 그림 5.15는 일반적인 계기판 레이아웃이며, 기본적으로 F/A-18 및 기타 여러 항공기에서 사용되는 조종석 레이아웃이다. 그림과 같이 전방 상향 시현기head-up display, HUD, 수직 상황 시현기vertical-situation display, VSD, 수평 상황 시현기horizontal-situation display, HSD, 그리고 2개의 다기능 시현기multi-function display, MFD의 5가지 화면표시가 있다. 이러한 유형의 시현기는 모든 승무원 스테이션에 사용할 수 있지만 일부 항공기에는 한 명의 승무원(조종

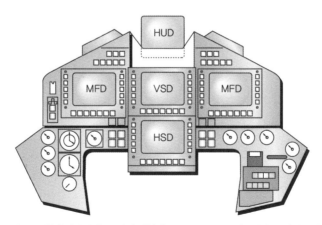

그림 5.15 현대 계기판에는 5개의 시현기(HUD, VSD, HSD 및 2개의 MFD)가 있다.

사)만 있기 때문에 다음 논의에서는 조종사의 시현기에 초점을 맞출 것이다.

5.5.2 전방 상향 시현기

전방 상향 시현기HUD를 사용하는 주된 이유는 조종사가 "조종석 내부"에서 "조종석 외부"로 이동하는 데 1초의 상당 부분이 소요되기 때문이다. "조종석 내부"에 있는 조종사의 눈은 단거리에 집중되고 조종사의 마음은 계기가 세계를 제시하는 가상의 방식으로 향하게 된다. 조종사가 "조종석 밖"에 있을 때 그의 눈은 원거리에 집중되고 그의 마음은 실세계의 색상, 밝기, 각도 움직임 및 움직이는 물체를 지향하게 된다.

HUD를 통해 조종사는 "안으로 이동"하지 않고도 조종석 내부에서 사용할 수 있는 중요한 정보를 얻을 수 있다. HUD 시현기는 복잡한 프리즘을 통해 조종사의 시야에서 직접 유리 조각에 배치된 홀로그램에 투영되는 음극선관이다. 데이터를 포함하지 않는 영역에서 HUD는 투명하다. 그림 5.16은 기본 HUD 심벌을 보여준다. 대기속도, 방향 및 고도는 표준 위치에 표시되고, 시현기 중앙에는 다른 데이터에 대한 참조로 "자신의 항공기"에 대한 심벌이 있다. 진로 심벌은 조종사가 위협이나 지형을 피하기 위해 비행할 곳을 보여준다. 활성화된 위협에 대한 심벌은 "제로-피치 기준선zero-pitch reference line" 아래 영역에 표시될 수 있다.

공대공 전투 모드에서는 자신과 적 무기의 살상 지대에 관련된 특수 시현기를 HUD에 배치할 수 있다.

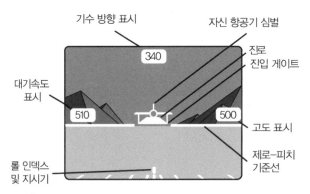

그림 5.16 HUD는 "조종석 내부"에서 가용한 정보를 표시하고, 조종사가 조종석 밖을 바라볼 때 조종사의 시야에 이를 직접 제공한다.

5.5.3 수직 상황 시현기

그림 5.17은 "지상 모드"에서의 수직 상황 시현기VSD를 보여주며, 이는 항공기 뒤에서

바라본 모습이다. 대기속도, 방향, 고도는 HUD와 동일한 위치에 표시된다. 지형 요소는 직접 볼 수 있는 경우 나타나는 대로 표시된다. 이 시현기에서 가장 눈에 띄는 부분은 항공기의 RWR에 의해 탐지되는 위협들의 살상 지대이다. RWR은 위협 유형과 위치를 결정한다. 이전의 전자 정보 분석을 통해 각 위협 유형에 대한 3차원 살상 지대가 알려져 있다. 따라서 컴퓨터가 상황에 따라 각 무기의 살상 지대를 표시함으로써 조종사가 피할 수 있도록 한다. 대부분 이러한 유형의 시현기에 대한 설명에서 살상 지대는 완전 살상 영역(보통 노란색으로 표시됨)과 살상 지대에서 탈출이 불가능한 부분(일반적으로 빨간색으로 표시됨)으로 나뉜다. 다른 항공기는 탐지했지만 자신은 탐지하지 못한 무기들의 살상 지대도 표시되고, 이것은 "사전 브리핑prebriefed"으로 확인될 수 있다.

또한 VSD에는 "공중 모드"가 있다. 공중 모드에서는 조종사가 시현기의 관점에서 상황을 볼 수 있는 경우로서 공중 및 지상 기반 위협들이 보여질 수 있는 위치에 배치된다.

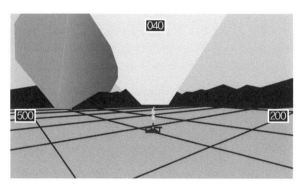

그림 5.17 VSD는 항공기 뒤에서 볼 때 항공기 주변의 상황을 보여준다. 그림은 지상 모드 VSD이다.

5.5.4 수평 상황 시현기

수평 상황 시현기HSD(지상 모드)가 그림 5.18에 나타나 있다. 이것은 위에서 본 항공기와 주변의 모습이다. 자신의 항공기 심벌이 중앙에 있고, 디지털 방위가 상단에 있다. 조종사는 시현기의 축척을 조정할 수 있으므로 현재의 축척 비율이 왼쪽 하단에 표시된다. 비행 진로는 일련의 선과 경로점으로 표시된다. 위협은 항공기의 현재 비행고도에서 살상 영역(중앙이 더 높은 살상률)으로 표시된다. 지형은 비행기의 현재 고도보다 높은 지역으로 표시된다. 전술 상황 요소들도 시현기에 표시된다. 예를 들어, 아군의 전방 배치선forward line of troops, FLOT은 삼각형이 있는 선으로 표시되며, 여기서 삼각형은 적을 지향한다.

HSD 공중 모드는 공대공 전투에서 중요한 요소를 보여준다. 보유하고 있는 공대공 무기들의 살상 거리가 자신의 항공기 심벌 앞에 표시된다. 적 항공기는 해당 무기의 살상 지대들과 함께 적절한 색상(보통 빨간색)으로 표시된다.

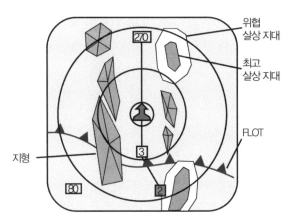

그림 5.18 HSD는 항공기의 현재 고도에서 지형 특성 및 위협 살상 범위와 함께 비행 진로를 보여준다.

5.5.5 다기능 시현기

다기능 시현기MPD는 승무원에게 비교적 즉각적이지 않은 정보를 화면 형식으로 표시하는 데 사용된다. 이러한 유형의 정보들의 예로는 엔진 추력, 연료 상태, 유압 시스템 상태, 무기 상태 등이 있다. 그림 5.19는 대응책 상태를 그림으로 나타낸 것이다. 필요에 따라 승무원이 수십 개의 시현기를 호출할 수 있다. 일부 시현기는 자동으로 표시되는데, 이는 매우 중요해지고 있는 정보를 포함하기 때문이며 "귀환 연료Bingo fuel", 엔진 고장, 엔진 화재 등과 같은 예들이 해당된다.

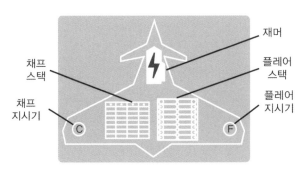

그림 5.19 전형적인 MPD(사용되는 수십 개 중 하나)로서 항공기의 대응책 상태를 보여준다.

5.5.6 도전 과제

시현기 컴퓨터들에 있어서 어려운 과제 중 하나는 조종사가 보는 것과 일관성을 유지하는 것이다. 항공기에서 피치pitch와 요yaw는 상대적으로 느리지만, 롤roll은 매우 빠른 속도로 이루어진다. 이러한 시현기들은 처리가 많이 필요하기 때문에 항공기의 빠른 롤 속도로 시현기 업데이트를 수행하는 데 주의를 기울여야 한다.

5.6 전술 ESM 시스템의 운용자 인터페이스

전술적 전자 지원책ESM 시스템은 지휘관에게 상황 인식을 제공하도록 설계된다. ESM 시스템을 사용하면 적의 전자 전투 서열(즉, 적의 송신기 유형 및 위치)을 결정할 수 있다. 군 자산의 각 유형은 고유한 에미터들의 조합으로 구성되기 때문에 에미터 유형에 대한 지식과 그들의 상대적 및 절대적 위치는 분석가들로 하여금 적 부대의 구성과 위치를 결정할 수 있도록 한다. 심지어는 전자 전투 서열로부터 적의 의도를 결정하는 것도 가능하다.

5.6.1 운용자 기능

일단 에미터 위치가 결정되면 상위 수준의 분석 센터로 전자적으로 전달될 수 있다. 그러나 ESM 시스템의 운용자는 유효한 에미터 위치를 결정하기 위하여 데이터를 평가할 수 있어야 하며, 특수 시현기의 지원을 받는다. 지상군에 대항하여 운용되는 전술적 ESM 시스템의 독특한 특징은 단일 시스템으로는 적 에미터의 위치를 거의 결정할 수 없다는 것이다. DOA는 그림 5.20과 같이 알려진 위치의 여러 사이트에서 측정해야 한다. 그런 다음 에미터 위치는 삼각측량에 의해 결정된다. 측정된 에미터 위치는 물론 두 개의 DOA 라인이 교차하는 지점이다.

이상적인(평평하고 비어 있는) 경우라면 두 개의 DOA 컷으로 에미터의 위치를 결정하기에 충분하다. 그러나 실제로는 지형의 반사신호로 인해 다중 경로 신호가 발생하고, 지형은 수신기에 대한 가시선 경로를 가로막을 수도 있다. 또한 동일한 주파수의 다른 송신기로 인해 하나 이상의 방향 탐지direction-finding, DF 수신기가 잘못된 판독값을 제공할 수도 있다. 이 세 가지 요인들은 절대적으로 정확하지 않은 각 방위선을 유발한다.

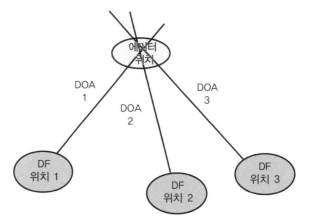

그림 5.20 지상 에미터의 위치 결정을 위해서는 일반적으로 최소 두 개의 알려진 위치에서 도래 방향을 결정해야 한다. 세 개의 DF 측정은 판단되는 위치의 정확도를 향상시킬 수 있다.

5.6.2 실제 삼각측량

세 개의 DF 수신기가 있을 때 세 개의 삼각측량점이 존재한다. 실제로는 이러한 지점들이 같은 위치에 있지 않게 된다(그림 5.21 참조). 다중 경로 및 간섭 효과가 클수록 계산된 선들의 접점들은 더욱 퍼지게 된다. 만약 DF 측정이 여러 번 수행된다면 이러한 위치 지점들의 통계적 변동을 이용하여 에미터 위치에 대한 양호도를 계산할 수 있다. 통계적 분산이 작을수록 양호도는 높아진다. 운용자가 방위선을 볼 수 있고 해당 지역의 지형을 알고 있다면 운용자는 삼각측량 계산에서 명백하게 부적절한 방위선을 제거할 수 있으며, 이는 컴퓨터가 가장 정확한 에미터 위치를 계산할 수 있도록 해준다. 따라서 운용자의 시현기가

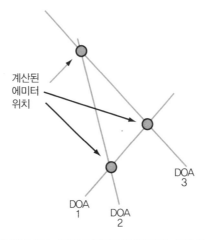

그림 5.21 그림 5.20에 있는 3개의 방위선이 만드는 3개의 교차점은 이상적으로는 같은 위치에 배치된다. 위치가 여러 번 측정되어 그 위치가 퍼져 있을 경우, 퍼짐은 위치 측정의 정확성을 나타내는 척도가 된다.

DF 수신기 위치, 방위선, 그리고 전술적 상황을 지형적 특징과 연관시키는 것이 중요하다.

오래전 에미터들의 밀도가 상당히 낮고 전술적 상황이 일반적으로 유동적이지 않았을 때는 DF 운용자가 DOA 판독값을 분석 센터에 구두로 보고하는 것이 가능했다. 분석가는 전술 지도에 DF 사이트 위치를 표시하고 보고된 방위선을 그린 후, 지도에서 삼각측량 좌표를 읽을 수 있다. 그러나 특히 신호 밀도가 증가하고 전술 상황이 더 기동화됨에 따라 컴퓨터 생성 시현기로의 개선이 반드시 필요하게 되었다.

5.6.3 컴퓨터 생성 시현기

초기 컴퓨터 시현기는 그림 5.22와 같았다. 중요한 지형의 특징을 선들로 표현한 후 전술 상황을 겹쳐 놓았다. DF 수신기 위치와 방위선은 시스템에 의해 그려졌다. 화면 왼쪽에 있는 데이터를 통해 운용자는 삼각측량 지점을 신호 주파수(및 기타 사용 가능한 모든 신호 정보)와 연결할 수 있었다. 이 시현기에서 운용자는 명백하게 잘못된 방위선을 제거하고 삼각측량점의 근접 분석을 위해 확대할 수 있었다. 일단 데이터가 편집되면 시스템은 위치를 보고하고, 다른 알려진 신호 데이터와 연결할 수 있었다.

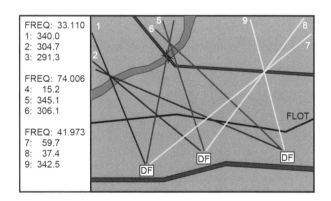

그림 5.22 초기 컴퓨터 시스템에서 측정된 에미터 위치는 선으로 표현된 시현기에서 지형 및 전술 정보와 결합되었다. 다중 경로로 인해 발생한 것처럼 보이거나 다중 경로 또는 동일 채널 간섭으로 인해 잘못된 것처럼 보이는 경우 개별 방위선들을 편집할 수 있었다.

컴퓨터 생성 데이터와 전술 지도를 단일 시현기에 결합하는 것이 당연히 필요했지만 디지털 지도는 아직 사용할 수 없었다. 해결 방안 중 하나는 전자 이미지를 생성하기 위해 전술 지도 위에 비디오 카메라를 배치하는 것이었다. 그러면 비디오 지도가 컴퓨터 데이터와 함께 음극선관 표시장치CRT에 표시될 수 있었다. 운용자의 제어하에 카메라를 이동하고 확대 또는 축소하면 중요한 지도 위치가 확대되어 표시될 수 있었다. 문제는 컴퓨터 생성 위치가 올바른 지도 위치에 나타나도록 지도와 함께 컴퓨터 데이터를 인덱싱하는 것이었다. 한 가지 해결책은 지도에 인덱스 포인트를 그린 후 운용자가 마우스나 트랙볼을 사용하여 각 인덱스 포인트 위에 커서를 놓는 것이었다. 그런 다음 UTM 좌표계(또는 위도 및 경도)를 각 인덱스 포인트와 연관시켰고, 컴퓨터는 지도 표시를 생성된 위치 포인트로 조정할 수 있었다. 흥미로운 점은 이 방식이 새로운 운영 체제로 업그레이드한 후 휴대용 컴퓨터의 터치스크린을 보정하는 데 사용되는 절차라는 점이다. 이 절차는 운용자에게 상당한 작업을 요구했으며 운용자가 잘못한 경우 추가(해결할 수 없는) 오류를 발생시켰다. 또한 카메라가 움직이거나 확대되면서 정확한 인덱싱을 유지하기 어려웠다.

5.6.4 최신 지도 기반 시현기

디지털 지도를 사용할 수 있게 되자 지도를 컴퓨터에 준비하고 디지털 데이터 파일에 다른 정보를 직접 추가하는 것이 가능하게 되었다. 이제 지도를 실시간으로 편집하여 전술 상황, DF 수신기의 위치, 방위선 및 기타 원하는 정보를 추가할 수 있게 되었다. 그림 5.23은 편집된 디지털 지도 시현기를 보여준다. 그림에서 FLOT는 가파른 능선 꼭대기 근처에 위치하고, DF 수신기들(1, 2, 3)은 좋은 시야를 확보하기 위해 고지대 지형에 위치하는 것을 볼 수 있다. 또한 세 개의 방위선이 Gem Lake의 동쪽 가장자리에 있는 적의 송신기 위치를 가리키는 것을 볼 수 있다. 적 사령부는 Long Lake의 서쪽에 (심벌로) 표시된다.

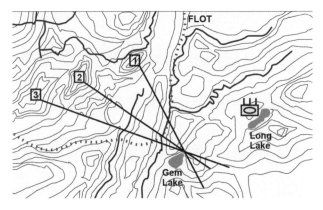

그림 5.23 최신 ESM 운용자 시현기는 디지털 지도와 전술 상황 정보를 결합하고, DF 수신기 위치와 방위선을 겹쳐서 표시한다.

이 시현기는 전술 상황 및 지형 특징과 관련된 에미터 위치를 평가할 수 있도록 운용자에게 많은 정보를 제공한다. 또한 시현기 정확도를 잃지 않으면서 확대 및 축소, 방향 변경 또는 다른 위치로 스캔할 수 있다.

이러한 유형의 시현기는 여러 운용자가 쉽게 액세스할 수 있으며 각각의 요구 사항에 최적화될 수 있다. 아울러 분석가나 지휘관은 상위 수준 분석에서 발생하는 문제를 해결하기 위하여 원시 데이터를 빠르게 살펴볼 수도 있다.

그림 5.23을 생성하는 데 사용된 특정 디지털 지도는 상용 제품(Wildflower Productions Inc.의 허가에 따라 사용)을 기반으로 하지만, 군용 시현기는 DMA^{Defense Mapping Agency} 지도를 사용한다. DMA 지도에는 상당한 양의 추가적인 데이터(지형 표면 등)가 포함되어 있으며, 필요에 따라 배포된 시스템에 전자적으로 전송될 수 있다.

6장

탐색

6장

탐 색

EW 시스템 설계자가 직면한 가장 어려운 문제 중 하나는 위협 신호의 존재를 탐지하는 것이다. 이상적으로는 EW 시스템의 수신부가 모든 방향에서 동시에 모든 주파수, 모든 변조방식에 대해 매우 높은 감도로 신호를 탐색할 수 있어야 한다. 이러한 수신 시스템을 설계할 수는 있지만, 크기와 복잡성, 비용으로 인해 대부분의 응용 분야에서는 비실용적이다. 따라서 실용적인 EW 수신 서브시스템은 위에서 언급한 모든 요소의 균형을 맞추어 제한된 크기, 무게, 전력 및 비용 조건 내에서 최상의 탐지확률을 달성하기 위해 절충되어야 한다.

6.1 정의 및 매개변수 제약

탐지확률(probability of intercept, POI)

이것은 EW 시스템이 특정 위협 신호가 EW 시스템에 처음 도달한 시점부터 임무를 수행하는 동안 특정 위협 신호를 탐지할 확률을 의미한다. 대부분의 EW 수신기는 특정 시나리오에서 지정된 특정한 형태의 신호들이 지정된 시간 내에 존재할 때, 위협 목록에 있는 각 신호에 대해 90~100%의 탐지확률을 갖도록 설계된다.

스캔-온-스캔(Scan-on-Scan)

스캔-온-스캔은 문자 그대로 그림 6.1과 같이 스캐닝 송신 안테나로부터의 신호를 탐지하기 위해 스캐닝 수신 안테나를 사용하는 경우를 나타낸다. 그러나 이 표현은 또한 신호가 둘 이상의 신호변수 조건(예를 들면, 각도와 주파수)이 변하는 상황일 때도 적용된다. 스캔-온-스캔 상황에서 나타나는 도전적인 문제는 신호가 존재하는 시간이 수신기가 신호를 수신할 수 있는 시간과는 다르게 매우 독립적으로 다양하기 때문에 탐지확률이 줄어든다는 것이다.

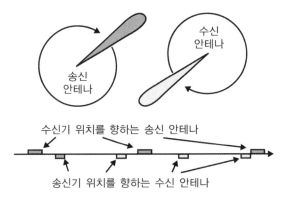

그림 6.1 전통적인 스캔-온-스캔 상황에서는 송신 안테나와 수신 안테나가 서로 독립적으로 스캔한다. 수신기는 두 개의 안테나가 정렬되었을 때만 신호를 수신한다.

6.1.1 탐색 요소

이제 EW 수신기가 위협 에미터를 탐지할 때 고려해야 하는 요소들에 대해 알아보자. 그 요소들은 도래 방향, 주파수, 변조 형태, 수신 신호 세기 그리고 탐색시간 등이다. 표 6.1은 이러한 요소들이 탐지확률에 미치는 효과를 보여준다.

표 6.1 탐색요소가 POI에 미치는 효과

탐색 요소	탐지확률에 대한 효과
도래 방향	넓은 각도의 탐색 영역은 긴 탐색시간을 요구하거나 넓은 빔폭(즉, 낮은 이득)을 가진 수신 안테나를 요구한다. 둘 다 POI를 감소시킨다.
주파수	넓은 주파수 범위는 긴 탐색시간을 요구하거나 넓은 대역폭(낮은 감도) 수신기를 요구한다. 둘 다 POI를 감소시킨다.
변조 형태	강한 CW 또는 FM 신호는 광대역 펄스 수신기를 방해하여 펄스신호에 대한 POI를 감소시킨다. 또한 CW나 FM 신호는 협대역 수신기를 요구한다.
수신 신호 세기	미약한 신호 수신을 위한 좁은 빔폭의 안테나 또는 협대역 수신기는 탐지확률을 감소시킨다. 둘 다 POI를 감소시킨다.
탐색시간	낮은 듀티 사이클 신호는 수신기에 존재할 때에만 탐지될 수 있으므로, 좁은 빔폭의 안테나 또는 협대역 수신기에서 필요한 탐색시간이 증가된다. 탐색시간이 신호의 유효 시간을 초과하면 POI는 감소된다.

도래 방향(direction of arrival, DOA)

특히 항공 플랫폼(체계)의 경우, 도래 방향은 중요한 탐색 요소이다. 기동하는 전투기 또는 공격기는 어떤 방향으로든 이동할 수 있으므로, 지상에 있는 위협 에미터로부터의 신호는 어느 방향으로든 수신될 수 있다. 따라서 그림 6.2와 같이 일반적으로 "4π 스테라디안 적용 범위4πsteradian coverage"라고 하는 항공기 주위에 있는 완전한 구로부터 위협을 고려하는 것이 필요하다. 거의 수평으로 비행하는 항공기에서는 임무에 따라 그림 6.3과 같이 요 평면yaw plane으로는 360°, 고각 방향으로 ±10°에서 ±45°의 수신각도 범위를 갖는다.

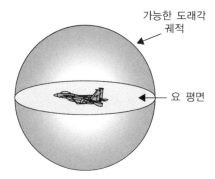

그림 6.2 전투기 또는 공격기에 대한 신호의 도래각은 항공기를 둘러싸고 있는 어디든지 가능하다.

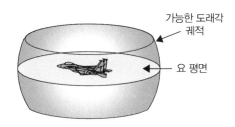

그림 6.3 수평 비행하는 항공기의 EW 시스템에 대한 위협 각도는 요 평면 근처 각진 공간의 평면으로 제한된다.

함정 및 지상 장착 EW 시스템의 경우, 각도 탐색 범위는 임무에 따라 일반적으로 방위에서 360°이며, 지평선부터 10~30°의 고도에 이르는 것이 일반적이다. 비록 이러한 시스템이 고도의 공중 위협도 대응해야 하지만, 고도가 높을수록 위협이 머무는 시간은 상대적으로 짧기 때문에 대응해야 할 고각 범위는 좁아진다(그림 6.4 참조). 또 다른 요소는 위협 에미터를 운반하는 플랫폼이 높은 고도에서 관측될 때는 이미 매우 가까워져서 수신 신호가 충분히 높은 전력 수준에 도달하므로 탐지를 피하기 어려워진다는 점이다.

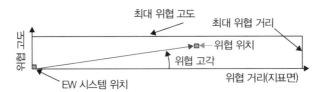

그림 6.4 전형적인 함정 또는 지상 기반 EW 시스템의 경우, 최대 위협 거리는 최대 위협 고각보다 훨씬 크므로 대부분의 교전에서 위협은 낮은 고각에서 관측된다.

주파수

레이다 신호는 UHF 및 마이크로파 주파수 범위 전체에 걸쳐서 존재한다. 또한 밀리미터파 주파수 범위까지 올라갈 수도 있다. 그러나 잠재적인 적의 위협 에미터에 대한 상세한 정보는 해당 송신기의 알려진 주파수 범위로 좁힐 수 있게 해준다. 전술 통신 신호는 HF, VHF 및 UHF 주파수 범위에서 존재한다. 각 유형의 송신기는 일반적으로 넓은 주파수 범위에서 동조가 가능하기 때문에 통신 대역 수신기는 일반적으로 관심 대역의 전체 주파수 대역을 탐색할 수 있도록 설계된다.

변조 형태

신호를 수신하려면 일반적으로 EW 수신기가 적절한 복조기로 구성되어야 한다. 서로 다른 다양한 형태의 변조 신호가 존재하는 경우, 이는 또 다른 탐색 요소가 된다. 가장 좋은 예는 펄스 대 지속파continuous wave, CW 레이다 신호이다. CW 신호는 일반적으로 펄스 신호보다 훨씬 낮은 전력으로 전송되며, 다른 탐지 접근 방식이 필요하다.

통신 신호를 탐색할 때 초기에는 CW와 AM, FM 신호를 동시에 탐지하는 "에너지 검출energy detection" 접근 방식으로 수행한다. 탐지 대역폭이 변조를 탐지할 수 있도록 충분히 넓을 때 수신 신호의 에너지는 변화가 없을 것이다. 그러나 단일 측파대 변조는 상당히 어려운데, 이는 반송파가 억제되어 수신 신호 세기가 변조에 따라 증가하거나 감소하기 때문이다.

수신 신호 세기

주빔만 탐지하는 시스템은 강한 신호를 가지고 있으므로 본질적으로 감도가 낮은 수신기 유형과 탐색 기술을 사용할 수 있다. 위협에 대한 추적 기능이 없는 차량형 EW 시스템의 경우에는 송신 안테나의 측엽으로부터 신호를 수신해야 하며, 이는 주빔의 신호 강도보다 40dB 이상 감쇠된 신호를 탐지해야 한다.

탐색시간

　위협 에미터를 탐지하고 식별하는 시간은 제한된다(그 시간은 매우 짧은 수초에 해당된다). EW 시스템은 일반적으로 신호가 사라지기 전에 신호를 식별하는 데 필요한 분석 시간을 확보하기 위해 충분히 신속하게 신호를 탐지해야 한다. 대부분의 경우에 여러 신호들이 동시에 존재하며 이 중 어떤 신호든 위협 신호일 수 있으므로, 탐색시간은 매우 중요한 요소이다.

6.1.2 탐색 매개변수의 절충

　표 6.2는 탐색 접근 방식의 설계에 영향을 주는 주요 절충들을 나타낸다. 일반적으로 EW 시스템의 위치에서 위협 신호의 세기와 EW 시스템이 해당 신호를 탐지할 수 있는 시간은 탐색 과정에서 중요한 두 가지 요소이다. 강한 신호는 넓은 빔폭의 광대역 안테나(협대역 안테나보다 이득이 적음) 및 광대역 수신기(협대역 수신기보다 감도가 낮음)로 탐지가 가능하다. 넓은 빔폭의 안테나는 더 빠르게 도래각angle of arrival, AOA을 탐색할 수 있고, 광대역 수신기는 더 빠르게 주파수를 탐색할 수 있다. 도래각 및 주파수 탐색은 모두 탐지에 허용된 시간 내에 완료되어야 한다.

표 6.2 탐색 요소별 절충

탐색 요소	절충 요소	원리
도래각	수신 감도	안테나 이득은 빔폭과 반비례 관계
주파수	수신 감도	수신 감도는 대역폭과 반비례 관계
신호 세기	도래각	강한 신호는 넓은 빔폭의 안테나 사용을 허용
	탐색시간	수신 시스템은 위협안테나의 측엽 탐색 가능

6.2 협대역 주파수 탐색 전략

　다양한 유형의 광대역 수신기 적용으로 가능해진 정교한 탐색 접근 방식을 다루기 전에 단일 독립 수신기의 대역폭보다 훨씬 더 넓은 주파수 범위에서 신호의 존재를 탐지하는 방법에 대해 학습하는 것이 필요하다. 이 장에서는 통신 및 레이다 신호에 대한 기본적인 협대역 수신기 탐색 전략을 알아볼 것이다.

6.2.1 문제 정의

그림 6.5와 같이 신호가 주파수 범위 F_R(kHz 또는 MHz)에 있고, F_M(Hz, kHz 또는 MHz)의 주파수 스펙트럼을 차지한다고 가정한다(이는 신호의 존재를 감지하기 위해 신호의 대역폭이 수신기 대역폭 내에 있어야 함을 의미한다). 탐색 수신기의 대역폭은 Hz, kHz 또는 MHz 단위로 나타낼 수 있다. 신호는 메시지 지속시간 P(초 또는 밀리 초) 동안 존재한다. 일반적으로 탐색 기능은 신호가 존재할 것으로 예상되거나 또는 신호와 관련된 치명적인 위협에 대한 대응 조치의 타이밍에 의해 제한을 받는다. 통신 신호의 경우, 일반적으로 메시지가 끝나기 전에 신호의 존재를 탐지하거나, 메시지 종료 직전에 신호의 분석, 위치 파악, 또는 효과적인 재밍을 위한 충분한 시간을 확보하는 것이 요구된다. 레이다 신호의 경우, 탐색 기능은 일반적으로 고정된 시간 내에(일반적으로 보통 1초의 짧은 시간) 신호를 찾아내어 치명적인 위협을 식별하고 보고하며, EW 보호를 받는 플랫폼이 레이다 신호에 처음으로 노출된 후 고정된 시간 내에 대응 조치를 시작할 수 있도록 해야 한다(일반적으로 매우 짧은 수 초 이내).

일반적으로 탐색 수신기의 동조 속도(단위 시간당 탐색되는 주파수 스펙트럼의 양)는 대역폭의 역수와 같은 시간 동안 하나의 대역폭을 초과할 수 없다. 예를 들어, 탐색 수신기가 1MHz 대역폭을 가지고 있다면 1μs당 1MHz보다 빠르게 소인할 수 없다. 현대의 디지털 동조 수신기에서 이는 대역폭의 역수와 동일한 시간 동안 각 동조 단계에 머무르는 것으로 해석된다. 이것을 종종 "대역폭의 역수 속도로 탐색"하는 것으로 설명된다(일부 수신 시스템의 제어 및 처리 속도에 대한 제한은 탐색 속도를 더욱 제한할 수 있음에 유의해야 한다).

탐색 접근 방식에는 두 가지 제한 사항이 더 있다. 하나는 수신기 대역폭이 감지되는 신호를 수용할 수 있을 만큼 충분히 넓어야 한다는 것이고, 또 다른 하나는 수신기가 적절한 품질의 신호를 수신할 수 있을 만큼 충분한 감도를 가져야 한다는 것이다. 탐색 응용 분야에 경험이 있는 사용자들은 관심 신호에 대해 알고 있는 정보가 있다면 적절한 처리를 통해 이러한 세 가지 제한 사항들을 완화할 수 있다는 것을 알 수 있을 것이다. 특히 탐지 상황에서 표적 신호들은 상당한 탐지 마진을 가지고 수신되기 때문에 특히 더 그러하다. 그러나 이런 문제들은 후속하는 장에서 다룰 것이다. 다만, 그 어떤 누구도 아무리 똑똑한 방법을 사용하더라도 물리 법칙을 깨뜨릴 수 없다는 것을 기억해야 한다.

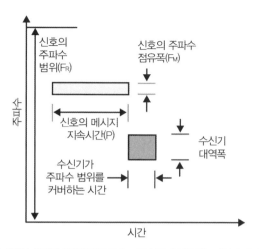

그림 6.5 탐색 문제는 수신기의 대역폭과 탐색 스텝별 체류시간, 표적 신호가 점유하는 대역과 메시지의 지속 시간이 표시된 시간 대 주파수 공간으로 시각화될 수 있다.

6.2.2 감도

당연히 수신기 감도는 탐지하고자 하는 신호를 수신할 수 있을 만큼 충분히 커야 한다. 즉, 수신된 신호 세기는 감도보다 커야 한다. 감도는 수신기가 적절한 출력을 생성할 수 있는 최소 수신 신호 레벨로 정의된다. 4장에서 설명한 바와 같이 감도의 세 가지 구성요소는 잡음지수noise figure, NF, 요구되는 신호 대 잡음비signal-to-noise ratio, SNR 및 열잡음 수준kTB 이다. NF와 SNR(둘 다 dB)이 kTB(dBm)에 더해질 때, 그 합은 수신기의 감도와 동일한 신호 수준이 된다. NF는 수신기 구성과 구성요소들의 품질에 의해 결정된다. 요구 SNR은 신호 변조 및 전달되는 정보의 특성에 따라 달라진다. kTB는 주로 수신기 대역폭에 따라 달라진다.

$$kTB(dBm) = -114dBm + 10\log_{10}\left(\frac{BW}{1MHz}\right)$$

이것은 최적의 탐색 대역폭이 감도(즉, 대역폭이 넓을수록 감도가 낮음)와 수신기 동조 속도(즉, 대역폭이 넓을수록 더 빠른 동조를 의미) 사이의 절충 관계에 있다는 것을 의미한다. 신호를 수신하는 데 필요한 감도는 탐지 환경에 따라 다르다(수신된 신호 세기는 2장에 설명되었다).

6.2.3 통신 신호 탐색

통신 신호를 탐색하는 프로세스는 레이다 신호인 펄스 신호를 탐색하는 것보다 어떤 면에서는 더 간단하기 때문에 먼저 알아볼 것이다. 여기서는 기존의 탐지 환경에서 통신 신호를 수신하기에 적절한 감도가 있다고 가정한다.

그림 6.6에서 볼 수 있듯이 기본 탐색 전략은 신호가 나타나 있는 동안 가능한 한 넓은 대역폭에서 최대 탐색 속도를 사용하여 가능한 한 넓은 주파수 범위를 탐색하는 것이다. 여기서 고려되는 대역폭의 주요 제한 사항은 감도에 대한 영향이지만 신호 환경 및 적용된 신호 처리에 따라 간섭 신호의 영향으로 대역폭이 제한될 수도 있다.

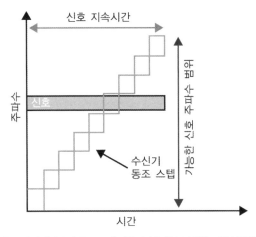

그림 6.6 통신 신호를 탐색할 때, 수신기 대역폭과 동조 스텝 지속시간은 최소의 신호 지속시간 동안 가능한 전체의 신호 주파수 범위가 커버될 수 있어야 한다.

6.2.4 레이다 신호 탐색

레이다 신호는 추가적인 탐색 과제를 제공하는데, 여기에서는 그중 두 가지를 고려할 것이다. 레이다 신호는 펄스일 수 있으며(통신 신호는 연속 변조를 사용하는 반면), 레이다 신호는 수신기 위치를 지나가면서 스캔할 수 있는 좁은 빔 안테나를 사용한다. 반면 통신 신호는 일반적으로 무지향성 안테나 또는 고정된 넓은 빔 안테나를 사용한다.

먼저 그림 6.7과 같이 펄스 신호의 탐지 영향을 고려한다. 펄스 신호는 고출력이므로 협대역 탐색보다 훨씬 더 효과적일 수 있는 몇 가지 다른 기술이 있지만, 일부 상황에서는 협대역 탐색만이 유일하게 허용되는 기술인 경우가 있다. 신호는 펄스폭pulse duration, PD 동안에만 존재하며, 펄스는 펄스 반복 주기pulse repetition interval, PRI당 한 번만 발생한다. 따라서 협대역 탐색 수신기는 각 동조 스텝에서 전체 PRI를 기다리거나 PD 동안 많은 스텝을 처리할 만큼 충분히 빠르게(그리고 이 동조 패턴을 전체 PRI에 대해 반복) 동조해야 한다.

수신기 대역폭이 10MHz이고 PD가 1μsec이면, 수신기는 PD 동안 100MHz만 커버할 수 있다. 레이다 신호 탐색 대역은 일반적으로 몇 GHz 대역 정도로 넓기 때문에, 이는 그다지 좋은 탐색 전략으로 보이지 않는다. 각 동조 스텝에서 하나의 완전한 PRI에 머무르는 방법이 느릴 수 있지만, 더 넓은 수신기 대역폭을 사용할 수 있다면 개선될 수 있다.

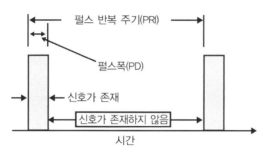

그림 6.7 펄스 표적 신호가 존재하는 동안 수신기는 펄스가 존재하는 시간에서만 에너지를 수신하므로, 신호가 관측되도록 하려면 펄스 간격 동안 주파수에 머물러 있어야 한다.

이제 그림 6.8과 같이 좁은 빔폭을 갖는 스캐닝 송신기 안테나의 영향을 고려하자. 이 그림은 수신기 위치에서 시간에 따른 수신 신호의 전력을 보여준다. 송신 안테나가 수신기 중심으로 향할 때의 수신 전력은 위의 수신 전력 공식에 의해 결정된다. 수신기 감도가 이 최대 전력보다 3dB 더 약한 신호를 수신하기에 적절하면, 신호는 시간 B에서 시간 C까지 존재하는 것으로 간주할 수 있다. 신호 세기가 10dB 더 약한 신호를 수신하기에 적절하면, 신호는 시간 A부터 시간 D까지 존재한다. 그러나 수신기 감도가 송신기 안테나의 측엽을 수신하기에 충분하다면(3장 참조), 신호는 100%의 시간 동안 존재하는 것으로 간주될 수 있다.

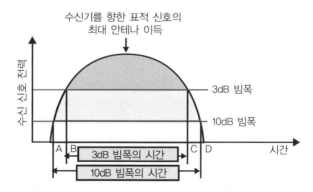

그림 6.8 표적 신호의 안테나가 수신기 위치를 소인하면 수신 전력은 시간의 함수에 따라 달라진다.

6.2.5 협대역 탐색에 대한 일반 사항

협대역 수신기로 신호를 찾는 것은 EW 및 정찰 수신기가 직면한 탐색 문제의 매개변수를 고려하는 좋은 방법이다. 그러나 이는 실제로 신호 탐색을 수행하는 가장 좋은 방법은 아니다. 신호 환경의 특성에 대해 논의한 후에 다양한 유형의 수신기를 결합하여 주어진 환경에서 탐색을 최적화할 수 있는 방법에 대해 더 잘 이해할 수 있을 것이다.

6.3 신호 환경

반복적으로 언급되다시피 신호 환경은 매우 밀집되어 있으며, 그 밀도는 점점 증가하고 있다. 다만, 이것은 일반적으로 사실이지만 전체를 말하지는 않는다. EW 또는 정찰 시스템이 해당 역할을 수행해야 하는 신호 환경은 시스템의 위치, 고도, 감도 및 해당 시스템이 다루는 특정 주파수 범위의 함수이다. 또한, 환경의 영향은 수신기가 찾아야 할 신호의 특성과 관심 신호를 식별하기 위해 선택된 신호에서 어떤 정보를 추출해야 하는지에 따라 크게 영향을 받는다.

신호 환경은 수신기가 커버하는 주파수 범위 내에서 수신기 안테나에 도달하는 모든 신호들로 정의된다. 신호 환경에는 수신기가 수신하려는 위협 신호뿐만 아니라 아군과 중립군 및 비전투원이 생성하는 신호를 포함한다. 그런 환경에는 위협 신호보다 아군과 중립적인 신호들이 더 있을 수 있지만, 수신 시스템은 관심 없는 신호를 제거하고 위협을 식별하기 위해 안테나에 도달하는 모든 신호를 처리해야 한다.

6.3.1 관심 신호

EW 및 정찰 시스템이 수신하는 신호의 유형은 일반적으로 펄스 또는 지속파CW 신호로 분류된다. 이 경우 "CW 신호"는 연속적인 파형(변조되지 않은 RF 반송파, 진폭 변조, 주파수 변조 등)을 갖는 모든 신호를 포함한다. 펄스 도플러 레이다 신호는 펄스 신호이지만 높은 듀티 사이클을 갖기 때문에 탐색 프로세스에서 CW 신호와 유사하게 처리되어야 한다. 이러한 신호 중 어떤 것이든 탐색하기 위해서는 관측해야 하는 매개변수를 측정하기에 충분한 신호를 수신하기 위한 적절한 대역폭을 수신기가 가져야 한다. 일부 신호의 경우,

신호 존재를 감지하는 데 필요한 대역폭은 신호 변조를 복구하는 데 필요한 대역폭보다 훨씬 적다.

6.3.2 고도 및 감도

그림 6.9에서 볼 수 있듯이 수신기가 고려해야 하는 신호의 수는 수신기의 고도와 감도에 비례하여 증가한다. VHF와 그 이상의 주파수 대역 신호들은 무선 지평선radio horizon 위의 신호 환경에만 있는 가시선 전송으로 제한될 수 있다. 무선 지평선은 수신기로부터 가장 먼 송신기까지의 지구 표면 거리로, 가시선 무선 전파가 가능한 거리를 의미한다. 이것은 주로 지구 곡률의 함수이며, 대기 굴절로 인해 광학적 지평선보다 평균 약 33% 더 멀리까지 확장된다. 무선 지평선을 결정하는 일반적인 방법은 그림 6.10에 표시된 삼각형을 이용하여 푸는 것이다. 이 그림에서 지구의 반지름은 굴절 계수("4/3 지구" 계수라고 함)를 고려하여 실제 지구 반지름의 1.33배로 표시되었다. 송신기와 수신기 사이의 가시선 거리는 다음 공식에서 찾을 수 있다.

$$D = 4.11 \times \left[\sqrt{H_T} + \sqrt{H_R} \right]$$

여기서, D(km)는 송신기에서 수신기까지의 거리, H_T(m)는 송신기 높이를, H_R(m)은 수신기 높이를 나타낸다.

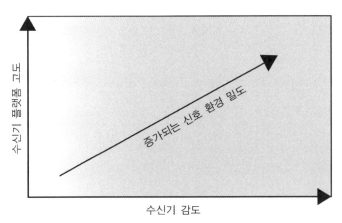

그림 6.9 수신기가 처리해야 하는 신호의 수는 수신기 플랫폼의 고도와 수신기 감도가 증가함에 따라 증가한다.

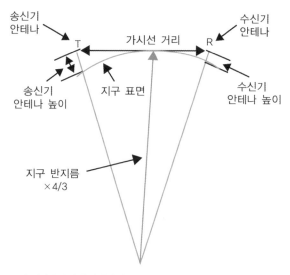

그림 6.10 송신기와 수신기 사이의 가시선 거리는 두 안테나의 높이에 의해 결정된다.

따라서 무선 지평선은 수신기와 송신기의 고도에 따라 상대적으로 정의된다. 다른 모든 조건이 동일하다면 수신기에서 볼 수 있는 에미터의 수가 전파 지평선 범위 내에 있는 지구 표면적에 비례할 것으로 예상할 수 있지만, 에미터 밀도는 해당 범위 내에서 무슨 일이 일어나고 있는지에 따라 달라진다.

예를 들어, 잠수함 잠망경에 있는 안테나는 몇 킬로미터 내에 있을 것으로 예상되는 소수의 송신기 신호만 수신한다. 잠수함이 대규모 수상 기동 부대 근처에서 또는 활동이 많은 육지 지역 근처에서 작전 중인 경우 꽤 많은 신호를 볼 수 있지만, 신호 밀도는 50,000피트 상공을 비행하는 항공기에서 볼 수 있는 신호 밀도와 비교할 때 여전히 매우 낮다. 고고도를 비행하는 항공기는 초당 수백만 개의 펄스를 갖는 수백 개의 신호를 볼 수 있을 것으로 예상된다.

수신기가 30MHz 아래에서 작동할 때, 신호는 상당한 수준의 "지평선 너머beyond the horizon" 전파 모드를 가지므로 신호 밀도는 직접적으로 고도의 함수가 아니다. VHF 및 UHF 신호도 가시선 너머로 수신될 수 있지만, 수신된 신호 강도는 주파수와 신호가 전송되는 지구 기하학적 조건에 따라 변화한다. 주파수가 높고 가시선 각도가 더 크면, 감쇠도 커진다. 실제로 마이크로파 신호는 무선 지평선에 제한되는 것으로 간주된다.

신호 밀도를 결정하는 또 다른 요소는 수신기 감도(안테나 이득 포함)이다. 2장에서 자세히 설명했듯이, 수신 신호의 세기는 송신기에서 수신기까지 거리의 제곱에 비례하여 감소한다. 수신기 감도는 수신기가 필요한 정보를 복구할 수 있는 가장 약한 신호로 정의되며, 대부분의 EW 수신기에는 일종의 임곗값 메커니즘이 포함되어 있으므로 감도 수준 이하의 신호는 고려할 필요가 없다. 따라서 감도가 낮은 수신기와 이득이 낮은 안테나를 사용하는 수신기는 감도가 높은 수신기나 안테나 이득이 높은 수신기보다 훨씬 적은 수의 신호를 처리한다. 이것은 위협 에미터를 식별할 때 시스템이 고려해야 하는 신호의 수를 줄여 탐색 문제를 단순화한다.

6.3.3 신호에서 복구되는 정보

EW 및 정찰 수신기 시스템이 수신된 신호의 모든 변조 매개변수를 복구해야 한다는 것은 당연하다. 예를 들어, 표적 신호가 통신 송신기에서 오는 경우, 비록 시스템이 "적이 무슨 말을 하는지 듣는" 것으로 설계되지 않았더라도 송신기의 종류를 식별하기 위해 주파수, 정확한 변조 유형, 일부 변조 특성을 결정하는 것이 여전히 필요하다(따라서 해당 군사 자산의 유형을 식별한다). 레이다 신호의 경우, 수신기는 레이다 유형과 작동 모드를 식별하기 위해 일반적으로 수신 신호의 주파수, 신호 세기, 펄스 매개변수 및 FM 또는 디지털 변조방식 등을 복구해야 한다.

ESM과 정찰 수신기 시스템 간의 중요한 차이점 중 하나는 ESM 시스템의 경우 수신된 신호를 식별하기 위해 오직 충분한 정보만을 복구하는 반면 정찰 시스템은 일반적으로 매개변수 측정의 완전한 집합을 수행한다는 것이다.

알아두어야 할 점은 많은 ESM 시스템이 에미터 위치파악을 탐색 프로세스에 통합하여, 신호의 분리와 식별의 일부로서 초기 에미터 위치 측정을 활용한다는 것이다. 신호 탐색의 맥락에서 신호는 우호적이거나 중립적인 것으로 분류될 수 있으며, 따라서 에미터 위치에 기반하여 추가적인 탐색 고려사항에서 제외될 수 있다는 점을 이해해야 한다.

6.3.4 탐색에 사용되는 수신기 유형

EW 및 정찰 시스템에 사용되는 수신기들은 표 6.3에 표시된 유형들을 포함한다. 4장에서는 이러한 각 유형의 수신기 기능에 대해 설명하였다. 표에서는 탐색 문제에 적합한 수신기 특징들만 보여주고 있다.

크리스털 비디오 수신기는 넓은 주파수 범위의 연속적인 커버리지를 제공하지만 감도가 제한되고 진폭 변조만 감지하며, 한 번에 하나의 신호만을 탐지할 수 있다. 따라서 고밀도 펄스 신호 환경을 처리하는 데에는 이상적이지만 단일 CW 신호가 있으면 펄스를 정확

표 6.3 수신기 유형별 탐색 능력

수신기 유형	감도	복구가능 요소	다중 신호처리	순시 주파수 범위
크리스털 비디오	낮음	진폭변조	불가능	전체 대역
IFM	낮음	주파수	불가능	전체 대역
브래그 셀(Bragg cell)	보통	주파수 및 신호세기	가능	전체 대역
압축(compressive)	좋음	주파수 및 신호세기	가능	전체 대역
채널화(channelized)	좋음	주파수 및 모든 변조	가능	전체 대역
디지털(digital)	좋음	주파수 및 모든 변조	가능	중간 범위
슈퍼헤테로다인	좋음	주파수 및 모든 변조	불가능	좁은 범위

하게 수신하지 못할 수 있다.

IFM 수신기는 매우 짧은 시간에 디지털 주파수 측정을 제공하지만 감도는 제한적이다. IFM 수신기는 전체 주파수 대역에서 들어오는 각 펄스의 주파수를 측정하지만 크리스털 비디오 수신기와 마찬가지로 한 번에 하나의 신호만 처리할 수 있다. 한 신호가 다른 신호보다 훨씬 강하면 IFM은 그 신호의 주파수를 측정할 수 있지만, 둘 이상이 거의 동일한 신호 세기를 가지고 있는 경우 유효한 주파수 측정이 어렵다. 다시 말하지만, 크리스털 비디오 수신기와 마찬가지로 IFM은 고밀도 펄스 환경에 이상적이지만 단일 CW 신호는 어떤 펄스 측정도 방해할 수 있다.

브래그 셀Bragg cell 수신기는 동시에 여러 신호의 주파수를 측정할 수 있기 때문에 단일의 CW 신호에 의해 차단되지 않는다. 그러나 현재로서는 동적 범위가 제한되어 있어 대부분의 EW 응용 프로그램에 적합하지 않다.

압축(또는 "마이크로-스캔") 수신기는 넓은 주파수 범위를 매우 빠르게 소인할 수 있으며, 이는 종종 단일 펄스폭 내에서 이루어진다. 동시에 여러 신호의 주파수와 수신 신호 세기를 측정하고 감도가 좋으나 신호 변조를 복구할 수 없다.

채널화 수신기는 여러 신호가 각각 다른 채널에 있는 한 동시에 주파수를 측정하고 전체 변조를 복구할 수 있다. 또한 채널 대역폭에 따라 우수한 감도를 제공할 수 있다. 그러나 대역폭이 좁을수록 주어진 주파수 범위를 커버하기 위해 더 많은 채널이 필요하다.

디지털 수신기는 큰 주파수 세그먼트를 디지털화한 다음 소프트웨어에서 필터링 및 복조를 실시한다. 동시에 여러 신호에 대해 주파수를 측정하고 전체 변조를 복구할 수 있으며, 우수한 감도를 제공할 수 있다.

슈퍼헤테로다인 수신기는 주파수를 측정하고 모든 유형의 신호 변조를 복구한다. 일반적으로 한 번에 하나의 신호만 수신하므로 다수의 동시 신호에 영향받지 않는다. 대역폭에 따라 좋은 감도를 가질 수 있다. 슈퍼헤테로다인 수신기의 중요한 기능 중 하나는 거의 모든 대역폭으로 설계할 수 있어 주파수 범위와 감도 사이의 균형을 맞출 수 있다는 것이다.

6.3.5 광대역 수신기를 사용한 탐색 전략

EW 수신기에서 사용되는 탐색 전략은 기본적으로 세 가지가 있다. 첫 번째는 여러 수신기 중 하나를 탐색 기능에 할당하는 것이다. 두 번째는 광대역 주파수 측정 수신기를 사용하여 존재하는 모든 신호의 주파수를 결정하고, 셋온 수신기set-on receiver를 사용하여 세부 분석 또는 모니터링을 수행하는 것이다. 세 번째는 노치 필터notch filter를 사용하는 광대역 수신기를 사용하여 신호의 탐색과 측정을 수행하고, 협대역 보조 수신기로는 직면할 수 있는 특정한 신호 환경 문제를 해결하기 위해 사용하는 것이다.

이러한 전략 중 첫 번째가 그림 6.11에 나와 있다. 이것은 전자 정보 및 통신 전자 지원 측정 시스템에서 일반적으로 사용되는 접근 방식이다. 탐색 수신기는 일반적으로 설정된 수신기보다 더 넓은 대역폭을 가지며, 최대 가능한 속도로 소인한다. 탐색된 신호의 주파수와 기타 빠르게 측정된 정보를 프로세서로 전달하고, 셋온 수신기를 각 신호에 할당하여 필요한 모든 세부 정보를 추출한다. 주파수 범위 내 어디에서든 동조될 수 있기 때문에 안테나 출력은 각 수신기로 입력되기 위해 분배되어야 한다. 전력 분배기는 시스템 감도를 감소시키므로 가능한 경우 저잡음 전단증폭기가 선행된다.

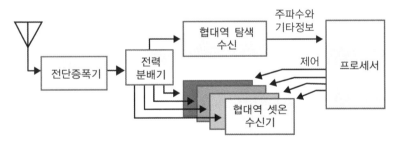

그림 6.11 협대역 수신기만 사용하는 시스템에서 하나의 수신기는 종종 탐색 기능 전용으로 사용되어 최대 속도로 소인하고, 완전한 분석을 위해 별도의 수신기 세트에 신호를 전달한다.

그림 6.12는 두 번째 접근 방식을 보여준다. 다시 말하지만, 안테나 출력은 전력 분배기를 통해 분배되어야 하며, 하나의 수신기가 여러 협대역 수신기에 대한 설정 정보를 제공한다. 그러나 지금은 광대역 주파수 측정 수신기가 사용된다. 주파수 측정 수신기는 IFM 수신기, 압축 수신기 또는 (가능한 경우) 브래그 셀 수신기가 될 수 있다. 이 수신기는 현재

존재하는 신호의 주파수만 측정할 수 있으므로, 현재 존재하는 모든 신호의 주파수는 프로세서가 결정한다. 프로세서는 최근에 발견된 모든 신호들을 기록한다. 일반적으로 새로운 신호나 우선순위가 가장 높은 신호에만 모니터 수신기를 할당한다.

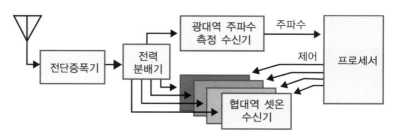

그림 6.12 광대역 주파수 측정 수신기는 존재하는 모든 신호의 주파수를 결정하는 데 종종 사용된다. 그런 다음 프로세서는 협대역 수신기를 최적의 주파수로 설정하여 우선 순위가 가장 높은 신호에서 필요한 정보를 수집한다.

일부 유형의 주파수 측정 수신기는 협대역 셋온 수신기보다 감도가 낮기 때문에 모니터링할 수 있는 신호 일부를 수신하지 못할 수 있다. 이것은 두 가지 방법으로 해결된다. 만약 수신된 신호가 스캐닝 레이다에서 나온 것이라면, 감도가 낮은 주파수 측정 수신기는 주빔이 수신 안테나를 통과할 때 신호를 감지할 수 있다. 그런 다음 감도가 높은 모니터 수신기가 표적 에미터의 측엽을 수신함으로써 기능을 수행할 수 있다. 두 번째 완화 요소는 신호의 존재를 감지하고 해당 RF 주파수를 측정하는 데 필요한 신호 세기가 전체 신호 변조를 얻는 데 필요한 것보다 종종 더 낮다는 것이다.

RWR 시스템에서는 시스템의 주요 기능으로 탐색 기능을 갖는 것이 일반적이다. 그림 6.13에서 볼 수 있듯이 일반적인 RWR은 높은 펄스 밀도를 처리하기 위해 광대역 수신기 (크리스털 비디오 또는 IFM 수신기) 세트를 갖는다. 프로세서는 수신된 각 펄스에 대한 정보를 받아들이고 필요한 신호 식별 분석을 수행한다. 노치 필터는 CW 또는 높은 듀티 사이클 신호에 의해 광대역 수신기가 차단되는 것을 방지한다. 협대역 셋온 수신기 세트 또는 채널화 수신기는 CW 또는 높은 듀티 사이클 신호를 처리하고, 광대역 수신기가 복구할 수 없는 다른 데이터를 수집하는 데 사용된다. 여러 주파수 대역마다 전용 광대역 수신기를 할당하고 여러 지향성 안테나마다 완전한 수신기 세트를 갖는 것이 일반적이며, 이는 펄스별 도래 방향 정보를 제공하기 위한 것이다.

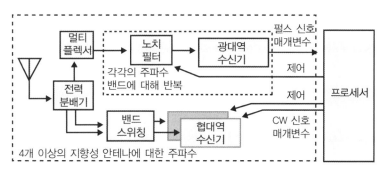

그림 6.13 펄스 신호가 우세한 신호 환경에서 작동하는 수신기의 경우, 주로 광대역 수신기가 주요 탐색 기능을 수행하며, 노치 필터에 의해 CW 신호로부터 보호된다. 협대역 수신기는 CW 및 높은 듀티 사이클 신호를 처리한다.

6.3.6 디지털 수신기

디지털 수신기는 유연성이 매우 높기 때문에 언젠가는 전체 탐색 및 모니터링 작업을 처리할 수 있을 것이다. 디지털 수신기는 디지털화 및 컴퓨터 처리(크기 및 전력 요구 사항 대비)의 최신 기술에 의해 제한을 받지만 이러한 영역의 최신 기술은 거의 매일 변화하고 있다.

6.4 룩스루

일반적으로 탐색 기능에 사용할 수 있는 매우 짧은 시간 동안 존재하는 모든 위협 신호를 탐지해야 하는 것은 모든 유형의 EW 수신 시스템이 갖는 도전적인 문제이다. 대개 매우 넓은 주파수 범위를 커버해야 하며, 몇 가지 신호 유형은 협대역 수신기 자산을 사용하여야만 수신할 수 있다. 이러한 프로세스는 수신기와 재머가 동일한 플랫폼에 있거나, 재머가 가까운 거리에서 작동하고 있을 때 훨씬 더 어려워진다. 재머는 수신기로 들어오는 신호를 가려버리는 잠재력이 있기 때문이다. 일반적으로 EW 수신기 감도는 -65dBm에서 -120dBm 범위에 있는 반면 재머 출력은 일반적으로 수백에서 수천 와트에 이른다는 점을 고려해야 한다. 100W 재머의 유효 방사 출력은 +50dBm에 안테나 이득을 더한 값이므로, 재머 출력은 수신기가 탐색하는 신호보다 100~150dB(또는 그 이상) 정도 더 강력할 것으로 예상할 수 있다.

가능한 한 수신기와 관련된 재머는 분리되어 운용한다. 즉, 수신기는 재머와 협력하여 일시적으로 재밍이 발생하지 않는 순간에 수신기가 대역 또는 주파수 범위를 탐색한다. 점 재밍 또는 일부 유형의 기만적 재밍이 사용되는 경우, 이러한 운용적 분리는 수신기가 상당히 효율적인 탐색을 수행할 수 있도록 해주며, 이때 재머는 수신기의 전단 구성요소를 포화시키지 않도록 일정 수준의 분리가 필요하다. 그러나 이 방법이 거의 항상 전체 문제를 해결하지 못하므로, 적절한 다른 조치도 취해져야 한다. 광대역 재밍이 사용될 때 적절한 분리가 달성되지 않는다면 수신기 전체 대역을 수신할 수 없게 된다.

첫 번째로 선택되는 룩스루look-through 접근 방식은 재머와 수신기 사이에 가능한 한 많은 이격을 시키는 것이다. 그림 6.14에서 볼 수 있듯이 안테나 이득 패턴의 격리가 중요하다. 위협에 대한 재밍 안테나의 이득과 자체 수신기 안테나에 대한 이득 사이의 차이는 간섭을 줄여 준다. 마찬가지로, 위협 방향과 재머 방향의 수신 안테나 이득 간의 차이도 도움이 된다. 그림에 표시된 안테나 패턴은 상대적으로 좁지만, 이득 패턴의 분리는 서로 물리적으로 차단되는 넓은 빔 또는 전체 방위각 커버리지 안테나에 의해 수행될 수도 있다 (예를 들어, 항공기 상단에 있는 안테나 하나와 하단의 다른 안테나).

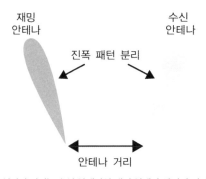

그림 6.14 재밍 신호 전력으로부터 수신기의 격리는 수신 안테나와 재밍 안테나 사이의 거리, 안테나 이득 패턴 격리 및 편파 격리의 함수이다.

안테나들을 물리적으로 분리하는 것도 도움이 된다. 두 개의 무지향성 안테나 간의 확산 손실 공식은 2장에 나와 있다. 해당 방정식의 또 다른 형태이지만, 더 짧은 거리에 대해서는 다음과 같다.

$$L = -27.6 + 20\log_{10}(F) + 20\log_{10}(D)$$

여기서, L(dB)은 확산 손실이고, F(MHz)는 주파수를, D(m)는 거리를 의미한다.

따라서 4GHz에서 동작하는 재머가 수신기로부터 10m 떨어져 있는 경우, 재밍 안테나와 수신 안테나 사이의 거리에서 64.4dB의 격리를 가질 수 있다.

재밍 안테나와 수신 안테나의 편파가 다른 경우 추가 격리가 제공된다. 예를 들어, 우수 원형 편파와 좌수 원형 편파 안테나들 사이에는 약 25dB의 격리가 있다. 일반적으로 광대역 안테나에서의 편파 격리는 이보다 작을 수 있으며, 매우 좁은 협대역 안테나에서는 이보다 더 우수할 수 있다.

마지막으로 레이다 흡수 재료가 특히 높은 마이크로파 주파수에서 추가적인 격리를 제공하는 데 사용될 수 있다.

만약 재밍 안테나와 수신 안테나 사이의 적절한 격리가 이루어지지 않으면, 수신기가 탐색 기능을 수행할 수 있는 룩스루 기간을 짧게 제공해야 한다(그림 6.15 참조). 룩스루 기간의 타이밍과 시간은 수신기에 의한 위협 신호의 탐지확률과 재머의 효율성 간의 절충과 관련된다. 룩스루 기간은 아주 충분히 짧아야 하는데, 그렇지 않을 경우 재밍되는 위협 레이다가 적절하게 재밍되지 않은 신호를 수신함으로써 해당 임무를 수행할 수 있기 때문이다. 반면에 지정된 시간 동안 수신기가 가장 어려운 위협 신호를 수신할 확률은 재머가 전송하는 시간 비율에 밀접하게 영향을 받아 감소될 것이다.

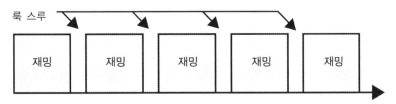

그림 6.15 재머로부터 수신기의 적절한 격리가 없는 경우 수신기가 탐색 기능을 수행할 수 있는 시간을 허용하기 위해 재밍을 중단해야 한다.

7장
LPI 신호

7장

LPI 신호

7.1 저피탐 신호

레이다 및 통신 신호는 모두 저피탐low-probability-of-intercept, LPI 신호로 간주된다. LPI 레이다는 좁은 안테나 빔, 낮은 유효 방사 출력 및 레이다 신호를 주파수로 확산시키는 변조들의 적절한 조합으로 구성되어 있다. LPI 통신 신호는 일반적으로 탐지 및 방해를 어렵게 만들기 위해 확산 변조에 의존한다. 여기서의 논의는 LPI 통신 신호, 특히 적 수신기들과 재머들에 비해 이점을 제공하는 주파수 확산 변조에 중점을 둔다.

설계상 LPI 신호는 이를 탐지하려는 수신 시스템에 많은 어려움을 갖게 한다. LPI 신호는 신호를 탐지하기 어렵게 하거나 에미터를 찾기 어렵게 만드는 기능을 포함하여 매우 광범위하게 정의된다. 가장 간단한 LPI 기능은 방사 통제emission control이다. 이는 위협 신호(레이다 또는 통신)가 관련 수신기에 적절한 신호 대 잡음비를 제공할 수 있도록 하는 최소 수준으로 송신기 출력을 줄이는 것이다. 낮은 송신기 전력은 전송되는 신호가 특정한 적 수신기에 의해 탐지될 수 있는 거리를 줄여 준다. 유사한 LPI 수단은 좁은 빔 안테나 또는 측엽이 억압되어 있는 안테나를 사용하는 것이다. 이러한 안테나는 축에서 벗어난 전력을 덜 방출하기 때문에 적 수신기가 신호를 탐지하기 더 어렵다. 만일 신호 지속 시간이 감소하면 수신기는 주파수 및/또는 도래각에서 신호를 탐색하는 시간이 줄어들기 때문에 탐지 가능성도 줄어든다.

그러나 LPI 신호를 생각할 때 우리는 매우 종종 신호의 탐지 가능성을 줄이는 신호의 변조를 생각한다. LPI 변조는 신호의 에너지를 주파수에서 분산시킴으로써 전송된 신호의 주파수 스펙트럼이 신호 정보를 전달하는 데 필요한 대역폭(정보 대역폭)보다 수십 배 더 넓게 만든다. 신호 에너지를 분산시키면 정보 대역폭당 신호 세기가 감소한다. 수신기의 잡음은 대역폭의 함수이기 때문에(4장에서 설명되었던 것처럼) 전체 대역폭에서 신호를 수신하고 처리하려는 수신기의 신호 대 잡음비는 신호 확산에 의해 크게 감소한다.

그림 7.1에서 볼 수 있듯이 송신기와 의도된 수신기간에는 동일한 동기화 방식이 적용된다. 이는 의도된 수신기가 확산 변조를 제거하여 정보 대역폭에서 수신된 신호를 처리할 수 있도록 한다. 적의 수신기는 똑같은 동기화 방식을 사용하지 않기 때문에 신호 대역폭을 좁힐 수 없다.

변조를 사용하여 신호를 주파수에서 확산하는 방법은 세 가지가 있다.

- 주기적으로 전송 주파수를 변경(주파수 도약)
- 고속으로 신호를 소인(처핑)
- 고속 디지털 신호를 이용하여 신호를 변조(직접 시퀀스 스펙트럼 확산)

모든 LPI 변조가 탐색 기능에 제기하는 과제는 감도와 대역폭 간에 있어서 선호하지 않는 절충을 강요한다는 것이다. 어떤 경우에는 확산 기술의 구조가 수신기에게 있어서 상당한 이점이 있는 반면, 변조방식의 특성에 대한 어느 정도의 지식이 필요하며, 또한 수신기 및/또는 관련 프로세서의 복잡성을 크게 증가시킬 수 있다.

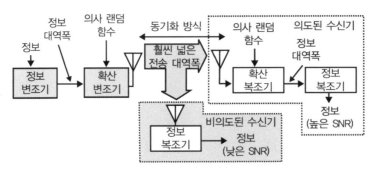

그림 7.1 스펙트럼 확산 신호는 전달되는 정보를 포함하는 것보다 훨씬 더 넓은 대역폭으로 전송된다. 의도된 수신기는 대역폭을 정보 대역폭으로 줄일 수 있지만 의도되지 않은 수신기는 그렇게 할 수 없다.

7.1.1 LPI 탐색 전략

기본적인 LPI 탐색 기술들에는 항상 탐지 대역폭의 최적화와 다음 중 하나 이상이 포함된다.

- 다양한 통합 접근 방식을 통한 에너지 검출
- 누적을 통한 빠른 소인 및 다중 탐색 분석
- 고속 동조 수신기로 핸드 오프하여 광대역 주파수 측정
- 다양한 유형의 수학적 변환을 사용한 디지털화 및 신호 처리

각 유형의 LPI 변조에 적용되는 기술들은 해당 변조를 설명하는 절에서 설명할 것이다.

7.2 주파수 도약 신호

주파수 도약frequency-hopping 신호는 전자전에 있어서 매우 중요한 고려사항이다. 주파수 도약 신호가 군사용 시스템에서 널리 사용될 뿐만 아니라 전통적인 탐지와 해독, 에미터 위치 파악 및 재밍 기술들이 주파수 도약 신호에 대해서는 효과적이지 않기 때문이다. 비록 펄스에서 펄스로 주파수를 무작위로 변경하는 레이다가 주파수 도약기로 간주될 수는 있지만 우리는 주파수 도약 통신 신호에 중점을 두고자 한다.

7.2.1 주파수 대 시간 특성

그림 7.2에서 볼 수 있듯이 주파수 도약 신호는 짧은 시간 동안 단일 주파수에 머물렀다가 다른 주파수로 "도약"한다. 도약 주파수는 일반적으로 일정한 간격(예: 25kHz)으로 이격되며 매우 넓은 주파수 범위(예: 30~88MHz)를 포함한다. 이러한 예에서는 신호가 도약할 수 있는 2,320개의 다른 주파수가 존재한다. 신호가 한 주파수에서 유지되는 시간을 "도약 주기hop period" 또는 "도약 시간hop time"이라고 하며, 주파수가 변경되는 속도를 "도약 속도hop rate"라고 한다.

아래에서 설명하는 이유로, 주파수 도약 신호는 디지털 형식으로 정보를 전달하므로 데이터 속도(정보 신호의 비트 전송률)와 도약 속도를 갖는다. 도약 신호는 "느린 도약slow hoppers" 또는 "빠른 도약fast hoppers"으로 설명된다. 정의에 따르면 느린 도약은 데이터 속도가 도약 속도보다 빠른 신호이고, 빠른 도약은 비트 속도보다 빠른 도약 속도를 갖는 신호이다. 그러나 일반적으로 초당 약 100홉의 도약 속도를 가진 신호를 느린 도약이라고 하고, 도약 속도가 훨씬 높은 신호를 빠른 도약이라고 한다.

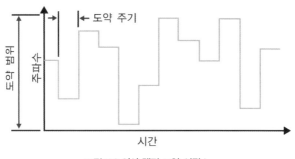

그림 7.2 의사 랜덤 도약 시퀀스

7.2.2 주파수 도약 송신기

주파수 도약 송신기의 일반적인 블록 다이어그램이 그림 7.3에 나타나 있다. 첫째, 변조를 통하여 정보를 포함하는 신호가 생성된다. 그런 다음 변조된 신호는 국부 발진기(첫 번째 합성기)에 의해 전송 주파수로 변환된다. 각 도약에 대해 합성기는 의사 랜덤 프로세스에 의해 선택된 주파수로 동조된다. 이것은 적 수신기 경우에는 다음 동조 주파수를 예측할 방법이 없지만, 아군의 수신기는 송신기에 동기화될 수 있는 방법이 존재함을 의미한다. 동기화되면 아군의 수신기는 송신기와 동조되므로 거의 연속적으로 신호를 수신할 수 있다.

동기화기는 새로운 주파수에 정착되기까지 약간의 시간이 걸리기 때문에(그림 7.4 참조), 각 도약이 시작될 때마다 데이터를 전송할 수 없는 시간이 존재한다. 이것은 도약 주

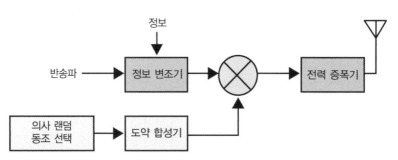

그림 7.3 주파수 도약 신호는 의사 랜덤 동조 주파수 선택 회로의 명령에 의해 동조되는 국부 발진기로 변조 신호를 주파수 변환하여 만들어진다.

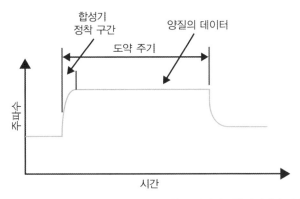

그림 7.4 도약 합성기는 주파수 도약 송신기가 데이터를 전송할 수 있기 전 정착될 때까지 일정 시간이 필요하다.

기의 아주 작은 비율이 된다. 이 정착 시간이 정보를 디지털 형태로 전송해야 하는 이유이다. 도약의 양호한 부분 동안 전송된 데이터는 수신기에서 연속 출력 신호를 생성하는 데 사용된다. 따라서 사람이 직접 도약 변경에 대해 처리할 필요는 없다.

7.2.3 저피탐 특성

주파수 도약은 주파수를 점유하는 시간이 운용자가 신호의 존재를 감지하기에는 너무 짧기 때문에 저피탐^{LPI} 신호이다. 위의 예를 보면 신호는 주어진 주파수에서 시간의 0.04%만 있을 것으로 예상되므로, 비록 전체 전력이 도약 기간 동안 단일 주파수에 존재하더라도 시간 경과에 따라 수신 전력은 크게 감소한다.

7.2.4 도약 신호의 탐지 방법

실제로 주파수 도약 신호(특히 느린 도약)는 다른 유형의 LPI 신호보다 탐지하기가 더 쉽다. 그 이유는 모든 전력이 일정 시간(느린 도약의 경우 약 10msec) 동안 단일 정보 대역폭(고정 주파수 수신기와 마찬가지로) 내에 있기 때문이다. 수신기는 이 시간의 일부 동안만 에너지를 탐지할 수 있으므로 각 도약 동안 많은 채널을 스캔할 수 있다. 수신기의 대역폭을 늘리면 더욱 효과적인데, 이는 각 단계에서 가능한 동조 주파수를 더 많이 포함하고 더 높은 속도로 단계를 수행할 수 있기 때문이다. 기억해야 할 점은 단일 도약 동안 전체 대역을 커버할 필요가 없다는 것이다. 가끔씩이라도 도약 신호를 수신한다면, 신호의 존재를 탐지할 수 있기 때문이다. 당연히 도약 속도가 높아질수록 도약 신호를 탐지하기가 더 어려워진다.

주파수를 측정하는 광대역 수신기 유형(예: 브래그 셀, IFM 또는 압축 수신기)은 수신 전력이 충분하다고 가정할 때 더 나은 탐지 임무를 수행할 수 있다. 그러나 일부 광대역 수신기들은 제한된 감도를 가지고 있음을 기억해야 한다.

7.2.5 도약 신호의 해독 방법

도약을 탐지하는 것은 간단하지만 도약 신호를 해독하는 것은 더 어렵다. 문제는 변조된 신호를 수신하기 전에 도약을 탐지하고 도약 위치를 확인한 다음 해당 주파수로 동조해야 한다는 것이다. 다음 도약의 주파수를 예측할 방법이 없으므로 모든 도약에 대해 탐색을 반복해야 한다. 각 도약의 90% 정도 수신이 적절하다고 판단된다면 도약 주기의 10%(해당 정착 시간 미만)에서 전체 도약 범위를 탐색해야 한다. 좋은 탐색 결과를 얻을 수 있기 위해서는 일종의 광대역 주파수 측정이 필요할 것이다.

7.2.6 도약 송신기의 위치 파악 방법

주파수 도약 신호에서 방향 탐지(DF)를 수행하는 방법은 기본적으로 두 가지가 있다. 첫 번째 방법은 빠른 동조 수신기로 도약 범위를 소인한 후 도약 신호를 찾으면 신속한 DF 측정을 수행하는 것이다. 이러한 유형의 DF 시스템은 일반적으로 적당한 비율의 도약 신호만 포착하지만, 측정할 수 있을 때마다 도래 방향을 추적한다. 단일 도래각에서 일정 수의 DF 측정값을 얻은 후, 해당 방향에 주파수 도약 송신기가 있음을 보고한다.

두 번째 방법은 두 개 이상의 광대역 수신기에서 전체 도약 범위 또는 대부분의 도약 범위를 순간적으로 측정하고 해당 수신기의 출력을 처리하여 DF 측정을 수행하는 것이다. 만약 디지털 수신기인 경우라면 디지털화된 신호는 신호 주파수와 도래 방향을 결정하기 위해 여러 변환 중 하나를 사용하여 처리된다. 광대역 아날로그 수신기를 사용하는 경우에는 수신기 입력의 상대 진폭 또는 위상을 비교하여 도래 방향을 결정한다.

7.2.7 도약 신호의 재밍 방법

주파수 도약은 항재밍 이득을 갖고 있다고 알려져 있다(그림 7.5 참조). 이러한 이점은 재머가 전체 도약 주파수 범위만 알고 있기 때문에 전체 주파수 범위에 걸쳐 재밍 전력을 분산시켜야 한다는 가정에 기반한다. 위에서 사용된 예(25kHz의 2,320 스텝)에서 주파수 도약 신호는 2,320의 재밍 이득이 있다고 말할 수 있으며, 이는 33.6dB에 해당된다. 다시 말하면, 주파수 도약 신호에 대해서 주어진 재밍 대 신호비를 달성하기 위해서는 고정 주파수 통신 링크인 경우에 필요한 전력보다 33.6dB만큼의 더 큰 전력이 필요함을 의미한다.

이러한 방식이 갖는 단점이라고 한다면 도약 주파수 범위 내에서 동작하는 모든 아군 통신 링크를 방해할 가능성이 매우 높다는 것이다. 따라서 다음과 같은 두 가지 다른 접근 방식이 사용된다. 하나는 "추적 재밍follower jamming"을 수행하는 것이다. 추적 재머는 각 도약의 주파수를 감지한 다음 해당 주파수에서 재밍하는 것이다. 이것은 매우 적절한 해결 방안으로 보이지만 각 도약에서 전송되는 정보를 적이 사용할 수 없을 만큼 재머가 신호를 충분히 빠르게 획득하기 위해서는 매우 빠른 주파수 측정 기술이 필요하다.

두 번째 접근 방식은 광대역 재밍을 사용하되 적의 수신기에 가깝게 재머를 배치하는 것이다. 이를 통해 최소한의 재머 전력으로 효과적인 재밍이 가능하고 아군 통신을 보호할 수 있다.

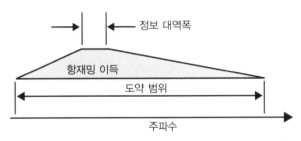

그림 7.5 재래식 재머를 이용하여 주파수 도약 신호를 지속적으로 재밍하기 위해서는 재머의 전력이 전체 도약 범위에 걸쳐 분산되어야 한다. 따라서 정보 대역폭에 대한 도약 범위의 비율이 항재밍 이득(antijam advantage)이다.

7.3 처프 신호

이 장에서 설명하는 두 번째 유형의 LPI 신호는 "처프chirp" 신호이다. 처프 레이다 신호는 거리 해상도를 개선하기 위해 수신된 반사 펄스를 압축할 수 있도록 펄스 내 주파수 변조를 수행한다. 그러나 소인 주파수 변조가 통신 또는 데이터 신호에 적용될 때 그 목적은 신호의 탐지, 해독 또는 재밍을 방지하거나 송신기 위치를 보호하는 것이다.

7.3.1 주파수 대 시간 특성

처프 신호는 그림 7.6에서 볼 수 있듯이 상대적으로 높은 소인 속도를 갖고, 상대적으로 넓은 주파수 범위에 걸쳐 빠르게 소인된다. 소인 파형이 그림에 표시된 것처럼 선형일 필요는 없지만 신호가 특정 주파수에 있을 때 적의 수신기가 예측하기 어렵게 하는 취약성 최소화가 중요하다. 이는 랜덤 방식으로 소인 속도(또는 동조 커브의 모양)를 변경하거나, 소인 시작 시간이 의사 랜덤으로 선택되는 체계를 구현함으로써 달성될 수 있다.

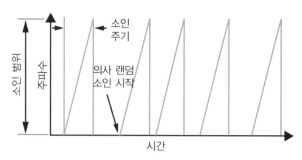

그림 7.6 처프 신호는 소인 주기에 대해 무작위로 선택된 시작 시간을 사용하여 넓은 주파수 범위에서 소인된다. 이것은 적 수신기가 처프 소인과 동기화하는 것을 방지한다.

7.3.2 처프 송신기

처프 신호 송신기의 일반적인 블록 다이어그램이 그림 7.7에 나타나 있다. 먼저 변조를 통해 정보 전달 신호가 생성된다. 그런 다음 변조된 신호는 고속으로 소인되는 국부 발진기에 의해 전송 주파수로 변환된다. 수신기에는 송신기 소인과 동기화된 소인 발진기가 있다. 이 발진기는 수신된 신호를 고정 주파수로 재변환하는 데 사용된다. 이를 통해 수신기는 정보 대역폭에서 수신된 신호를 처리할 수 있게 되며, 처프 프로세스는 수신기에 대

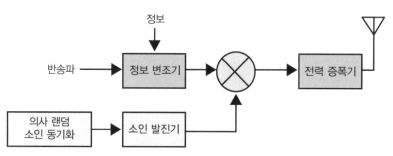

그림 7.7 처프 LPI 신호는 넓은 주파수 범위를 높은 동조 속도로 소인하는 국부발진기로 변조 신호를 주파수 변환함으로써 만들어진다. 각 소인의 시작 시각은 의사 랜덤으로 선택된다.

해 정보공유가 이루어지게 된다. 주파수 도약 LPI 체계와 마찬가지로 전송된 데이터는 디지털일 것으로 가정할 수 있으므로 데이터 블록들은 소인들에 동기화된 다음에 수신기에서 연속 데이터 스트림으로 재구성될 수 있다.

7.3.3 저피탐 특성

처프 신호의 LPI 품질은 수신기 설계 방식과 관련이 있다. 수신기는 일반적으로 수신하도록 설계된 신호의 주파수 점유율과 거의 동일한 대역폭을 가지며, 이것은 최적의 감도를 제공한다. 전송 효율을 최대화하기 위해 신호 변조 대역폭은 전달하는 정보의 대역폭과 거의 같게 한다(또는 변조로 인해 발생하는 일부 고정된 가역 요인에 따라 변화한다).

앞의 6장에서 논의된 바와 같이 수신기가 최대 감도로 신호를 탐지하기 위해서는 대역폭으로 1을 나눈 시간과 동일한 시간 동안 신호가 수신기의 대역폭 내에 남아 있어야 한다(예를 들어, 10kHz 대역폭은 신호가 1/10,000Hz 또는 100µsec 동안 존재해야 한다). 그림 7.8에서 볼 수 있듯이 처프 신호는 정보 대역폭 수신기의 대역폭에서 극히 짧은 시간 동안만 존재한다.

예를 들어, 정보 대역폭이 10kHz이고 처프 신호가 msec당 10MHz의 선형 소인 속도로 처프된다고 가정해보자. 소인된 신호는 10MHz 소인 범위에서 1µsec 동안만 10kHz 세그먼트 내에서 유지되며, 이는 신호를 적절하게 수신하는 데 필요한 지속 시간의 1%에만 해당한다.

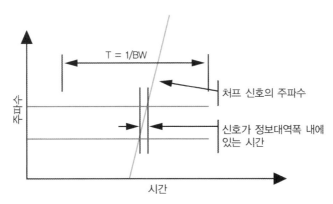

그림 7.8 일반적인 수신기는 해당 신호를 수신하기 위해 신호가 적어도 대역폭의 역수와 동일한 시간 동안 대역폭 내에 있어야 한다. 처프 신호는 높은 소인 속도로 인해 이 시간보다 훨씬 짧은 시간 동안 정보 신호에 최적화된 수신기의 대역폭 내에서 유지된다.

7.3.4 처프 신호의 탐지 방법

처프 신호 탐지에 있어 처프 신호가 갖는 취약성은 신호의 전체 전력이 처프 범위 내의 모든 주파수를 통과한다는 것이다. 이는 수신 신호의 주파수만 측정하도록 설계된 수신기의 경우(변조를 포착하지 않고), 처프 신호에 대해 여러 번 획득할 수 있음을 의미한다. 이러한 데이터의 분석은 신호가 처프되는 것을 보여주며, 주파수 스캐닝 특성에 관한 일정 수준의 정보를 제공한다. 신호 변조를 복구하는 데 요구되는 것보다 순간 RF 대역폭에 대해 더 큰 감도를 갖는 "반송파 주파수 전용" 수신기를 설계하는 것이 가능하다.

7.3.5 처프 신호의 해독 방법

처프 신호를 해독하려면(즉, 전달되는 정보를 복구하려면) 신호 변조의 다소 연속적인 출력을 생성해야 한다. 이를 수행하기 위한 확실한 방법은 처프 송신기와 동일한 동조 기울기를 갖는 소인 수신기를 제공하고, 어떻게든 수신기 소인을 신호의 소인에 동기화하는 것이다.

만약 일련의 반송파 주파수에 대한 해독으로부터 동조 기울기를 계산할 수 있는 경우라면 정확한 수신기 동조 곡선을 생성하는 것은 간단하다. 그리고 의사 랜덤 소인 동기화 방식을 풀 수 있다면 소인 간 타이밍을 예측할 수 있다. 또 다른 접근 방식은 전체 처프 범위를 디지털화하고 소프트웨어에서 곡선 보정을 수행하여 변조를 복구하는 것이다. 이 경우 약간의 프로세스 대기 시간이 따르게 된다.

어느 방법이든 기울기 또는 소인 동기화를 의사 랜덤하게 선택하는 처프 신호의 변조를 복구하는 것은 기술적으로 쉽지 않다.

7.3.6 처프 송신기의 위치 파악 방법

처프 신호가 탐지될 수 있다면 8장에서 설명할 대부분의 방향 탐지 기술을 사용하여 송신기의 위치를 찾을 수 있다. 일반적으로 선택한 기술들을 구현하고자 할 때 간헐적으로 수신하는 반송파 신호가 도래각을 측정하기에 충분하도록 해야 한다. 따라서 2개 이상의 안테나에서 신호를 동시에 수신하는 기술이 가장 적합해 보인다.

7.3.7 처프 신호의 재밍 방법

주파수 도약기와 마찬가지로 처프 신호의 재밍에도 두 가지 기본적인 방식이 있다. 첫 번째 방식은 신호의 주파수 대 시간 특성을 예측하고 수신하려는 처프 신호와 동일한 주파수에서 수신기에 에너지를 입력하는 재머를 사용하는 것이다. 이 방식은 주어진 재머 전력과 재밍 기하학에서 최대의 재밍 대 신호비(J/S)를 달성할 수 있다.

두 번째 방식은 적 수신기의 "디처프dechirped" 출력에서 적절한 J/S비를 만들기 위해 적절한 전력의 광대역 재밍 신호로 처프 범위의 전체 또는 일부를 재밍하는 것이다. 그림 7.9에서 볼 수 있듯이 처프 신호는 정보 대역폭과 처프된 주파수 범위의 비와 동일한 항재밍 이득을 갖는다.

정보 신호 변조의 특성에 따라 효과적인 부분 대역 재밍을 수행하는 것이 실용적일 수도 있다. 이 재밍 기술은 처프 범위의 일부에 재밍 전력을 집중하는데, 그럴 경우 재밍된 부분의 J/S비가 신호 정보를 전달하는 디지털 변조에서 높은 비율의 비트 오류를 유발하게 한다. 물론 부분 재밍하는 범위는 재머의 전력, 처프 송신기의 유효 방사 출력, 그리고 재밍되는 수신기에 대한 송신기와 재머의 상대적인 거리에 따라 달라진다. 일반적으로 부분 대역 재밍은 임의의 주어진 재머 전력과 재밍 기하학에 대해 최대의 통신 방해를 야기한다.

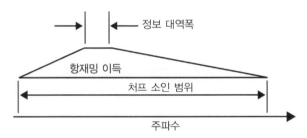

그림 7.9 재머가 신호의 처프 속도와 동기화되어 소인될 수 없는 경우 재머의 전력은 전체 소인 범위에 걸쳐 분산되어야 한다. 정보 대역폭에 대한 처프 범위의 비율이 항재밍 이득이다.

7.4 직접 시퀀스 확산 스펙트럼 신호

이 장에서 설명하는 확산 스펙트럼 신호의 마지막 주제는 직접 시퀀스direct sequence, DS이다. 이 유형의 신호는 넓은 주파수 범위에 걸쳐 빠르게 동조되기보다는 문자 그대로 주파수가 확산되기 때문에 확산 스펙트럼 신호의 정의에 가장 근접하게 충족한다. DS는 군사용과 민간용 분야에 모두 많이 적용되는데, 그 이유는 DS가 의도된 간섭과 의도되지 않은 간섭 모두로부터 보호할 수 있고, 아울러 주파수 대역의 다중 사용을 제공할 수 있기 때문이다.

7.4.1 주파수 대 시간 특성

DS 신호는 그림 7.10과 같이 지속적으로 넓은 주파수 범위를 차지한다. DS 신호 전력이 이 확장된 범위에 걸쳐 분산되기 때문에 신호의 정보 대역폭(즉, 확산되기 전의 대역폭) 내에서 전송되는 전력의 양은 확산 계수만큼 감소한다. 앞서 4장에서 임의의 수신기 대역폭에서 잡음 전력kTB의 양에 대한 공식을 제시하였는데, 일반적으로 DS 확산 스펙트럼 신호의 전력량은 이 잡음 전력량보다 적다. 실제로 그림 7.10은 직접 시퀀스 확산 스펙트럼 신호의 주파수 대 시간 커버리지를 단순화한 것이다. 주파수 스펙트럼은 실제로 신호가 전달하는 정보의 스펙트럼에 비해 매우 넓은 $sine(x)/x$ 곡선을 형성한다.

그림 7.10 직접 시퀀스 확산 스펙트럼 신호의 전송 전력은 기본 신호 변조보다 훨씬 더 큰 주파수 범위에 걸쳐 균일하게 확산된다.

7.4.2 저피탐 특성

DS 신호의 저피탐 특성은 신호를 수신하기에 충분히 넓은 비호환 수신기의 경우 너무 많은 kTB 잡음을 가지기 때문에 탐지되는 신호의 신호 대 잡음비가 매우 낮을 수밖에 없다는 사실에서 비롯된다. 이는 DS 신호가 "잡음 아래"에 있다는 것을 의미한다.

7.4.3 직접 시퀀스 확산 스펙트럼 송신기

그림 7.11은 DS 확산 스펙트럼 송신기의 일반적인 블록 다이어그램이다. 첫째, 변조를 통해 정보를 전달하는 신호를 생성한다. 이 신호는 전송된 정보를 전달하기에 충분한 대역폭을 가지고 있다. 따라서 "정보 대역폭" 신호라고 부른다. 그런 다음 변조된 신호는 높은 비트율의 디지털 신호로 두 번째 변조된다. 여러 위상 변조방식 중 하나가 이 두 번째 변조 단계에 사용된다. 디지털 변조 신호는 최대 정보 신호 주파수보다 한 자릿수 이상 높은

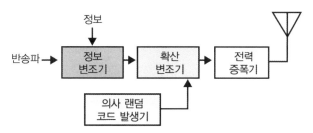

그림 7.11 직접 시퀀스 확산 스펙트럼 송신기는 의사 랜덤 디지털 신호를 이용하여 정보 신호를 변조한다. 의사 랜덤 디지털 신호는 정보를 전달하는 데 필요한 것보다 훨씬 높은 비트 전송률을 갖는다.

비트 전송률("칩 속도"라고 함)을 가지며, 의사 랜덤 비트 패턴을 갖는다. 변조의 의사랜덤 특성으로 인해 출력 신호의 주파수 스펙트럼이 넓은 주파수 범위에 고르게 퍼진다. 전력 분포 특성은 사용되는 위상 변조 유형에 따라 다르지만 유효 대역폭은 1을 칩 속도로 나눈 크기 정도이다.

7.4.4 DS 수신기

DS 확산 스펙트럼 신호 수신용으로 설계된 수신기에는 송신기에서 적용한 것과 동일한 의사 랜덤 신호를 적용하는 확산 복조기가 있다(그림 7.12 참조). 신호는 의사 랜덤이므로 임의 신호의 통계적 특성을 갖지만 재현이 가능하다. 동기화 프로세스는 수신기의 코드가 수신 신호의 코드와 위상이 일치하도록 하게 한다. 이 경우 수신된 신호는 다시 정보 대역폭으로 축소되어 송신기의 확산 변조기에 입력되었던 신호를 다시 생성해낸다.

암호화에 사용되는 의사 랜덤 코드가 제어되는 것처럼 군사적 응용에서 확산 코드도 철저하게 보호되기 때문에 DS 신호를 가로채려는 적군은 확산 신호를 해석할 수 없으며, 따라서 확산 전송에 따른 매우 낮은 전력 밀도를 처리해야만 한다.

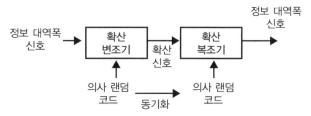

그림 7.12 확산 신호가 호환 수신기의 디지털 복조기를 통과하면 송신기에서 사용된 것과 동일한 의사 랜덤 코드를 사용하여 복조되고, 수신기 코드 발생기는 송신기의 코드 발생기와 동기화된다. 이렇게 하면 정보 대역폭 신호가 복원된다.

7.4.5 비확산 신호의 역확산

확산 복조기의 매우 유용한 특성은 올바른 코드를 포함하지 않는 신호들의 경우 그림 7.13에서 적절하게 코딩된 신호가 역확산되는 것과 동일한 비율로 확산된다는 것이다. 이 것은 DS 수신기에 의해 수신된 CW 신호(즉, 변조되지 않은 단일 주파수 송신기로부터의)가 주파수에서 확산되고, 따라서 원하는(역확산) 신호에 미치는 영향이 크게 감소함을 의미한다. 거의 모든 응용분야에서 발생하는 대부분의 간섭 신호는 대역폭이 좁기 때문에 DS 링크는 클러터 환경에서 우수한 통신을 제공할 수 있다. 그렇기 때문에 이 기술은 중요한 상업적 및 군사적 응용을 제공한다.

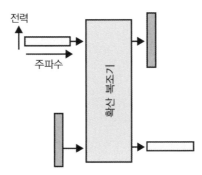

그림 7.13 확산 스펙트럼 신호의 주파수 스펙트럼을 다시 정보 대역폭으로 복원하는 동일한 프로세스에 의해 동기화되지 않은 모든 신호들은 동일한 비율로 확산된다.

DS 확산 스펙트럼을 사용하는 또 다른 이유는 코드 분할 다중 접속code division multiple access, CDMA을 통해 동일한 신호 스펙트럼의 다중 사용이 가능하기 때문이다. 이를 위해 상호 "직교orthogonal"하도록 설계된 코드 세트들이 존재한다. 즉, 임의의 이러한 두 코드 세트는 상호 상관 특성이 매우 낮다. 이 직교성은 dB 비율로 표현되며, 세트의 올바른 코드가 선택되지 않으면 판별기의 출력은 큰 dB만큼 감소하게 된다.

7.4.6 DS 신호의 탐지 방법

DS 확산 신호의 존재를 탐지하는 두 가지 기본적인 방법이 있다. 하나는 다양한 필터링 옵션을 사용한 에너지 탐지 방법이다(이것은 R. Dillard와 G. Dillard가 저술한 『Detectability of Spread Spectrum Signals』(Artech House, 1989)에서 잘 다루고 있다). 일반적으로 이렇게 하려면 수신된 신호가 매우 강해야 한다. 다른 접근 방식은 전송된 신호의 일부 특성을 활용하는 것이다. 2위상biphase 변조에는 탐지하기 쉬운 강한 2차 고조파가 있다. 이용할 수 있는 두 번째 특성은 확산 변조의 일정한 칩 속도이다. 탐지에 있어 신호 대 잡음비를 향상시키기 위해 수학적으로 칩 속도와 관련된 스펙트럼 선 주위에서 탐지 또는 처리를 매우 좁게 좁히는 것이 가능할 수 있다.

7.4.7 DS 신호의 해독 방법

모든 확산 스펙트럼 신호와 마찬가지로 DS 신호의 해독(즉, 전송된 정보를 복구하는 것이)은 매우 어렵다. 확산코드를 알고 있거나 부분적으로 알고 있다면 정교한 처리에 응용할 수 있다. 그렇지 않다면 광대역 디지털 수신기가 상당히 가까운 거리로부터 신호의 세그먼트를 수신하고, 변조를 복구하기 위하여 비실시간으로 다양한 코드를 적용해 볼 수 있다.

7.4.8 DS 송신기의 위치 파악 방법

다중 센서를 사용하는 모든 유형의 방향 탐지 접근 방식을 사용하여 DS 송신기를 찾을 수 있다. 그러나 그러한 센서들이 먼저 DS 신호를 탐지할 수 있어야만 한다. 그런 다음 각 센서에서 수신된 진폭, 위상 또는 주파수들이 에미터 위치 파악을 위해 처리될 수 있다. 일반적으로 DS 송신기의 위치 파악은 강한 신호가 수신된다면 매우 쉽지만 약한 신호라면 매우 복잡하게 된다.

7.4.9 DS 신호의 재밍 방법

DS 확산은 그림 7.14에서 볼 수 있듯이 대역폭 비율과 동일한 항재밍 이득을 제공한다. 따라서 재머가 확산 변조에 대한 중요한 정보를 가지고 있지 않는 한, 유일한 실용적인 접근 방식은 광대역 재밍을 사용하고 적의 수신기에 가깝게 재머를 배치하는 것이다. 이것

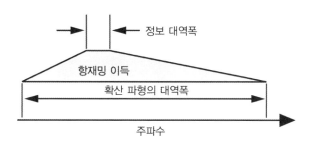

그림 7.14 확산 스펙트럼 신호를 재밍하기 위해서는 정보 대역폭에 대한 확산 대역폭의 비율로 비동기 신호들을 구별하는 역확산 과정 동안 충분한 재밍 에너지를 확보해야 한다.

은 최소한의 재머 전력으로 효과적인 재밍을 가능하게 하고, 수신기들이 재머 위치에서 훨씬 멀리 떨어져 있는 아군 통신을 보호할 수 있다.

7.5 기타 실제 고려 사항

LPI 신호의 위치 파악과 재밍 등 매우 까다로운 작업에 적용할 수 있는 몇 가지 중요한 새로운 기법들과 기술들이 있다.

7.5.1 확산 스펙트럼 신호의 주파수 점유율

주파수 도약은 일반적으로 전체의 연속 주파수 범위를 점유하지 않기 때문에 최신의 수신 및 분석 시스템들은 사용되는 주파수를 결정할 수 있다. 그림 7.15(독일 함부르크에 있는 C. Plath GmbH 회사에서 제공)는 이러한 시스템의 전형적인 출력을 보여준다. 점유된 도약 슬롯들에 집중함으로써 에미터의 위치 탐지와 재밍 시스템의 효율성을 높일 수 있다.

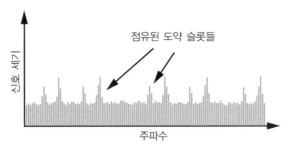

그림 7.15 주파수 도약 신호의 측정된 주파수 스펙트럼은 사용 중인 채널을 보여준다.

다른 유형을 갖는 LPI 신호들의 스펙트럼 점유도 동일한 유형의 시스템으로 결정될 수 있다. 그림 7.16(C. Plath에서 역시 제공)은 직접 시퀀스 확산 스펙트럼 신호의 주파수 스펙트럼을 보여준다. 물론 이 정보는 우리가 논의했던 확산 스펙트럼 유형들이 갖는 유효 "항재밍 이득"을 감소시킨다.

주파수 도약의 탐지와 항재밍 이득을 증가시키는 요인은 최신의 주파수 도약 무선기기들이 도약 슬롯을 매우 선택적으로 사용할 수 있다는 것이다. 이를 통해 의도하지 않은

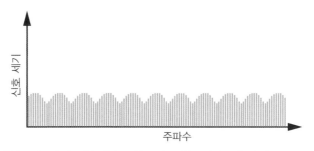

그림 7.16 직접 시퀀스 확산 스펙트럼 신호의 측정된 주파수 스펙트럼은 전력이 주파수에서 고르게 분포되지 않음을 보여준다.

간섭과 재밍을 회피할 수 있다.

오류 정정 코드 또한 다음의 소절에서 설명될 부분 대역 재밍과 같이 도약의 재밍 저항을 증가시킬 수 있다.

이러한 복잡함(및 그 이상) 없이 LPI 신호가 동작하는 방식을 고려하는 것부터 시작하는 것이 적절하지만, 실제 구현이 복잡하고 지속적으로 변경된다는 사실을 이해하지 못하면 오해하기 쉽다. 전자전 대부분의 측면과 마찬가지로, 이것은 통신기(또는 레이다)와 대응책 간의 매우 역동적인 경쟁이다.

7.5.2 부분 대역 재밍

부분 대역 재밍partial-band jamming은 주파수 도약 신호에 대해 재머의 성능을 최적화하는 재밍 기술이다. 주파수 도약 신호는 정보를 디지털 형식으로 전달한다. 디지털 신호를 재밍할 때의 목표는 송신기에서 수신기로 유용한 정보가 전송되지 않도록 충분한 비트 오류를 생성하는 것이다. 허용될 수 있는 비트 오류의 백분율은 전달되는 정보의 특성에 따라 다르다. 일부 유형의 정보(예: 원격 제어 명령)는 매우 낮은 비트 오류율이 요구되는 반면 음성 통신은 오류에 훨씬 더 관대하다. 또한 오류 정정 코드는 시스템을 비트 오류에 덜 취약하게 만들며, 따라서 시스템이 재밍에 덜 민감하도록 한다.

그림 7.17에서 볼 수 있듯이 디지털 수신기에 대한 신호 대 잡음비와 수신기의 디지털 출력에 존재하는 비트 오류율 사이에는 비선형 관계가 있다. 통신 이론 교과서에는 디지털 데이터를 전달하는 데 사용되는 변조 기술의 각 유형에 대해 하나씩 이러한 곡선군이 포함되어 있다. 그러나 모든 곡선은 이 일반적인 예에 표시된 기본 모양을 갖는다. 곡선의 상단은 약 50%의 비트 오류율에서 평평해진다. 생각해 보면 이것은 매우 논리적이다. 50% 오류율은 디지털 신호에서 얻을 수 있는 가장 큰 오류율이다. 만약 비트 오류율이 50% 이상

이면 출력은 전송된 메시지와 더 일관되게 된다. 모든 곡선은 약 0dB 신호 대 잡음비(즉, 신호 = 잡음)에서 이 50% 지점에 도달한다. 즉, 사용된 변조 유형에 관계없이 잡음 수준(또는 재밍 수준)이 수신 신호 수준과 같으면 재밍 수준이 증가해도 비트 오류율이 증가하지 않는다.

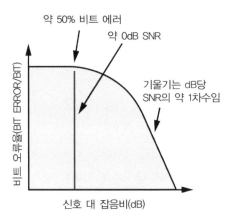

그림 7.17 디지털 수신기 출력의 비트 오류율은 수신기에 대한 대역 내 신호 대 잡음비(SNR)와 관련이 있다. 변조 유형마다 곡선이 다르지만 이 그래프가 일반적이다.

송신기 및 수신기 위치와 전송되는 유효 방사 출력ERP을 알고 있다고 가정하면 수신기에 도달하는 신호 전력을 계산할 수 있다. 그림 7.18은 통신 및 재밍 기하학을 보여주고 있다. 수신 안테나에 도달하는 신호의 세기(dB값 사용)에 대한 공식은 다음과 같다.

$$P_A = \text{ERP} - 32 - 20\log(d) - 20\log(F)$$

여기서, P_A(dBm)는 수신 안테나에 도달하는 신호 세기, ERP(dBm)는 송신 안테나의 유효

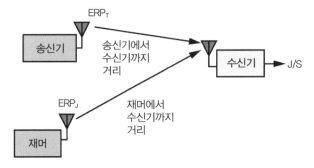

그림 7.18 부분 대역 재밍은 가능한 많은 채널들에 걸쳐 채널당 재밍 전력이 송신기로부터 수신한 신호의 세기와 동일하도록 함으로써 가용 재밍 전력을 최적화한다.

방사 출력, d(km)는 송신기와 수신기 사이의 거리, 그리고 F(MHz)는 전송 신호의 주파수이다.

위 내용에 기초하여 재밍 대 신호비(J/S)에 대한 방정식은 수신 안테나 빔이 무지향성인 경우 다음 공식으로 정의된다.

$$J/S = ERP_J - ERP_T - 20\log(d_J) + 20\log(d_T)$$

여기서, J/S(dB)는 재밍 대 신호비, ERP_J(dBm)는 재머의 ERP, ERP_T(dBm)는 송신기의 ERP를 나타낸다. d_J는 재머에서 수신기까지의 거리로서 km 단위를 가지며, d_T는 송신기에서 수신기까지의 거리로서 d_J와 동일한 단위를 갖는다.

이상적으로는 송신기가 도약하는 모든 채널에 걸쳐 충분한 재밍 전력을 전송하여 수신 안테나에서 재밍 신호의 전력이 원하는 신호의 전력과 동일하게 만든다(즉, J/S = 0dB).

재머가 전체 도약 범위에 걸쳐 J/S = 0dB를 제공할 수 있는 적절한 전력이 없다고 가정한다면 재밍 주파수를 좁힐 수 있다. 재밍된 각 채널의 J/S가 0dB이 될 때까지 재밍 전력을 더 적은 수의 채널에 집중함으로써 이러한 방식으로 "부분 대역 재밍"을 통해 재밍 효과를 최적화한다. 만일 0dB 미만의 J/S가 적절한 비트 오류율을 제공한다고 확신할 수 있도록 전송되는 신호의 구조에 대해 충분히 알고 있는 경우라면, 다른 재머 전력 분포가 최적의 결과를 제공할 수도 있다.

7.5.3 LPI 추가 연구를 위한 참고자료

다음의 자료들을 참고할 수 있다. McGraw-Hill에서 출판한 『확산 스펙트럼 통신 핸드북』(1,200페이지)이 있다. 또한 IEEE는 LPI 주제에 대한 많은 유용한 정보를 포함하는 매우 세세한(1,600페이지) 통신 핸드북을 출판했다. Wiley에서는 Robert Dixon의 『Spread Spectrum Systems with Commercial Applications』을 출판했다. 이것은 변조 파형과 탐지 및 방해책 기술의 세부 사항에 대한 훌륭한 정보를 가지고 있다. Don Torrerieri의 『Principles of Secure Communication Systems』는 Artech House에서 구할 수 있다. LPI 통신, 부분 대역 재밍, 다양한 방해책과 방해 방어책 기술의 효과에 대해 탁월한 커버리지를 제공한다. 이러한 서적 외에도 LPI 신호를 처리하도록 설계된 수신기 및 재머를 제조하는 대부분의 회사에서 제공하는 데이터 시트와 함께 유용한 튜토리얼 자료가 있다. JED에서 발행한 『EW Reference & Source Guide』가 매우 훌륭한 시작점이다.

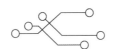

8장
에미터 위치 탐지

8장

에미터 위치 탐지

대부분의 전자전EW과 신호정보SIGINT 시스템은 적 신호원에 대한 위치를 탐지할 수 있는 능력이 요구된다. 이러한 능력을 방향 탐지direction finding, DF라고 부른다. DF의 사양은 필요한 위치 탐지의 정확도와 가정된 탐지 기하학에 기반하기 때문에 DF는 매우 중요한 개념이다.

8.1 에미터 위치 탐지의 역할

EW와 SIGINT 시스템은 다음의 표 8.1에 요약된 여러 가지 이유로 신호 에미터의 위치를 탐지한다. 많은 시스템에서 이러한 정보들이 다양한 방법으로 사용된다. 가장 높은 위치 탐지 정확도를 필요로 하는 용도가 시스템의 설계 방식을 결정한다. 표에서 제시된 정확도 값은 일반적인 값일 뿐이며, 특정 응용에 대한 요구 사항은 매우 다양하다. 예를 들어, 전자 전투 서열electronic order of battle, EOB을 결정하는 데 필요한 위치 탐지의 정확도는 전술 상황에 따라 다르며, 정밀 표적 위치 탐지 정확도는 표적을 공격하는 데 사용되는 무기의 유효 살상반경에 따라 달라진다.

대부분의 경우 절대 위치 탐지 정확도보다는 제시된 분해능이 더 중요하다. 분해능이란 DF 시스템이 작동 범위에서 서로 다른 에미터 수를 결정할 수 있는 정도를 말한다. 따라서 함께 배치된 에미터들을 식별해 내는 것은 EOB 개발에 중요한 요소이기 때문에, EOB를 위한 에미터 위치 탐지 정보를 수집하는 시스템은 충분한 분해능을 가져야 한다.

표 8.1 에미터 위치 탐지 목적에 따른 영향 및 효과

목적	영향 및 효과	필요한 정확도
전자 전투 서열(EOB)	특정 무기와 부대에 관련된 에미터 유형의 위치 탐지는 적의 전력, 배치 및 임무를 보여줌	중간 : ≈1km
무기 센서 위치 탐지 (자기보호)	위협 회피를 위해 재밍 전력이나 기동에 초점을 맞출 수 있게 함	낮음 : 일반각 및 거리 ≈5km
	다른 아군 전투원들의 위협 회피를 가능하게 함	중간 : ≈1km
적의 자산 위치 탐지	좁은 범위에 대한 정찰 탐색이나 유도 장치의 핸드오프를 허용	중간 : ≈5km
정밀 표적 위치 탐지	"재래식 폭탄"이나 대포에 의한 직접적인 공격을 가능하게 함	높음 : ≈100m
에미터 식별	식별 처리를 위한 위협 분리를 위해 위치별로 정렬할 수 있음	낮음 : 일반각 및 거리 ≈5km

주파수 도약과 지터 펄스 반복 주파수와 같이 매개변수를 변경하여 신호를 위장하는 방법의 사용이 증가함에 따라 DF 시스템에서 에미터 위치를 식별하는 능력이 더 중요해졌다. 개별 펄스 또는 통신 신호 도약을 위치별로 분류하는 것이 동일한 신호원에서 왔는지 확인하는 유일한 방법일 수 있으며, 이것이 충분한 데이터를 수집하여 위협 유형을 식별하는 유일한 방법일 수 있다.

에미터 위치를 측정하는 각각의 이유는 "DC에서 빛까지" 모든 주파수 범위에서 모든 유형의 전자기 복사기에 적용될 수 있기 때문이다. 하나의 접근 방식 또는 하나의 기술이 이러한 목표들 중 하나를 충족하는 데 더 적합할 수 있지만, 적절하게 명시되고 설계되면 대부분의 방법은 어떠한 목표라도 충족시킬 수 있다. 수집된 신호의 특성, 에미터 위치 탐지 시스템이 위치한 플랫폼, 그리고 예측되는 전술적 상황 등이 일반적으로 선택을 결정하는 요인이다.

8.2 에미터 위치 탐지 기하학

에미터 위치 탐지는 다음에 서술된 다섯 가지 기본 접근 방식 중 하나를 사용하여 수행된다.

● 삼각측량 : 삼각측량 기법은 이미 알려진 위치들로부터 시작되는 두 선의 교차점에 에미터를 위치시킨다. 그림 8.1은 이를 2차원으로 보여주며, 두 개의 선은 탐지 사이트 두 곳에서 신호를 수신하는 방위각이다. 에미터를 3차원에 위치시키기 위해서는 각 사이트에서 방위각과 고각이 측정되어야 한다. 에미터 위치가 세 개 방향선의 교차점에서 정의되도록 세 번째 탐지 사이트를 갖는 것이 매우 바람직하다. 한 방향선에서의 오차는 매우 큰 위치 탐지 오차를 유발할 수 있기 때문에 세 번째 방향선은 "온전성 검사(sanity check)"를 제공한다.

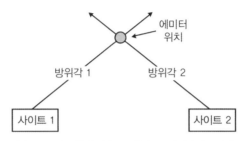

그림 8.1 삼각측량은 하나 이상의 사이트로부터 방향 측정을 수행한다. 두 방위각이 교차하는 곳이 에미터가 존재 가능한 위치이다.

● 각도 및 거리 : 그림 8.2와 같이 이 기법은 하나의 탐지 사이트만 필요하지만 각도와 거리를 모두 측정해야 한다. 대부분의 레이다는 능동 방사체로서 거리를 직접 측정하기 때문에 이러한 방식으로 표적을 찾지만, EW와 SIGINT 시스템은 거리를 수동적으로 측정해야 한다. 단일 사이트 로케이터single sight location, SSL 시스템은 HF(약 3~30MHz) 송신기까지의 거리를 결정하기 위해 이 접근 방식을 사용한다. HF 신호는 이온층에서 반사되기 때문에 반사된 신호가 수신되는 고각과 반사 지점에서의 이온층 상태("높이")를 측정하여 거리를 결정할 수 있다. 항공기의 레이다 경보 수신기는 수신된 신호 전력을 측정하고, 이미 알려진 전력으로 거리를 결정한다. 이는 사전에 알고 있는 방사

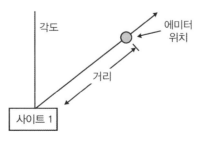

그림 8.2 각도 및 거리 기법에서 DF 시스템과 에미터 사이의 거리는 수신 신호의 세기로부터 도출된다.

전력이 수신 전력 수준까지 감소될 수 있는 전송 손실의 거리를 계산함으로써 구해진다. 두 접근 방식 모두 정확도가 낮다.

- 다중 거리 측정 : 이 기술은 이미 알려진 반경의 두 호의 교차점에서 에미터를 찾는다. EW와 SIGINT 시스템에서 실제 거리측정 위치 탐지 방식에는 두 가지 중요한 문제가 있다. 첫째로, 그림 8.3과 같이 두 개의 탐지 위치에서 만들어진 호는 두 지점에서 교차하므로 이 모호성을 해결하기 위한 기술이 필요하다. 둘째(일반적으로 훨씬 더 어려운), 적 송신기까지의 거리를 충분한 정확도를 가지면서 수동으로 측정하는 것은 어렵다. 도래 시간 차time difference of arrival, TDOA 에미터 위치 탐지 시스템(8.8절에서 자세히 설명)은 이 접근 방식을 변형하여 매우 정확한 위치를 제공한다.

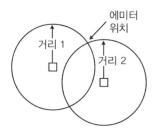

그림 8.3 다중 거리 측정은 두 호의 교차점에서 에미터를 찾는다. 호가 두 점에서 교차하므로 시스템은 어느 점이 에미터의 실제 위치인지 결정해야 한다. 또한, 각 호의 가장자리에서 중심까지의 거리를 결정하는 것은 종종 매우 어렵다.

- 두 각도 및 알려진 고각 차이 : DF 시스템과 송신기 사이의 고도 차이를 알 수 있을 때, 그림 8.4와 같이 에미터의 위치는 자신의 방위각과 고각 값을 이용하여 산출될 수 있다. 이러한 방법의 좋은 사례로는 관성항법장치를 장착한 항공기로부터 지상에 설치된 에미터 위치를 알아내는 것이다. 송신기의 고도는 탐지 시스템의 컴퓨터에 설치된 디지털 지도로부터 산출해 낼 수 있다.

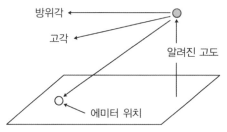

그림 8.4 시스템이 자체 플랫폼과 에미터 간의 고도 차이를 알고 있다면 방위각과 고각을 측정함으로써 송신기의 위치를 결정할 수 있다.

• 단일 이동형 탐지장비를 이용한 다중 각도 측정 : 그림 8.5에서 볼 수 있듯이 하나의 탐지장비는 다른 위치들에서 DF 측정을 수행함으로써 송신기의 위치를 결정할 수 있다. 그러나 정확한 위치를 결정하기 위해서는 대략 90° 간격으로 방향선이 필요하며, 이는 탐지장비가 표적과 최소거리의 약 1.4배 정도 이동해야 함을 의미한다. 이때 송신기는 공중에 정지상태로 있어야 한다. 원거리에 있는 에미터들의 경우, 이 시간은 항공용 탐지 장비에게조차 과도할 수 있다.

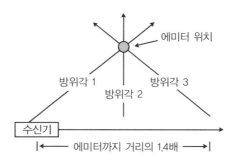

그림 8.5 이동형 탐지장비는 여러 번의 방향 측정을 할 수 있으며, 그러한 측정값들을 비교하여 고정형 에미터의 위치를 결정할 수 있다.

8.3 에미터 위치 탐지 정확도

에미터 위치 탐지 시스템의 정확도는 여러 가지 방법으로 표현되며, 사용되는 용어의 의미에 대한 혼동은 EW와 SIGINT 분야의 공급자 및 사용자 간에 가장 논란이 되고 있는 요인들 중 하나이다. 정확도란 일반적으로 측정 오류를 의미한다. 각도 측정 시스템(DF 시스템)에서는 각도 오차를 의미하는 반면, 거리 측정 시스템은 선형적인 오차를 의미한다. 가장 일반적인 정의들은 다음과 같다.

• RMSroot mean square 오차 : 시스템의 전반적인 유효 정확도를 차원 범위(일반적으로 도래 각이나 주파수)에서 표현하는 방식이다. DF 시스템의 RMS 도래각 오차를 얘기하는 것이 가장 쉽지만, 동일한 정의가 모든 송신기 위치 탐지 방법에도 적용될 수 있다. 각도 RMS 오차는 측정된 도래각이 실제 도래각과 비교될 수 있는 계측 시험 범위에서 측정된다. 많은 각도와 주파수에서 데이터를 측정한다. 그리고 각 데이터 점에서 측정

오차는 제곱된다. RMS 오차는 제곱 오차 값의 평균에 대한 제곱근이다. 하나의 주파수에서 모든 각도의 RMS 오차 또는 하나의 각도에서 모든 주파수의 RMS 오차를 보는 것이 일반적이다.

- 전역 RMS 오차 : 주파수와 도래각 범위 전체에 분포하는 많은 측정값들에 대한 RMS오차
- 피크 오차|peak error : 예상되거나 측정된 최대 개별 오차. 실제 에미터 위치 탐지 시스템에서는 일부 각도/주파수 지점에서 큰 오차가 측정되는데, 특히 최적이 아닌 사이트 위치에서 야전시험을 수행하는 동안 발생된다. 대부분의 각도와 주파수에서 측정된 오차가 매우 낮은 경우, RMS 오차는 피크 오차보다 상당히 낮을 수 있다.

8.3.1 탐지 기하학

삼각측량을 사용하는 에미터 위치 탐지 시스템에서 탐지 기하학은 중요한 고려사항이다. 그림 8.6과 같이 위치 탐지 정확도는 각도 측정 오차와 측정 대상 에미터까지 거리의 함수이다. 따라서 멀리 있는 DF 시스템은 훨씬 덜 정확한 시스템이 더 가까운 거리에서 달성할 수 있는 동일한 위치 탐지 정확도를 달성하기 위해 훨씬 더 높은 각도 정확도를 필요로 한다.

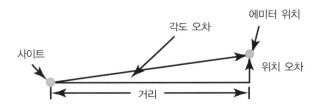

그림 8.6 DF 시스템에 생성된 위치 탐지 정확도는 각도 오차와 에미터까지의 거리에 따라 달라진다.

두 번째 정확도 이슈는 표적 송신기에 대한 탐지 사이트들의 상대적인 위치이다. 원형 공산오차circular error probable, CEP라는 용어는 에미터 위치 탐지 시스템의 위치 탐지 정확도를 설명하기 위해 자주 사용된다. CEP는 폭탄이나 포탄의 절반이 떨어질 것으로 예상되는 가상의 원의 반경을 가리키는 폭격 및 포병 용어이다. 에미터 위치 탐지에서는 그림 8.7과 같이 에미터로부터 ±RMS 오차 각도의 선들 사이 공간에 꼭 들어맞는 원을 의미하기 위해 종종 (잘못) 사용된다. 위치 탐지 원의 크기는 각도 오차와 표적 송신기로부터 탐지 사이트까지 거리의 함수이다. "CEP 원"이 원이 되려면 두 탐지 사이트 위치가 90° 떨어져 있어야

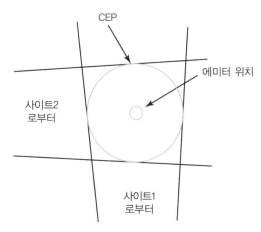

그림 8.7 "원형공산오차"는 두 개의 DF 사이트에서 각도 측정을 통해 제공되는 위치 탐지 정확도를 설명하는 일반적인 방법이다.

하며(표적 송신기 관점에서), 거의 동일한 거리에 있어야 한다. 만약 이들이 90°보다 작은 각도 차이로 위치한다면 그림 8.8에서 볼 수 있듯이 선 사이의 비대칭 영역은 타원형을 필요로 한다. 이러한 경우 타원에서 단축 방향보다는 장축 방향으로 위치 탐지 정확도가 매우 좋지 않게 되며, 이를 설명하기 위해 "타원공산오차elliptical error probable, EEP"라는 용어

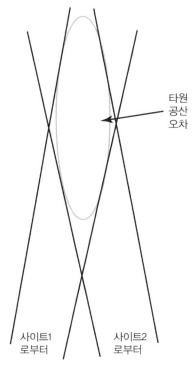

그림 8.8 "타원공산오차"는 두 개의 DF 사이트 위치가 최적이 아닐 때 위치 탐지 정확도의 비대칭성을 설명하는 일반적인 방법이다.

가 사용된다. 만약 사이트들이 90° 이상 떨어져 있거나 한 사이트가 표적에 매우 가까울 경우에도 동일한 대칭성 결여가 발생한다. 이렇게 덜 바람직한 탐지 환경에도 CEP라는 용어가 적용된다. CEP는 일반적으로 오차 타원의 짧은 반지름과 긴 반지름의 벡터 합으로 정의되며, 측정된 에미터 위치가 실제 에미터 위치에서 CEP 반경 내 들어갈 확률이 50%가 되도록 보정된다.

8.3.2 위치 탐지 정확도 버짓

어떤 유형의 에미터 위치 탐지 시스템이더라도 위치 탐지의 정확도는 측정 기술이 갖는 본질적인 정확도와 해당 시스템이 장착되어 배치되는 방식에 따라 다르게 된다. 달성된 위치 탐지 정확도는 각도 또는 거리 측정 데이터의 RMS 오차로 대개 제공된다(그림 8.9). 이는 다음 방정식으로 정의된다.

$$E_{RMS} = \sqrt{E_L^2 + E_I^2 + E_M^2 + E_R^2 + E_S^2}$$

여기서, E_L 은 탐지 사이트들의 위치 오차를, E_I 는 시스템의 계측 오차를, E_M 은 시스템 설치 오차를, E_R 은 기준 오차를, 그리고 E_S 는 사이트 오차를 나타낸다.

이 방정식은 각 오차의 원인이 독립적이고 합리적인 무작위 오차를 생성하는 경우, 시스템이 운용 중에 갖게 되는 위치 탐지 정확도를 상당히 잘 평가한다. 그러나 서로 다른 원인에서의 오차가 체계적으로 누적되거나 큰 최대 측정 오차가 보상되지 않은 상태로 남아 있으면 실제 운용 중에 위치 탐지 정확도가 저하된다.

- E_L 은 초기 에미터 위치 탐지 시스템에 중요한 문제였다. 그러나 저렴한 GPS 수신기를 사용할 수 있게 되면서 이 오차는 훨씬 더 다루기 쉬워졌다.
- E_I 는 종종 특정 에미터 위치 탐지 시스템의 정확도로 취급된다. 설치 및 사이트 오차에 비해 거의 항상 작다.
- E_M 은 일반적으로 세심한 교정을 통해 크게 줄일 수 있다.
- 각도 측정 시스템에서 E_R 은 일반적으로 방위각이 측정되는 북쪽 기준의 부정확성이다. 관성 항법 장비가 없는 소규모 플랫폼에서 이것은 중간 또는 높은 정확도 시스템

의 정확도를 제한하는 지배적인 요소가 될 수 있다. 매우 정확도가 높은 시스템에서 기준 오차는 시간 또는 주파수가 측정되는 기준 클럭에서 발생한다. GPS에서 사용할 수 있는 매우 좋은 시간/주파수 기준은 현대 시스템에서 이 문제를 감소시켰다.

- E_S는 일반적으로 지상 기반의 에미터 위치 탐지 시스템에서만 문제가 된다. 그것의 주요 원인은 근처의 지형이나 물체로부터의 다중 경로 반사이다. 사이트 교정은 고정 사이트의 정확도를 크게 향상시키지만 일반적으로 기동 시스템에서는 실용적이지 않다.

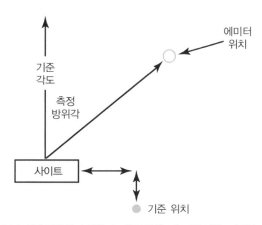

그림 8.9 실제 위치 탐지 정확도는 측정 정확도와 기준 정확도의 함수이다.

8.3.3 에미터 위치 탐지 기법

표 8.2는 EW 및 SIGINT 시스템에서 일반적으로 사용되는 에미터 위치 탐지 기법과 전형적인 응용 분야 및 성능 지수를 함께 보여준다.

표 8.2 에미터 위치 탐지 기법의 전형적인 성능과 응용 분야

기법	정확도	비용	감도	속도	전형적인 응용 분야
좁은 빔 안테나	높음	높음	높음	느림	정찰 및 해군 ESM
진폭 비교	낮음	낮음	낮음	매우 빠름	항공 레이다 경보 수신기
왓슨 와트 (Watson Watt) DF	중간	낮음	중간	빠름	고정식 및 지상 이동식 ESM
간섭계	높음	높음	높음	빠름	항공 및 지상 이동식 ESM
도플러	중간	낮음	중간	중간	고정식 및 지상 이동식 ESM
차동 도플러	매우 높음	높음	높음	빠름	정밀 위치 탐지 시스템
도래 시간 차 (TDOA)	매우 높음	높음	높음	중간	정밀 위치 탐지 시스템

이러한 각각의 기법과 실제 배치된 EW 및 SIGINT 시스템에서 이를 구현하는 것과 관련된 실제적인 문제는 이후 절에서 논의될 것이다.

8.3.4 보정

모든 유형의 에미터 위치 탐지 시스템의 정확도는 보정을 통해 개선될 수 있다. 이 프로세스는 제어된 상황에서 많은 양의 데이터를 수집하고, 테스트 송신기의 실제 위치에 대한 측정 오차를 결정하는 것을 포함한다. 도래각 측정 시스템의 경우 실제 각도 대 측정된 각도를 수집한다. 이 데이터는 주파수와 도래각에 따라 구성된 대형 컴퓨터 메모리 테이블에 저장된다. 도래각 이외의 측정 시스템의 경우 적절한 데이터가 수집 및 저장된다. 데이터를 저장하는 (더 정확한) 방법은 도래각을 계산하는 내부 데이터의 오차들을 기록하는 것이다.

그런 다음 시스템이 작동 중일 때 수집된 데이터는 보정 테이블에 대해 수정된다. 보정 테이블이 "유형"별로 구성되어 있다면 수집된 데이터는 해당 유형의 모든 에미터 위치 탐지(또는 방향 탐지) 시스템에 사용된다. 보정 테이블은 "시리얼 번호" 또는 "등록 번호"를 기준으로 구성될 수 있으며, 이 경우 각 개별 시스템에 대해 고유한 데이터 세트가 수집된다. 시리얼 번호에 의한 보정은 더 높은 정확도를 제공하지만, 시스템에 변경 사항이 있는 경우(예 : 중요 부품의 고장으로 교체가 필요한 경우) 더 이상 적용할 수 없다는 단점이 있다.

간섭계 기술에 대한 보정에 대해서는 8.5절에서 자세히 설명한다.

8.4 진폭 기반 에미터 위치 탐지

에미터 위치를 찾는 많은 방법 중 신호 진폭에서 위치를 유도하는 기술은 일반적으로 가장 정확하지 않은 것으로 간주된다. 일반적으로 이것은 사실이지만, 이러한 기술은 (일반적으로) 구현하기 가장 간단하다. 매우 짧은 지속 시간 신호에서도 성공적으로 작동할 수 있기 때문에 진폭 비교 기술은 EW 시스템에서 널리 사용된다. 그러나 더 정밀한 위치 탐지를 위해서 다른 기술과 결합되기도 한다. 이 절에서는 단일 지향성 안테나, 왓슨 와트 Watson-Watt 및 다중 안테나 진폭 비교의 세 가지 진폭 기반 기술에 대해 설명한다.

8.4.1 단일 지향성 안테나

개념적으로 가장 간단한 방향 탐지 기술은 단일 좁은 빔 안테나를 사용하는 것이다. 만약 안테나 빔에 하나의 에미터 신호만 들어오고 안테나의 방위각과 고각을 알고 있다면, 에미터까지의 방위각과 고각을 알 수 있게 된다. 에미터에 대한 방위각만 필요한 경우 부채 모양의 수신 안테나 빔을 사용할 수 있다. 그림 8.10은 일반적인 좁은 빔 안테나의 빔 패턴을 1차원으로 보여준다. 이것은 파라볼라 안테나 또는 위상 배열일 수 있다. 측엽과 후엽들은 일반적으로 "주빔main beam"에 비하여 이득이 크게 감소한다.

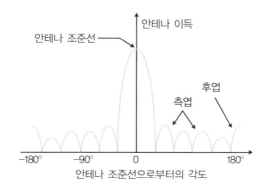

그림 8.10 좁은 빔 안테나의 이득은 조준선 근처에서 훨씬 크다. 다른 각도의 신호들은 상당히 감쇄된다.

많은 선박용 ES(이전의 ESM) 시스템에서는 끊임없이 회전하는 좁은 빔 안테나를 사용하여 최대 거리에서 새로운 위협 신호를 감지한다. 지향성 안테나 방식에는 많은 장점이 있다. 개별 신호를 분리하여 조밀한 신호 환경에서 정확한 DF 측정을 할 수 있다(다른 방식에서는 종종 문제가 되는 부분이다). 약한 신호에 대한 안테나 이득을 제공하며, 매우 정확할 수 있다. 그러나 이 기술은 일부 EW 응용 분야에서 두 가지 주요 문제가 있다. 짧은 기간 동안 존재하는 에미터를 찾는 경우 "스캔-온-스캔scan-on-scan" 문제가 상당히 심각하며, 높은 정확도를 제공하기 위해서는 대형 안테나가 필요하다. 스캔-온-스캔 문제에 대해 방향 정확도를 얻는 것과 시스템의 복잡성은 상호 직접적인 절충 관계를 갖는다(스캔-온-스캔 분석에 대해서는 5.3절에서 더 자세히 다루었다).

단일 지향성 안테나를 사용하여 에미터의 실제 위치를 결정하려면 일종의 거리 측정이 필요하다. 에미터의 방사 전력을 알고 있는 경우(종종 EW 위협 신호의 경우) 수신된 전력 수준에서 거리를 추정할 수 있다. 그렇지 않으면 다른 정보에서 거리를 결정해야 한다(예를 들어, 그림 8.4에 표시된 알려진 고도 차이 사용).

8.4.2 왓슨 와트 기술

1920년대에 로버트 왓슨 와트Robert Watson-Watt경에 의해 개발된 이 기술은 중간 가격의 지상 이동식 DF 시스템에 널리 사용되었다. 그림 8.11에 나타난 것처럼 만약 세 개의 다이폴 안테나가 별도의 세 개 수신기에 공급될 때, 양 끝의 두 개 안테나(1/4 파장의 거리를 두고 배치)와 중앙의 감지 안테나의 위상동기 합은 그림 8.12의 카디오이드 이득 패턴을 형성한다. 만약 바깥쪽의 두 안테나가 중앙의 감지 안테나에 대해 회전하면, 회전하는 카디오이드 패턴은 임의의 방위각 신호에 대한 방향 정보를 제공할 것이다. 실용적인 왓슨 와트 시스템에서는 그림 8.13과 같이 다수의 안테나들이 배열되고 바깥쪽의 안테나들 중 마주보고 있는 쌍의 안테나들이 순차적으로 두 개의 적절한 수신기에 연결되어 회전을 시뮬레이션한다. 안테나의 수가 많아질수록 DF의 정확성이 높아진다. 그러나 적절한 보정을

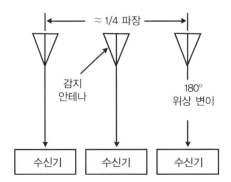

그림 8.11 왓슨 와트 기술은 중앙 감지 안테나와 약 1/4 파장 떨어진 두 개의 안테나를 사용한다.

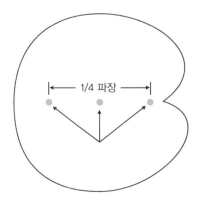

그림 8.12 기본적인 왓슨 와트 배열에서 3개의 안테나는 카디오이드 이득 패턴을 형성한다.

감지
안테나

그림 8.13 원형 다이폴 배열에서 서로 반대되는 안테나들은 순차적으로 왓슨 와트 수신기로 전환되어 회전을 시뮬레이션할 수 있다.

하면 4개의 안테나만으로도 적절한 결과를 얻을 수 있다.

더 단순화하면, 중앙의 감지 안테나의 기능은 바깥쪽 모든 안테나들의 합에 의해 제공될 수 있다. 이를 통해 안테나 마스트 주위에 대칭적으로 배치된 4개의 수직 다이폴의 단순 배열을 활용하여 왓슨 와트 원리를 이용할 수 있다. 이 장의 후반부에서 살펴보겠지만, 동일한 유형의 안테나 배열을 여러 다른 DF 기술에 사용될 수 있다(그러나 안테나들이 시스템에 연결되는 방식과 데이터가 처리되는 방식은 상당히 다르다).

8.4.3 다중 지향성 안테나

다중 지향성 안테나 기반 DF 방식은 어떤 유형의 EW 시스템에도 적용될 수 있지만 주로 레이다 경보 수신기RWR 시스템에 가장 보편적으로 사용된다. 이 방식은 일반적으로 매우 넓은 주파수 응답과 안정된 이득 대 조준각 특성을 갖는 4개 이상의 안테나로 구현된다. 높은 "전후방비front-to-back ratio"(즉, 안테나 조준선에서 90° 이상 떨어진 신호들을 거부하는 능력)도 매우 바람직하다. 이상적으로는 전력 이득(dB)이 각도에 비례하여 선형적으로 감소한다(그림 8.14 참조). 이득 특성이 이러한 이상에 가까운 (그리고 안테나 조준각에서 90°를 초과하는 대해서는 신호를 잘 거부하는) 캐비티형 스파이럴cavity-backed spirals 안테나가 대부분의 현대식 RWR에 사용된다.

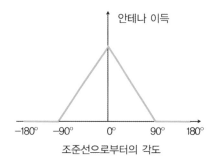

그림 8.14 이상적인 진폭 비교 DF 안테나의 전력 이득은 안테나의 조준선으로부터 90° 까지 선형적으로 변화한다.

에미터의 위치를 결정하는 방법을 이해하기 위해, 그림 8.15와 같이 신호가 도래하는 평면에 대해 서로 90°로 장착된 두 개의 캐비티형 스파이럴 안테나를 고려한다. 두 안테나의 이득 패턴은 극 좌표계로 표시된다. 각 안테나의 출력은 수신 전력을 측정하는 수신기로 전달된다. 그림에서 알 수 있듯이 1번 안테나에서 수신된 전력은 2번 안테나로부터 수신된 전력보다 상당히 크다. 그것은 도래 신호의 경로가 1번 안테나의 조준선에 더 가깝기 때문이다. 이제 벡터 다이어그램을 살펴보자. 두 안테나에 의해 수신된 신호의 벡터 합은 송신기를 향하며, 그것의 길이는 수신된 전력에 비례한다. 만약 도래방향이 두 안테나의 조준선 사이에 존재한다면(또한 두 안테나가 90° 떨어져 있다면), 도래방향과 수신 신호의 전력은 P1(안테나 1번으로 수신된 전력)과 P2(안테나 2번으로 수신된 전력)로부터 다음과 같이 쉽게 계산될 수 있다.

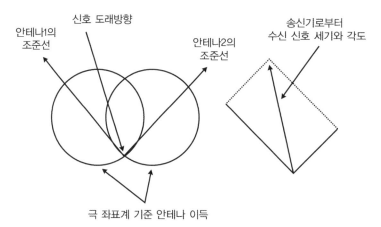

그림 8.15 서로 90°로 방향이 정렬된 두 선형 이득 안테나의 극좌표 표현은 에미터의 위치가 다중 안테나 진폭 비교로부터 어떻게 결정되는지 보여준다.

$$도래각(안테나\ 1\ 기준) = arc\ tan\ (P2/P1)$$

$$수신\ 신호\ 전력 = \sqrt{P1^2 + P2^2}$$

EW 위협 신호의 방사 전력은 일반적으로 알려져 있기 때문에, 수신된 전력을 통해 에미터까지의 대략적인 거리를 계산할 수 있으며, 이를 통해 전체 에미터의 위치를 결정할 수 있다.

그림 8.16과 같이 항공기 주위에 대칭적으로 4개의 안테나를 배치함으로써 360° 방위각 커버리지를 달성할 수 있다. 안테나의 높은 전후방비는 송신기가 하나의 안테나 조준선에 매우 가깝게 위치하지 않는 한, 오직 두 개의 안테나만이 송신기로부터 상당한 전력을 수신하는 것을 의미한다. 기체의 불규칙한 모양은 각 안테나의 이득 패턴을 왜곡시키므로 시스템 보정을 통해 합성 오차를 제거하지 않으면 DF 정확도가 감소될 수 있다. 그러나 이러한 유형의 시스템에서 거리와 방위각에 대해 높은 정확성을 달성하기 위해서는 매우 복잡한 보정 방식이 필요하므로, DF 정확도가 5~10° 이상 요구되는 경우에는 일반적으로 다른 DF 기술이 사용된다.

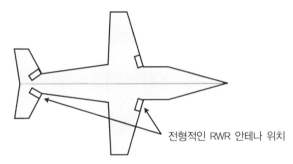

전형적인 RWR 안테나 위치

(실제 안테나들은 항공기 크기에 비해 상대적으로 매우 작다)

그림 8.16 항공기 주위에 대칭적으로 배치된 4개의 캐비티형 스파이럴 안테나는 360° 방향으로 즉각적인 에미터 위치 파악을 가능하게 한다.

8.5 간섭계 방향 탐지

긴섭계Interferometry는 DC로부터 빛보다 훨씬 높은 주파수까지 동작하는 에미터의 고정밀 위치 탐지에 가장 일반적으로 사용되는 기술이다. 간섭계 시스템은 보통 둘 이상의 DF 사이트에서 도래각AOA을 측정하여 에미터의 위치를 결정한다. 이런 기술을 사용하는 간섭계는 일반적으로 1° RMS 각도 측정의 정확도를 가진다. 간섭계 DF는 광범위하게 전자전 시스템에서 사용되지만, 레이다 및 통신 ES 시스템에 가장 일반적으로 사용된다.

8.5.1 기본 구성

간섭계의 기본 구성이 그림 8.17에 나와 있다. 주요 구성요소는 고정된 장소에 상대적으로 잘 배치된 두 개의 매칭 안테나이며, 이들은 두 개의 잘 매칭된 수신기로 전달된다. 각 수신기의 중간 주파수IF 출력은 두 신호의 상대적인 위상을 측정하는 위상 비교기로 전달된다. 이 상대 위상 각도는 처리기로 전달되어 두 안테나의 방향(베이스라인)에 대한 AOA를 계산한다. 대부분의 시스템에서 처리기는 베이스라인의 방향(진북 또는 실제 수평에 상대적인)에 대한 정보를 받아들여 에미터의 절대 방위각 또는 고각을 결정한다.

간섭계 DF 시스템을 구축하는 데 가장 큰 문제는 AOA 측정의 정확도가 두 수신기 출력 간의 위상차를 측정하는 정확도에 따라 결정되므로, 두 안테나와 수신기를 통한 전기적 경로의 길이를 가능한 동일하게 유지하는 것이다. 이를 위해서는 안테나, 수신기, 사전 증폭기 및 스위치를 통해 위상 비교기에 이르기까지 신호 세기와 온도에 관계없이 정확히 동일한 길이와 위상 응답을 가지는 케이블이 필요하다. 이것은 매우 어려운 작업이므로 대부분 배치된 간섭계 시스템들은 위상 불일치를 보정하기 위해 실시간 보정 방법을 사용한다. 예외적인 경우는 안테나와 모든 중요 구성품이 같은 상자에(크기가 크지 않은) 내장된 시스템의 경우이다. 다음 절에서 볼 수 있듯이 수신기가 안테나에서 멀리 떨어져 있어

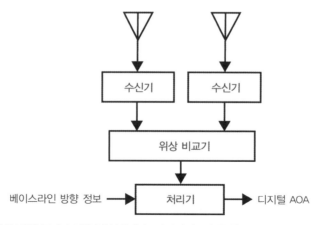

그림 8.17 기본 간섭계 시스템은 두 개의 정합된 수신 안테나로 수신된 신호의 위상을 비교하여 신호의 도래각을 결정한다. 수신 안테나들은 각각 정합된 두 개의 수신기에 연결되어 있다.

야 하는 시스템에서 회로의 중요한 부분을 안테나 가까이에 위치시키기 위한 몇 가지 흥미로운 방법들도 있다.

8.5.2 간섭계 삼각형

그림 8.18의 간섭계 삼각형은 간섭계 DF 시스템이 베이스라인을 형성하는 두 안테나에서의 신호 상대 위상을 통해 신호 도래각을 결정하는 방법을 설명한다. "베이스라인baseline"은 두 안테나의 전기적 중심을 연결한 선으로, 이는 서로 단단히 연결된다. 베이스라인의 길이는 B이며, 베이스라인에서 신호의 AOA는 베이스라인의 중심에서 수직선을 기준으로 한다. 핵심은 d값을 측정하는 것이다. AOA는 다음과 같이 계산된다.

$$AOA = \arcsin(d/B)$$

간섭계 원리를 이해하는 데는 신호의 "파면wavefront"이라 불리는 가상의 개념을 고려하는 것이 도움이 된다. 전자기파는 송신 안테나에서 방사형으로 전파된다. 기본 전자공학 교과서에서는 종종 연못에 돌을 던졌을 때 생기는 물결모양 동심원에 비유한다. "파면wavefront"은 전파가 송신기에서 멀어질 때 방사되는 파동에서 동일 위상을 갖는 점들을 연결하여 생성된다.

그림 8.18은 큰 원의 매우 작은 부분이기 때문에 파면을 직선으로 그린 것이다. 고정된 수신 안테나는 전파가 거의 빛의 속도로 진행하는 동안 정현파 형태로 변하는 수신 신호를 관측한다. 그림 8.19와 같이 수신 신호의 위상은 하나의 전체 파장이 수신 안테나를 통과할

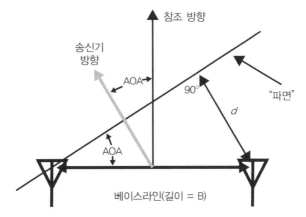

그림 8.18 간섭계는 간섭계 삼각형을 통해 베이스라인에 대한 도래각을 결정한다.

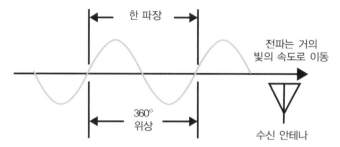

그림 8.19 신호는 대략 빛의 속도로 전파되며 한 파장이 수신 안테나를 통과할 때 위상이 360° 변한다.

때마다 360°만큼 변한다. 수신된 신호의 주파수를 측정함으로써 파장을 다음과 같이 계산할 수 있다.

$$\lambda = c/f$$

여기서, λ(m)는 파장이며, f(Hz)는 주파수를, c는 빛의 속도로서 3×10^8m/sec이다. d는 다음 식에 따라 계산된다.

$$d = (\phi \times c)/(360 \times f)$$

여기서, ϕ(°)는 두 안테나에 도달하는 신호의 상대적인 위상이다.

8.5.3 시스템 구성

대부분의 실제 DF 시스템에서 하나의 베이스라인으로는 충분하지 않다. 그 이유는 일반적으로 둘 이상의 서로 다른 방향의 베이스라인 또는 서로 다른 길이의 베이스라인으로 프로세스를 반복하면 모호성들을 해결할 수 있기 때문이다. 그러므로 전체 시스템 블록 다이어그램은 그림 8.20과 같다. 안테나의 전체 집합을 "안테나 배열"이라고 하며, 이것은 최적의 베이스라인 집합을 제공하도록 구성된다. 수신기로 스위칭되는 각각의 안테나 쌍은 위에 언급한 바와 같이 분석되는 베이스라인을 형성한다.

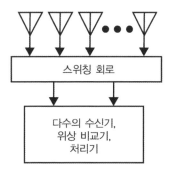

그림 8.20 전체 간섭계 DF 시스템은 여러 안테나를 포함하며, 여러 개의 베이스라인을 형성하기 위해 쌍을 이루어 간섭계로 스위칭된다.

그림 8.21은 마이크로파 레이다 송신기에 대한 방위각과 고도를 정확하게 측정하는 데에 사용할 수 있는 캐비티형 스파이럴 안테나의 배열을 보여준다. 수평으로 배열된 안테나는 방위각을 측정하고, 수직으로 배열된 안테나는 고각을 측정한다. 각각의 경우, 긴 베이스라인으로 스위칭되면 정확도는 높지만 모호성을 갖게 되고 그 모호성을 짧은 베이스라인으로 스위칭하여 해결한다.

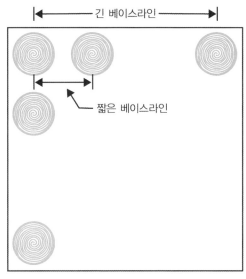

그림 8.21 고정밀, 광대역 그리고 넓은 방위각과 고각 범위를 제공하는 간섭계 방향 탐지 시스템을 위해 5개의 캐비티형 스파이럴이 배열될 수 있다.

그림 8.22는 VHF 또는 UHF용 DF 시스템에 적합한 수직 다이폴 안테나 배열을 보여준다. 이 경우, 4개의 안테나 중 임의의 쌍을 선택하여 6개의 베이스라인 중 하나를 형성할

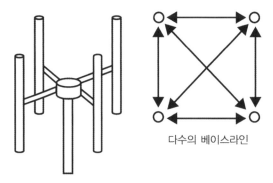

다수의 베이스라인

그림 8.22 4개의 수직 다이폴 안테나가 간섭계 방향 탐지 시스템을 위한 6개의 베이스라인을 형성할 수 있다.

수 있다. 대각선의 베이스라인은 측면 베이스라인보다 1.414배 더 길다.

8.6 간섭계 DF 구현

간섭계 DF 시스템 구현을 이해하기 위해서는 내재된 모호성들(그리고 모호성을 해결하는 방안)과 정확도를 제어하는 요소들(그리고 보정을 통해 정확도를 향상시키는 방법)을 고려해야 한다.

8.6.1 미러 이미지mirror image의 모호성

첫째, 간섭계는 단순히 베이스라인을 형성하는 두 개의 안테나에 도달하는 신호 간의 위상차를 측정한다는 것을 이해해야 한다. 간섭계는 이 정보를 도래각AOA으로 변환한다. 만약 베이스라인을 형성하는 안테나가 전방향 안테나라면, 그림 8.23에서 보여지는 원뿔의 어떤 방향에서 들어오는 신호들이라도 간섭계는 같은 AOA를 산출하기 때문에 같은 위상차를 가질 것이다. 송신원이 수평면 위나 근처에 있다면(지상기반 DF 시스템에서 흔한 상황), 모호성은 그림 8.24와 같이 줄어든다. 이제 가능성 있는 DOA는 수평면을 통과하는 콘에 두 개의 DOA로 좁혀진다. 부가 정보 없이 간섭계는 간단하게 두 개의 도래방향 중 무엇이 올바른 방향인지 판단할 수 없다. 만약 두 안테나가 높은 "전후방비"를 갖는 지향성 안테나라면 해결은 쉽다. 왜냐하면 이 경우 두 개의 안테나가 "볼" 수 있는 영역 안에 하나의 답이 있기 때문이다.

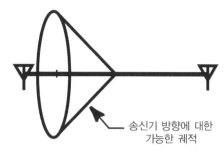

송신기 방향에 대한
가능한 궤적

그림 8.23 간섭계에 의해 결정된 도래각은 송신기로 향하는 가능한 방향들의 원뿔을 정의한다.

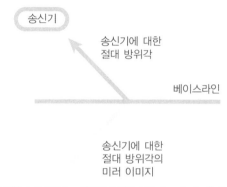

송신기

송신기에 대한
절대 방위각

베이스라인

송신기에 대한
절대 방위각의
미러 이미지

그림 8.24 그림 8.23의 원뿔과 수평면의 교차점은 측정된 신호의 도달 가능한 두 개의 방위각을 결정한다.

그림 8.25는 지향성 간섭계 시스템에 사용될 수도 있는 전형적인 안테나 배열 패턴을 보여준다. 간섭계의 원리는 오직 두 개의 안테나가 커버하는 영역에서 동작한다는 것을 명심하자. 그러나 이 원리는 안테나가 수신하는 신호 간의 위상차에서 동작하기 때문에, 송신기 방향의 안테나 이득 차이에서 기인하는 수신된 신호의 진폭 차는 2차 효과secondary effect를 가질 것이다.

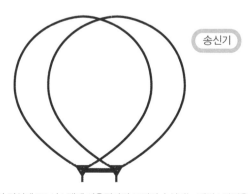

송신기

그림 8.25 지향성 배열 안테나가 간섭계 DF 시스템에 사용된다면 표적의 송신기는 베이스라인을 형성하는 두 개의 안테나의 패턴 안에 놓여 있다.

간섭계 DF 시스템이 수평면에서 몇 도 이상 떨어져 있는 신호를 처리해야 한다면(대부분의 항공기에 탑재된 시스템의 경우), 정확한 DOA를 제공하기 위해 방위각과 고각 모두 측정되어야 한다는 것은 분명하다. 여기에는 중요한 예외가 있다. 만약 알려져 있는 에미터가 항공기에서 상대적으로 멀고 지상 위나 근처에 위치하며, 항공기의 두 날개가 수평을 이룰 때 수신된 데이터만 시스템에서 고려된다면, 2차원 항공 시스템은 여전히 유용한 데이터를 제공할 수 있다.

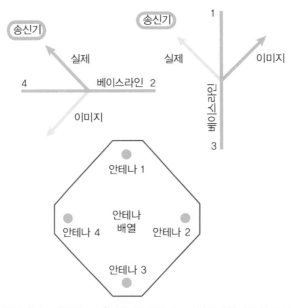

그림 8.26 두 개의 다른 지향성 베이스라인들은 360° 지상기반 간섭계 DF 시스템에서 미러 이미지 모호성을 해결할 수 있다.

8.6.2 긴 베이스라인에 의한 모호성

앞서 설명했듯이 간섭계는 두 개의 베이스라인 안테나에서 수신한 위상차를 측정하여 AOA를 결정한다. 이때 위상차와 AOA의 관계가 고려되어야 한다. 이것은 AOA와 신호의 주파수 및 베이스라인 길이의 함수이다. 신호의 파장(λ)은 광속(c)과 주파수(f)의 공식 $\lambda = c/f$에 의하여 결정된다. 그림 8.27은 기준 파장에 대한 베이스라인 길이와 시스템 "조준선"(베이스라인과 수직으로 정의)과의 상대적인 AOA에 따라 두 베이스라인 안테나에서 측정된 위상차를 나타낸다. AOA를 변경하기 위해 필요한 위상 변화가 더 많을수록(즉, 이 그래프의 곡선이 더 가파르게 나타날수록), DF 시스템의 정확도가 더 높아진다.

그림 8.27은 두 개의 중요한 일반화를 보여준다. 첫째, 간섭계 DF 시스템은 베이스라인

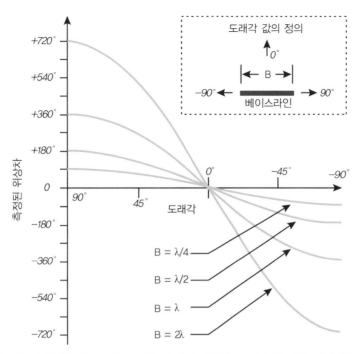

그림 8.27 간섭계 베이스라인을 형성하는 두 개의 안테나로 측정되는 위상차는 도래각과 수신 신호의 파장에 대한 베이스라인의 상대적인 길이에 따라 변한다.

에 거의 수직인 각도(그림에서 0°)에 대해 가장 높은 정확도를 제공하며, 베이스라인 끝부분 각도(그림에서 ± 90°)에 대해 가장 낮은 정확도를 제공한다. 둘째, 수신된 신호의 파장에 대한 베이스라인의 상대적인 길이가 길수록 정확도는 높아진다.

셋째로, 그림 8.27에는 더 미묘한 메시지가 있다. 베이스라인 길이가 파장의 절반보다 길어지면, AOA가 +90°에서 -90°로 이동함에 따라 위상차는 360° 이상으로 변한다. 간섭계는 두 안테나의 신호가 파의 동일한 주기에 있는지 알 수 없기 때문에, 간섭계는 매우 정확하지만 모호한 답을 제공한다. 이러한 모호성은 일반적으로 더 짧은 베이스라인으로 별도의 측정을 수행하여 해결된다.

8.6.3 보정

간섭계 안테나 배열이 모든 유형의 마스트mast, 지상 차량 또는 항공기에 장착되면 각 안테나에서 수신되는 신호는 표적 송신기의 직접파와 안테나 배열 근처의 모든 것에서 반사된 파의 조합이다. 반사파 경로는 직접적인 경로보다 더 길기 때문에 각각의 반사는 약간 지연되어 안테나에 도래하게 된다(이로 인해 다른 위상을 가진다). 다행히도 이 반사파 신호들은 직접적인 경로 신호보다 낮은 강도를 가지지만, 각 안테나에서 수신된 모든 신호들의 합은 직접파 신호의 위상과 다른 위상을 가지게 된다. 두 개의 베이스라인 안테나로 상대 위상을 측정할 때 직접파 신호만 수신하여 위상을 측정하는 경우와 차이가 존재한다. 이러한 위상 차이를 위상 오차phase error라고 하며, DF 시스템이 잘못된 AOA를 유도하게 한다. "측정된" AOA와 송신기에서 방향 탐지 세트까지의 가시선 벡터("실제" 각도라고 함)의 차이를 각도 오차angular error라고 한다.

시스템을 보정하기 위해 몇 도의 AOA마다, 그리고 몇 MHz의 주파수마다 DF 데이터 세트가 수집된다. 안테나 배열의 알려진 방향과 테스트 송신기 위치를 기반으로 "실제" 각도를 결정하는 방법이 사용된다. 그런 다음 각 AOA/주파수 조합마다 각도 오차가 측정되어 보정 테이블에 저장된다. 나중에 시스템이 알지 못하는 송신기의 방향을 측정할 때, 보정 테이블에 저장되어있는 점들 사이의 보간을 통하여 적절한 보정 계수가 계산된다.

간섭계 DF 시스템의 경우, 보정 테이블은 위에서 설명한 대로 각도 오차 데이터뿐만 아니라 각 측정 지점의 각 베이스라인에 대한 위상 오차도 포함될 수 있다. 이 경우, AOA가 계산되기 전에 위상 측정값이 보정된다. 대부분의 간섭계 DF 시스템은 여러 개의 베이스라인을 사용하기 때문에 위상 데이터를 저장하려면 훨씬 더 많은 컴퓨터 메모리가 필요하지만 이는 보다 정확한 결과를 가져다 준다.

8.7 도플러 원리를 이용한 방향 탐지

중간 가격대의 DF 시스템과 일부 정밀 에미터 위치 탐지 시스템은 신호의 도래방향을 결정하기 위해 수신 주파수의 변화를 측정하여 사용한다. 이것은 도플러 원리Doppler principle를 이용하여 측정된다.

8.7.1 도플러 원리

도플러 효과는 송신 주파수로부터 수신 신호의 주파수를 송신기와 수신기의 상대 속도에 비례하는 양만큼 변화시킨다. 주파수 변화는 양의 값(송신기와 수신기가 서로를 향해 다가갈 때) 또는 음의 값(송신기와 수신기가 멀어질 때)일 수 있다. 가장 간단한 경우로서

한 대상이 직접 다른 대상 쪽으로 움직일 때 도플러 효과는 다음과 같이 설명된다.

$$\triangle f = (v/c) \times f$$

여기서, $\triangle f$는 수신 주파수의 변화(도플러 편이)를, v는 이동하는 요소의 속도(즉 속도의 크기), c는 빛의 속도(3×10^8 m/sec), f는 송신 주파수를 의미한다.

송신기와 수신기가 서로 직접적으로 다가가거나 멀어지지 않을 때, 도플러 편이는 두 대상 사이의 거리 변화율에 비례하며, 이것은 다음과 같다.

$$\triangle f = ((V_T \times \cos\theta_T + V_R \times \cos\theta_R)/c) \times f$$

여기서, V_T는 송신기 속도, θ_T는 송신기의 속도 벡터와 송신기와 수신기 사이의 직선 경로 사이의 각도, V_R은 수신기 속도, θ_R는 수신기의 속도 벡터와 송신기와 수신기 사이의 직선 경로 사이의 각도를 말한다.

송신기나 수신기 중 하나만 움직이는 경우, 이 방정식은 다른 속도 항이 0이 되어 간단하게 표현된다.

8.7.2 도플러 기반 방향 탐지

가장 단순한 도플러 방향 탐지기가 그림 8.28에 나와 있다. 안테나 A는 고정되어 있고 안테나 B는 그 주위를 회전하고 있다. 각각의 안테나는 수신기에 연결되어 있으며, 안테나 B에서 수신된 주파수는 안테나 A에서 수신된 주파수와 비교된다. 그림 8.29는 각 회전마다

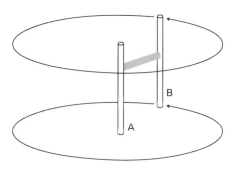

그림 8.28 도플러 DF 시스템은 고정 안테나 (A) 주위로 안테나 (B)가 회전하게 함으로써 형성할 수 있다.

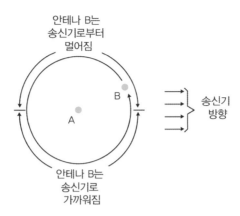

안테나 B는
송신기로부터
멀어짐

B

A

송신기
방향

안테나 B는
송신기로
가까워짐

그림 8.29 고정 안테나 (A)를 중심으로 회전하는 안테나 (B)와 송신기까지의 거리 변화율이 주기적으로 변화한다.

안테나 B의 속도 벡터 값이 360° 변하는 것을 보여준다. 안테나 B의 속도 성분 중 송신기쪽으로의 성분은 정현파 형태를 띠며, 그림에서 안테나 A의 바로 아래에 있을 때 양의 최고점을 나타낸다.

그림 8.30과 같이 어느 방향에서 수신된 신호는 주파수 값 차이(안테나 B 주파수 – 안테나 A 주파수)가 시간에 따라 변화한다. 안테나 B는 도플러 편이가 음수가 되는 시점에서 안테나 A와 송신기 사이를 통과한다. 움직이는 안테나의 위치는 DF 시스템이 알고 있기 때문에 이 영점 교차점의 시간을 신호의 도래각으로 쉽게 변환할 수 있다.

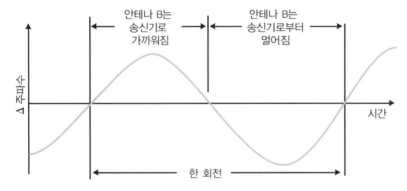

안테나 B는
송신기로
가까워짐

안테나 B는
송신기로부터
멀어짐

Δ 주파수

시간

한 회전

그림 8.30 도플러 효과는 안테나 B로부터 받은 신호의 주파수가 안테나 A로부터 받은 신호의 주파수에 상대적으로 사인파를 그리며 변화하게 만든다.

8.7.3 실제적인 도플러 방향 탐지 시스템

하나의 안테나를 다른 안테나 주위로 물리적으로 회전시키는 것은 분명히 기계적인 어려움이 있기 때문에 대부분의 도플러 DF 시스템은 중앙의 "감지sense" 안테나 주위에 여러 개의 안테나를 원형으로 배열하여 사용한다. 대부분의 유럽 공항에 착륙할 때 볼 수 있는 안테나 원형 배열은 항공기의 공대지 송신기를 수동으로 찾기 위해 사용하는 도플러 DF 배열이다.

외부 쪽 안테나들은 순차적으로 수신기로 전환하며 회전하는 안테나와 같은 효과를 만들어낸다. 일부 시스템에서는 모든 외부 안테나의 출력의 합을 "기준 입력"으로 사용하여 감지 안테나를 사용하지 않기도 한다. 많은 수의 외부 안테나가 더 정확한 답을 제공하는 경향이 있긴 하지만, 이 원리는 "원"에 3개의 안테나만 있어도 동작한다. 소수의 안테나만을 사용하는 경우, DF 정확도를 높이기 위해서는 수집한 DF 데이터에 상당한 보정 계수를 적용해야 한다.

8.7.4 차동 도플러

도플러 원리를 이용한 정밀 에미터 위치 탐지 시스템은 "차동 도플러differential Doppler" 시스템이다. 여러 넓은 간격으로 배치된 수신기 위치에서 동시에 도플러 편이를 측정하여 송신기의 위치를 결정한다. 이 접근 방법은 송신기나 수신기 그룹 중 하나가 움직이는 경우 구현될 수 있다. 물론 도플러 편이를 만들기 위해서는 움직임이 필요하다. 만약 송신기와 수신기 모두 상당한 속도를 가지고 있다면, 각각의 이동 요소가 도플러 편이에 영향을 주므로 계산이 복잡하게 된다.

EW에서 마주치는 일반적인 송신기 또는 수신기 속도에서 도플러 편이는 송신 주파수의 매우 낮은 비율을 차지한다. 두 신호가 믹서에 직접적으로 들어가는 경우("회전 안테나" 방식과 같이) 차이 주파수는 쉽게 생성된다. 그러나 수백 미터(또는 그 이상) 떨어진 곳에서 수신하는 신호의 주파수를 비교하려면 각 위치에서 주파수 측정을 매우 정확하게 할 필요가 있다. 이는 최근까지도 세슘 빔 주파수 표준을 필요로 하였으며, 따라서 차동 도플러의 응용이 상당히 제한되었다. 그러나 GPSglobal positioning system의 등장으로 편리한 GPS 수신기들이 동일한 주파수 표준을 제공하면서 정밀한 주파수 측정이 비교적 쉬워지게 되었다.

8.7.5 두 개의 이동 수신기를 이용한 위치 탐지

고정된 송신기의 위치 탐지를 위해 두 개의 이동 수신기를 사용하는 경우가 그림 8.31에 나타나 있다. 만약 정확한 송신 주파수를 안다면 각 수신기에서 측정된 주파수는 속도 벡터와 송신기 사이의 각도를 정의한다. 그러므로 만약 우리가 수신기의 속도 벡터(속력과 방향 모두)를 알고 있다면 송신기의 위치를 찾을 수 있게 된다. 이 그림은 모든 것이 평면에 있다고 가정한다. 3차원의 경우에는 동일 직선상에 있지 않은 3개의 수신기가 필요하다.

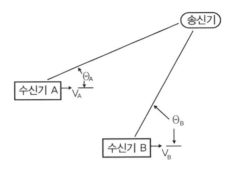

그림 8.31 고정 송신기로부터의 신호는 각 이동 수신기들에 의해 수신되며, 주파수는 속도 벡터와 송신기의 방향 사이의 각도, 그리고 수신기 속도의 함수이다.

EW에서 송신 주파수를 정확하게 아는 경우는 매우 드물다. 그러나 다행히도 수신된 두 주파수 사이의 차이만으로도 송신기 위치에 대한 유용한 정보를 알아낼 수 있다. 만약 두 수신기의 속도가 정확히 같다면, 그 차이 주파수는 속도 벡터와 송신기 방향 사이의 각도의 코사인 값 차이에 비례할 것이다. 이 기준을 충족하는 송신기 위치는 무한히 많을 수 있지만 모두 곡선(정확하게 정의 가능한)의 선상에 위치한다(그림 8.32 참조). 대부분의 경우 두 수신기의 속도는 약간 다른 속도를 가지므로 수학적으로 약간 까다롭지만, 가능한 모든 송신기 위치는 컴퓨터가 정의할 수 있는 곡선상에 위치한다(당신도 계산할 수 있지만, 아마도 계산을 마치기 전에 먼저 수명을 다할 것이다).

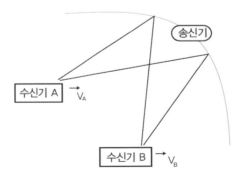

그림 8.32 두 개의 이동 수신기에 의해 측정된 주파수의 차이는 송신기 위치를 통과하는 곡선을 계산하는 데 사용될 수 있다.

송신기의 명확한 위치를 결정하려면 송신기가 해당 곡선의 어디에 있는지 알아내야 한다. 가장 일반적인 방법은 다른 수신기 쌍으로부터 독립적인 주파수 차이 측정을 수행하는 것이다(3개의 수신기는 2개의 독립된 쌍을 구성할 수 있다). 두 번째 수신기 쌍은 다른 곡선을 생성하며, 이는 첫 번째 곡선과 송신기의 위치에서 교차한다. 3차원에서의 위치 결정은 3개의 독립적인 수신기 쌍이 필요하다.

8.8 도래 시간 에미터 위치 탐지

정확한 에미터 위치 탐지가 필요한 경우, 도래 시간time of arrival, TOA 또는 도래 시간 차time difference of arrival, TDOA 기법이 종종 최선의 선택이다. 두 가지 기법 모두 신호가 약 3×10^8 m/sec인 빛의 속도(c)로 전파된다는 사실에 의존한다.

특정 시간에 송신기를 떠나는 신호는 송신기에서 수신기까지의 거리가 d일 때 d/c 시간 후에 수신기에 도래한다(예를 들어, d가 30km라면 신호는 송신기를 떠난 후 {$30,000 \div 3 \times 10^8$ sec} = 100μsec에 도래할 것이다). 따라서 도래 시간은 거리를 정의한다. 거리가 정의되는 정확도는 전송 시간의 정확성과 수신 시간 측정의 정확성에 따라 달라진다(신호는 nsec당 약 1ft를 이동한다). GPS 수신기는 매우 정확한 시간 기준을 출력하기 때문에, 몇 년 전에 비해 정밀한 TOA 측정이 (논리적으로) 훨씬 쉬워졌다.

알려진 위치에 두 개의 수신기를 놓고, 알려진 시간에 신호를 전송하고 각 수신 사이트에서 신호의 도래 시간을 정확하게 측정하면, 송신기의 위치는 두 수신기로부터 계산된 거리로 정의된다. 이는 송신기와 수신기가 동일한 평면상에 있는 경우에만 적용된다(예를 들어, 송신기와 수신기가 모두 가시선 내에 있고 거의 같은 고도에 있을 때). 자유 공간에서 두 거리는 원을 나타낸다(열쇠에 두 개의 줄을 묶어 각 손에 하나씩 들고 수직 원을 그리는 것을 상상해보라). 송신기가 지표면에 있다고 알려진 경우, 그 위치는 물론 해당 원이 지표면과 교차하는 두 지점 중 하나에 있다. 수신 안테나의 전후방비가 큰 경우, 두 지점 중 하나만 적용된다. 그렇지 않으면 두 개 이상의 TOA 베이스라인을 사용하여 "미러 이미지"의 모호성을 해결해야 한다.

8.8.1 도래 시간 시스템 구현

TOA 에미터 위치 탐지 시스템은 수신기 위치의 분리에 따라 두 가지 주요 방법이 있다. 베이스라인을 형성하는 두 수신기가 동일한 물리적인 구조물(예: 배열 또는 동일한 항공기의 다른 부분)에 장착된 경우 그림 8.33과 같이 시스템을 구현하는 것이 가능하다. 안테나, 수신기 및 케이블을 잘 매칭함으로써 도래하는 시간을 단일 프로세서에서 측정할 수 있다. 만약 내부 전송 시간들(tt)이 정확하게 같다면, 각 안테나에 도래하는 시간은 tt를 빼서 계산할 수 있고, 프로세서에 도래하는 시간의 차이는 안테나에 도래하는 시간의 차이와 정확히 같을 것이다.

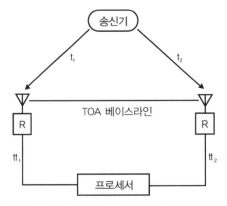

그림 8.33 두 수신기가 상당히 가까울 경우, 보정된 케이블을 사용하여 TOA 에미터 위치 탐지를 프로세서에서 구현할 수 있다.

실제적인 측면에서 제조 허용치, 온도 차이, 부품의 노후화 그리고 기타 환경적인 영향들이 일반적으로 각 수신 경로에 대해 안테나에서 프로세서까지의 전기적 거리에 대한 실시간 측정을 필요하게 만든다. 그런 다음 보정 계수를 적용할 수 있다.

만약 수신기가 멀리 떨어져 있는 경우(다른 항공기 또는 지상국에 있는 경우), 그림 8.34와 같은 구현 방법이 필요하다. 이 경우에는 각 수신기 위치에서 정밀한 시간 측정이 이루어지며, 이러한 시간 값은 계산을 수행하고 송신기의 위치를 찾는 프로세서로 전송된다.

8.8.2 도래 시간 차

TOA 접근 방법은 신호가 송신기를 출발한 시간을 알아야 한다(즉, 신호가 해독 가능한 시간 기준을 어느 정도 포함해야 한다). EW 응용 분야에서는 이러한 경우가 드물지만, 다행히도 신호가 두 개의 수신기에 도래하는 시간 차이를 통해 에미터 위치 탐지에 대한 정

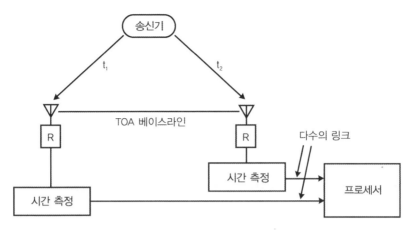

그림 8.34 넓은 간격으로 위치한 수신기가 있는 TOA 에미터 위치 탐지는 각 수신기 위치에서 정밀한 TOA 측정이 필요하다.

보를 결정할 수 있다. 모든 것이 한 평면에 있는 경우, 시간 차이는 송신기를 통과하는 곡선(수학적으로 정의 가능)을 정의한다(그림 8.35 참조). 이 곡선상에서 송신기의 위치를 결정하려면, 송신기 위치에서 첫 번째 곡선과 교차하는 곡선을 생성하기 위해 또 다른 TDOA 베이스라인(수신기 하나가 더 필요)을 사용해야 한다.

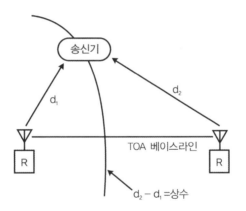

그림 8.35 두 수신기에 도래하는 도래 시간의 차이는 송신기 위치를 통과하는 선을 정의한다.

위에서 다룬 모든 TOA 구현 논의는 TDOA 처리방법에도 동일하게 적용된다. 단 각각의 경우 하나의 추가 수신기가 필요하다. 즉, 2차원의 에미터 위치 탐지에는 3개의 수신기(2개의 독립 베이스라인을 형성)가 필요하고, 3차원의 경우 동일하지 않은 평면상에 3개의 수신기(3개의 독립 베이스라인을 형성)가 필요하다. EW 응용 분야에서는 일반석으로 TDOA를 사용하기 때문에, 이어지는 논의에서는 TDOA에 초점을 맞출 것이다.

8.8.3 거리 모호성

만약 신호가 수신이 가능한 가장 먼 곳의 송신 지점(즉, 지평선)에서 수신기까지 이동하는 필요한 시간 동안 계속 반복되는 경우, 수신기는 어떠한 반복을 수신하고 있는지에 대해 알 수가 없으므로 거리의 모호성이 발생한다. 각 수신기는 가능한 반복마다 하나의 거리 값을 받게 되며, 따라서 위치 모호성의 수는 반복 횟수의 제곱이 될 것이다.

8.8.4 도래 시간 비교

TOA 또는 TDOA를 이용하여 변조되지 않은 CW 송신기의 위치를 찾는 것은 실용적이지 않다. 신호가 RF 주기마다 반드시 반복되기 때문이다(무한한 수의 모호성이 발생). 일반적으로 변조된 파형의 주파수는 RF보다 훨씬 낮기 때문에 변조의 반복 주기는 훨씬 느리다. 심지어 정보를 전달하는 신호에 대한 변조는 정보의 반복되지 않는 특성 때문에 더욱 덜 반복된다.

신호의 도래 시간을 측정하기 위해서는 신호의 변조에서 식별 가능한 시간 기준을 반드시 정의해야 한다. 이는 펄스 신호와 연속적으로 변조된 신호에 대해 다른 접근 방법을 요구한다.

8.8.5 펄스 신호

펄스 신호는 레이다의 기능인 시간 측정이 용이하도록 설계된 신호이다. 시간을 측정하는 가장 명확한 방법은 단순히 펄스의 리딩 에지leading edge 시간을 재는 것이다. 두 베이스라인 수신기에서 리딩 에지 도래 시간의 차이가 TDOA가 된다. 전형적인 EW 상황에서 리딩 에지는 직선도 아니고 깔끔하지 않을 수 있지만, 여전히 측정할 수 있는 펄스의 위치를 선택하기는 상대적으로 쉽다.

송신기로부터 방사되는 모든 펄스는 유사하게 나타나며, 펄스 반복 주기PRI마다 반복된다. 특정 펄스 코딩이 없다면, TOA 거리 측정은 펄스가 PRI 동안 이동하는 거리 내에서만 모호하지 않게 된다(예를 들어, 펄스 반복 주파수가 10,000 pulses/sec인 신호의 경우 30km). 정확도가 낮은 위치 탐지 시스템과 함께 고정밀 TDOA 시스템을 사용하는 경우, 덜 정확한 시스템이 모든 잘못된 위치 결과를 제거할 수 있다.

8.8.6 연속적으로 변조된 신호

진폭 변조된 신호는 고속 오실로스코프에서 볼 때 그림 8.36의 파형과 유사하게 나타난다. 그림의 신호 1과 2는 동일 신호의 짧은 구간인데, 송신기와 서로 다른 거리에 위치한 수신기에서 수신하였기 때문에 시간적으로 오프셋된다. 신호 1을 정확한 시간만큼 지연시키는 경우, 두 신호가 서로 중첩되게 된다. 이는 두 신호의 "상관관계"가 매우 높다는 것을 의미한다.

TDOA에서 각 수신기의 출력은 디지털화된다. 시간 태그가 붙은 디지털화된 신호 특성은 (데이터 링크를 통해) 프로세서로 전송된다. 실제로 프로세서는 하나의 신호를 다른 신호에 대해 시간에 따라 "슬라이드slide"하고, 가해진 지연 시간에 따른 두 신호의 상관관계를 측정한다.

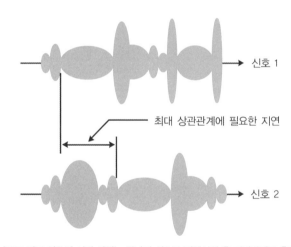

그림 8.36 아날로그 변조 신호의 시간 차이는 하나의 신호를 지연시킨 후 상관관계를 측정하여 결정된다.

9장
재밍

9장

재밍

모든 재밍jamming의 목적은 적에게 전자기 스펙트럼의 효과적인 사용을 방해하는 것이다. 스펙트럼의 사용은 한 지점에서 다른 지점으로 정보를 전송하는 것을 포함한다. 이 정보는 음성 또는 비음성 통신의 형태(예: 비디오 또는 디지털 형식), 원격 위치 자산을 제어하기 위한 명령 신호, 원격 위치 장비에서 전송되는 데이터, 아군 또는 적 자산(육상, 해상 또는 공중)의 위치 및 움직임의 형태를 취한다.

오랫동안 재밍은 전자 방해책ECM이라고 불렸지만, 현재는 대부분의 문헌에서 전자 공격 EA이라고 언급된다. EA는 또한 적의 자산을 물리적으로 손상시키기 위해 높은 수준의 복사 전력 또는 지향성 에너지를 사용하는 것을 포함한다. 재밍은 일시적으로 적의 자산을 무능화시키지만, 물리적 파괴를 하지 않기 때문에 때로는 "소프트 킬soft kill"이라고도 불린다.

재밍의 기본적인 기법은 간섭 신호를 원하는 신호와 함께 적 수신기에 송신하는 것이다. 수신기에서 간섭 신호가 매우 충분히 강해 적이 원하는 신호로부터 요구되는 정보를 복구할 수 없게 될 때 재밍은 효과적이다. 이것은 원하는 신호 내의 정보 내용이 재밍 신호의 힘에 압도되거나, 또는 결합된 신호(요구 신호와 재밍 신호)들을 가지고 신호처리기가 원하는 정보를 적절하게 추출하거나 사용할 수 없기 때문이다. 표 9.1은 다양한 유형의 재밍을 구분하는 몇 가지의 방법을 정의한다. 다음의 세부 절들에서는 재밍의 여러 하위 분류와 특정 기술들을 추가로 정의할 것이다.

재밍의 규칙 1. 재머 응용의 가장 기본적인 개념은 송신기가 아니라 수신기를 방해하는 것이다. 재밍 상황에 대한 평가는 종종 모호하고 실수를 저지르기 쉬우므로, 효과적인 재밍을 위해서는 재머가 적의 수신기에 관련된 안테나, 입력 필터 및 처리 게이트를 통해 재밍신호를 입력시켜야 한다는 것으로 기억해야 한다. 바꾸어 말하자면 재밍 효과는 수신기의 방향으로 재머가 보내는 신호의 강도, 재머와 수신기 사이의 거리 및 전파 조건에 의존한다.

표 9.1 재밍의 유형

재밍 유형	목 적
통신 재밍	적이 통신회선을 사용하여 정보를 전달하는 것을 재밍
레이다 재밍	레이다가 표적 획득에 실패하도록 하거나 표적 추적을 정지, 또는 잘못된 정보를 출력하도록 재밍
커버 재밍	원하는 신호의 품질을 저하시켜 신호를 제대로 처리할 수 없거나 신호가 전달하는 정보를 복구할 수 없도록 재밍
기만 재밍	레이다가 표적에 대한 부정확한 거리 또는 각도를 나타내기 위해 반송 신호를 부적절하게 처리하도록 재밍
디코이	실제 표적보다 더 표적처럼 보이게 해서 유도 무기가 의도된 표적이 아닌 디코이를 공격하도록 유도

9.1 재밍 분류

재밍은 일반적으로 네 가지 방식으로 분류된다. 신호 유형(통신 대 레이다), 표적 수신기를 공격하는 방식(커버 대 기만), 재밍의 위치 관계에 의한 분류(자기 보호 대 스탠드 오프), 그리고 우군 자산을 보호하는 방식(디코이 대 고전적인 재머)이다.

9.1.1 통신 재밍 대 레이다 재밍

통신 재밍communication jamming, COMJAM은 통신 신호에 대한 재밍이다. 일반적으로 통신 재밍은 잡음 변조 커버 재밍을 사용한 전술 HF, VHF 및 UHF 신호들의 재밍으로 간주되지만, 두 지점 간의 마이크로파 통신 링크 재밍, 또는 원격 자산들과의 명령과 데이터 링크에 대한 재밍도 의미한다.

그림 9.1과 같이 적의 통신 링크는 송신기XMTR에서 수신기RCVR로 신호를 전달한다. 재머 JMR도 수신 안테나에 대하여 방해 신호를 전송하지만, 재머는 안테나 이득의 단점을 극복할 수 있는 충분한 전력을 가지고 있다(수신 안테나가 좁은 빔을 갖고 송신기를 지향하는

경우). 아울러 재머는 요구되는 정보의 품질을 사용할 수 없는 수준으로 낮추기에 충분한 전력으로 적의 운용자 또는 프로세서에 주입된다.

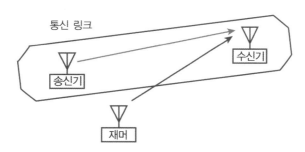

그림 9.1 통신 재밍은 원하는 신호에서 정보를 복구하는 수신기의 기능을 방해한다.

고전적인 레이다는 송신기와 수신기를 모두 가지고 있고, 동일한 지향성 안테나를 사용한다. 레이다 수신기는 레이다 송신기에서 조사된 신호가 물체로부터 반사되는 신호를 매우 잘 수신하도록 설계된다. 반사신호 분석 때문에 지상, 해상 또는 항공 자산의 위치와 속도를 결정하고 추적이 가능하도록 하며, 우호적(예: 항공 교통관제) 또는 비우호적(예: 유도 미사일 또는 포에 의한 공격) 목적으로 활용된다. 레이다 재머는 레이다가 목표물의 위치를 파악하거나 추적하는 것을 거부하기 위하여 커버 또는 기만 신호를 만들어낸다(그림 9.2 참조).

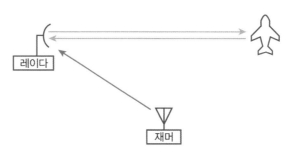

그림 9.2 레이다 재밍은 커버 재밍이나 기만 재밍이 가능하고, 반사신호로부터 표적 정보를 추출하려고 하는 레이다의 능력을 방해한다.

9.1.2 커버 재밍 대 기만 재밍

커버 재밍cover jamming은 적의 송신기로 고출력 신호를 전송한다. 잡음 변조를 사용하면 적으로 하여금 재밍이 일어나고 있는지 인지하는 것을 더욱 어렵게 한다. 이는 적이 적절한 품질을 가진 원하는 신호를 수신할 수 없을 정도로 적의 신호 대 잡음비SNR를 감소시킨다. 그림 9.3은 반사신호와 이를 숨기기에 충분한 잡음에 의한 커버 재밍 상황을 레이다 평면위치표시장치plan position indicator, PPI 스코프 화면에 보여주는 것이다. 이상적으로 재밍은 훈련된 운용자가 신호 존재의 탐지를 불가능하게 할 정도로 충분히 강해야 한다. 그러나 만일 수신기에 그 정도의 전력을 가하는 것이 불가능하다면(또는 비실용적이라면), 자동 추적을 수행할 수 없도록 SNR을 충분히 줄이는 것으로도 적절할 수 있다(자동 처리는 일반적으로 훈련된 운용자가 신호를 탐지하고 수동으로 추적하는 데 필요로 하는 SNR보다 훨씬 높은 값을 요구한다).

그림 9.3 커버 재밍은 레이다 반사파를 수신기/처리장치로부터 보이지 않게 한다.

기만 재밍deceptive jamming은 그림 9.4에 표시한 바와 같이 요구되는 신호와 재밍 신호의 조합으로부터 레이다가 잘못된 결론을 끌어내도록 만드는 것이다. 일반적으로, 이러한 재밍은 표적까지의 거리, 각도 및 속도 측면에서 표적으로부터 레이다를 혼란케 한다. 기만 재밍에서 레이다는 분명히 유효한 반사신호를 수신하며, 자신이 유효한 표적을 추적하고 있다고 "생각하게" 한다.

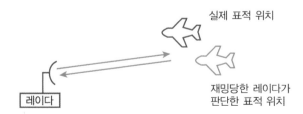

그림 9.4 기만 재밍은 표적의 위치와 속도에 대해 잘못된 정보를 생성하도록 레이다의 프로세싱을 방해한다.

9.1.3 자체 보호 재밍 대 스탠드 오프 재밍

자체 보호 재밍self-protection jamming과 스탠드 오프 재밍stand-off jamming을 그림 9.5에 표시하였다. 둘 다 일반적으로 레이다 재밍으로 분류되지만, 우군 자산을 보호하기 위해 적용하는 어떤 형태의 재밍이라도 될 수 있다(예를 들면, 공격을 조정하기 위해 사용되는 통신망에 대한 재밍). 자체 보호 재밍은 탐지 또는 추적되고 있는 플랫폼에 탑재된 재머에서 신호를 발생한다. 스탠드 오프 재밍은 다른 플랫폼을 보호하기 위해 하나의 플랫폼에서 재밍 신호를 발생시킨다. 일반적으로, 보호해야 할 플랫폼은 위협의 살상거리 내에 있고, 스탠드 오프 재머는 그 위협의 살상거리 밖에서 재밍을 수행한다.

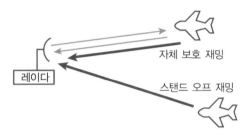

그림 9.5 자체 보호 재밍은 레이다 표적이 되는 플랫폼에 탑재된 재머를 통해 이루어진다. 스탠드 오프 재밍은 표적이 되는 플랫폼을 방호하기 위하여 별도의 플랫폼에 탑재된 고출력 재머가 실시한다.

9.1.4 디코이

디코이decoy는 보호하는 플랫폼보다 더욱 실제처럼 보이도록(적 레이다에) 설계된 특수한 종류의 재머이다. 다른 유형의 재머들과 차이점은 디코이의 경우 표적을 추적하는 레이다들의 동작을 방해하는 것이 아니라, 오히려 그런 레이다의 주의를 끌어서 디코이를 포착하고 공격하거나 추적점을 디코이 쪽으로 이전하도록 하는 것이다.

9.2 재밍 대 신호비

재머의 효과는 재밍 대상인 적 수신기와의 관계에서만 계산될 수 있다(송신기가 아니라 수신기를 재밍한다는 것을 기억하자). 이것을 논할 때 그 효과를 설명하는 가장 일반적인 방법은 실효 재머 전력(즉, 수신기의 핵심부에 도달하는 재밍 신호 전력)과 수신 신호 전력

(수신기가 정말 수신하기를 원하는 신호)에 대한 비율을 활용하는 것이다. 이것을 재밍 대 신호비jamming-to-signal ratio, J/S라고 한다.

J/S에 대해 정확하게 설명하자면 이런 직관적인 설명은 많은 경우에 있어서 수정될 필요가 있지만(이 중 가장 중요한 것은 나중에 다룰 것이다), 모든 것은 아래에서 설명될 원칙에 기초한다. 이 논의에 사용된 dB 형식의 계산식에는 수리적인 "보정상수fudge factor(예를 들어 32)"가 포함되어 있다. 이것에 의해 물리 법칙 상수의 영향을 포함하여 가장 실용적인 단위로 직접적인 해를 얻을 수 있다. 여기서 기술되는 모든 거리는 km, 주파수는 MHz, 레이다 단면적RCS은 m² 단위를 사용한다.

9.2.1 수신 신호 전력

먼저, J/S의 신호 부분을 고려해 보자. 송신기에서 수신기로 송신되는 단방향의 경우(그림 9.6과 같이), 수신기 입력에 도달하는 신호의 전력 레벨은 다음과 같이 주어진다(모두 dB값이다).

$$S = P_T + G_T - 32 - 20\log(F) - 20\log(D_S) + G_R$$

여기서, P_T(dBm)는 송신기 전력, G_T(dB)는 송신 안테나의 이득, F(MHz)는 전송 주파수, D_S(km)는 송신기에서 수신기까지의 거리, 그리고 G_R(dB)은 수신 안테나 이득이다.

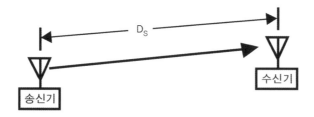

그림 9.6 송신 신호가 수신기 입력에 도착할 때 신호의 세기는 송신기 전력, 송수신 안테나 이득, 그리고 주파수와 링크 거리에 의해 결정되는 링크 손실에 따라 결정된다.

레이다 신호의 경우(그림 9.7과 같이), 송수신기는 일반적으로 결합되어 있고 동일한 안테나를 사용하므로 신호는 앞의 2장에서 도출된 방정식(다시 말하지만, 모두 dB값임)에 의해 정의된 전력 레벨로 수신기에 도착하며 다음과 같이 정의된다.

$$S = P_T + 2G_{T/R} - 103 - 20\log(F) - 40\log(D_T) + 10\log(\sigma)$$

여기서, P_T(dBm)는 송신기 전력, $G_{T/R}$(dB)는 송수신 안테나 이득, F(MHz)는 전송 주파수(MHz), D_T(km)는 레이다에서 표적까지의 거리, σ(m^2)는 표적의 레이다 단면적이다.

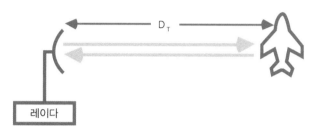

그림 9.7 수신기에 도달하는 레이다 신호의 세기는 2배의 안테나 이득, 표적까지의 왕복 거리, 신호 주파수 그리고 레이다 단면적에 의해 결정된다.

9.2.2 수신 재밍 전력

재밍 신호는 특성상 단방향 송신이다(그림 9.8). 일반적으로 재밍 신호의 성능은 대상이 통신용 수신기이든 레이다 수신기이든 동일하다. 재밍 신호를 수신기가 수신하는 방법은 두 가지 면에서 원하는 신호와 다르다. 첫째, 수신기에 전방향 안테나가 없는 한 안테나 이득은 안테나가 신호를 수신하는 방위각 또는 고도의 함수에 따라 달라진다. 따라서 재밍 신호와 원하는 신호가 동일한 방향에서 도래하지 않는 한 서로 다른 수신 안테나 이득(그림 9.9)을 경험할 것이다. 둘째, 요구되는 전송 신호의 정확한 주파수를 측정하거나 예측할 수 없기 때문에 재밍신호는 보통 재밍하고자 하는 신호의 주파수보다 훨씬 더 넓은 주파수가 필요하다. J/S를 예측할 때는 수신기의 동작 대역폭 내에 속하는 재밍 신호 전력의 일부만 고려하는 것이 중요하다. 이러한 두 가지 이해를 바탕으로 수신기 입력에 도달하는 재밍 전력은 다음의 방정식(dB)으로 정의된다.

$$J = P_J + G_J - 32 - 20\log(F) - 20\log(D_J) + G_{RJ}$$

여기서, P_J(dBm)는 재머 송신전력(수신기 대역폭 내), G_J(dB)는 재머 안테나 이득, F(MHz)는 전송 주파수, D_J(km)는 재머에서 수신기까지의 거리, G_{RJ}(dB)는 재머 방향으로의 수신 안테나 이득을 의미한다.

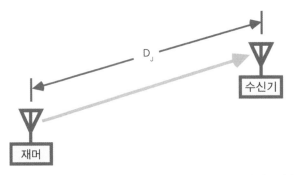

그림 9.8 수신기 입력에 도달하는 재밍 신호의 세기는 송신전력, 재머 안테나 이득, 주파수 및 링크 거리와 관련된 링크 손실, 그리고 재머 방향에 대한 수신 안테나의 이득에 의해 결정된다.

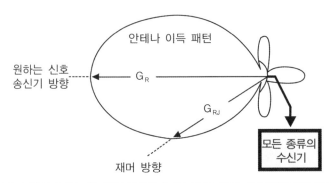

그림 9.9 수신 안테나가 전방향성이 아닐 경우 재밍 신호 방향에 대한 이득은 원하는 신호 방향으로의 이득과 다르다(통상 작다).

9.2.3 재밍 대 신호비

그림 9.10에 나타난 바와 같이 J/S는 원하는 신호의 세기에 대한 재밍 신호의 세기(수신기 대역폭 내)의 비율이다. dB 단위를 사용할 경우 이 그림의 세로 눈금은 선형이 된다. 물론, 수신기 대역폭은 이상적인 크기이며 원하는 신호에 맞춰 조정되어 있다고 가정한다. 위의 공식들로부터 J/S 공식의 산출은 다음과 같다. J와 S는 모두 dB로 표현되기 때문에 이들의 전력비는 단순히 dB값 사이의 차이다. 단방향 신호 전송의 경우(주로 통신 재밍을 고려할 때 적용 가능) dB 단위의 J/S는 다음과 같다.

$$
\begin{aligned}
\mathrm{J/S(dB)} &= J - S \\
&= P_J + G_J - 32 - 20\log(F) - 20\log(D_J) + G_{RJ} \\
&\quad - [P_T + G_T - 32 - 20\log(F) - 20\log(D_S) + G_R] \\
&= P_J - P_T + G_J - G_T - 20\log(D_J) + 20\log(D_S) + G_{RJ} - G_R
\end{aligned}
$$

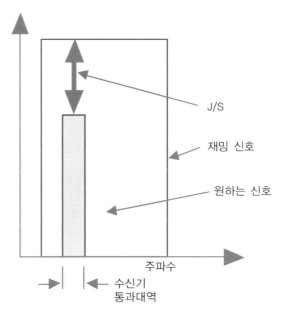

J/S

재밍 신호

원하는 신호

주파수

수신기
통과대역

그림 9.10 재밍 대 신호비를 간단히 말하면 수신기의 주파수 통과대역 내 두 수신 신호의 전력비이다.

하나의 예로 재머의 송신전력이 100W(+50dBm)이고, 안테나 이득이 10dB, 수신기로부터 거리가 30km인 상황을 고려해 보자. 원하는 신호의 송신기는 수신기에서 10km, 송신 전력은 1W(+30dBm), 안테나 이득은 3dB, 수신기의 안테나는 원하는 신호와 재밍 신호 모두 3dB의 이득을 제공한다면 J/S는 다음과 같이 계산된다.

$$
\begin{aligned}
\text{J/S} = \ & +50\text{dBm} - 30\text{dBm} + 10\text{dB} - 3\text{dB} - 20\log(30) + 20\log(10) + 3\text{dB} - 3\text{dB} \\
= \ & 17\text{dB}
\end{aligned}
$$

레이다에 대해 동작하는 재머의 경우 공식은 다음과 같다.

$$
\begin{aligned}
\text{J/S(dB)} = \ & J - S \\
= \ & P_J + G_J - 32 - 20\log(F) - 20\log(D_J) + G_{RJ} \\
& - [P_T + 2G_{T/R} - 103 - 20\log(F) - 40\log(D_T) + 10\log(\sigma)] \\
= \ & 71 + P_J - P_T + G_J - 2G_{T/R} + G_{RJ} - 20\log(D_J) + 40\log(D_T) - 10\log(\sigma)
\end{aligned}
$$

레이다의 송신전력이 1kW(+60dBm), 안테나 이득은 30dB, RCS가 10m^2인 표적까지 거리는 10km이고, 재머는 레이다로부터 40km 거리에서 20dB 안테나 이득으로 1kW를 송신한다고 하자. 재밍 신호는 0dB 레이다 안테나 측엽에 의해 수신된다고 할 때 J/S 계산은 다음과 같다.

$$J/S = 71 + 60\mathrm{dBm} - 60\mathrm{dBm} + 20\mathrm{dB} - 2(30\mathrm{dB}) + 0\mathrm{dB}$$
$$- 20\log(40) + 40\log(10) - 10\log(10)$$
$$= 29\mathrm{dB}$$

이제 재머와 표적이 함께 배치된 경우를 고려해 보자(예를 들어, 재밍 중인 레이다에 의해 추적되는 비행기의 "자체 보호" 재머). 재머와 표적까지의 거리는 동일하고, 재밍은 원하는 신호와 동일한 각도로 레이다 안테나에 유입된다(즉, $D_J = D_T$ 및 $G_{T/R} = G_{RJ}$). 따라서 J/S 공식은 다음과 같이 간략화된다.

$$J/S(\mathrm{dB}) = 71 + P_J - P_T + G_J - G_{T/R} + 20\log(D_T) - 10\log(\sigma)$$

위의 예제와 동일한 레이다와 표적을 고려하되 레이다에 의해 추적되는 플랫폼에 재머를 놓은 상태에서 전력을 100W로 줄이고, 안테나 이득을 10dB로 줄이면 J/S는 다음과 같이 계산된다.

$$J/S(\mathrm{dB}) = 71 + 50\mathrm{dBm} - 60\mathrm{dBm} + 10\mathrm{dB} - 30\mathrm{dB} + 20\log(10) - 10\log(10)$$
$$= 51\mathrm{dB}$$

9.3 번스루

번스루burn-through는 재밍이 여전히 효과적인 작동 상황을 다루기 때문에 재밍에서 매우 중요한 개념이다. 번스루는 전파 재밍을 받는 수신기가 적절하게 임무 수행을 할 수 있는 지점까지 J/S가 감소될 때 발생한다.

9.3.1 번스루 거리

번스루 거리burn-through range는 레이다 재밍 측면에서 정의되지만, 통신 재밍에도 적용할 수 있다. 레이다 재밍에서 번스루 거리는 레이다가 표적을 추적하기에 충분한 신호 품질을 갖는 표적까지의 거리로 정의된다. 그림 9.11은 자체 보호 및 스탠드 오프 재밍 모두에 대한 번스루 거리를 보여준다. 두 경우 모두 레이다에서 표적까지의 거리를 나타낸다.

통신 재밍에서 번스루 거리의 개념을 그림으로 표현하기는 쉽지 않지만, 여전히 때때로 유용하다. 이 경우 번스루 거리는 특정 재밍 상황에서 통신 링크의 유효 거리를 의미한다 (그림 9.12 참조). 이것은 수신기가 적절한 신호 대 잡음비를 가지고 원하는 신호로부터 필요한 정보를 복조하여 복구할 수 있는 송신기와 수신기 간의 거리이다.

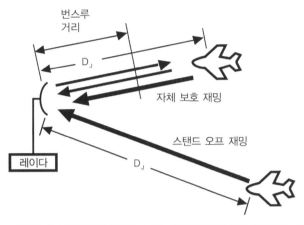

그림 9.11 재머가 더 이상 레이다의 임무를 방해할 수 없는 레이다와 표적 간의 거리를 번스루 거리라고 한다.

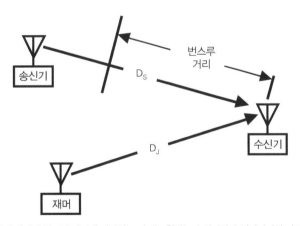

그림 9.12 통신 재밍에 있어 레이다 번스루 거리에 해당하는 거리는 원하는 송신기와 수신기까지의 거리가 줄어들어서 수신 신호가 적절한 품질을 가질 때 발생한다.

9.3.2 효과적 재밍에 요구되는 J/S

효과적인 재밍에 필요한 J/S는 사용된 재밍 유형과 원하는 신호 변조의 특성에 따라

0~40dB 혹은 그 이상까지 다양할 수 있다. 재밍의 구체적인 유형에 대하여 논의하면서 효과적 재밍을 위한 J/S도 논의에 포함할 것이다. 일반적으로 10dB의 J/S는 많은 상황에 적용되는 좋은 어림수이므로 이 논의에서는 "적절"하다고 정의할 것이다.

9.3.3 J/S 대 재밍 상황

J/S는 표 9.2와 같이 많은 매개변수에 따라 변화한다. 첫 번째 열은 재밍 상황의 모든 매개변수를 보여준다. 두 번째 열은 이 매개변수의 증가가 J/S에 미치는 영향을 보여준다. 예를 들어 재머가 송신전력을 높이면 J/S가 dB 단위로 증가하므로 P_J가 두 배가 되면 J/S도 두 배가 된다(즉, 3dB 증가). 세 번째 열은 각 매개변수가 의미를 갖는 재밍 유형을 표시한다. 어떤 경우(레이다 안테나 이득)에서는 J/S에 대해 서로 다른 효과를 가져온다(이 효과는 스탠드 오프 재밍의 경우에 매우 크다).

표 9.2 재밍 상황별 매개변수의 J/S에 대한 영향

매개변수(증가)	J/S에 대한 영향	재밍의 종류
재머 송신출력	dB 증가분만큼 J/S dB 직접 증가	모두
재머 안테나 이득	dB 증가분만큼 J/S dB 직접 증가	모두
신호 주파수	해당사항 없음	모두
재머와 수신기와의 거리	거리의 제곱에 비례하여 J/S 감소	모두
신호 송신출력	dB 증가분만큼 J/S dB 직접 감소	모두
레이다 안테나 이득	dB 증가분만큼 J/S dB 감소	레이다 (자체 보호)
	1dB당 J/S 2dB 감소	레이다 (스탠드 오프)
레이다와 표적과의 거리	거리의 4제곱에 비례하여 J/S 증가	레이다
표적의 RCS	dB 증가분만큼 J/S dB 직접 증가	레이다
송수신기 간의 거리	거리의 제곱에 비례하여 J/S 증가	통신
송신 안테나 이득	dB 증가분만큼 J/S dB 직접 감소	통신
(지향성) 수신기 안테나 이득	dB 증가분만큼 J/S dB 직접 감소	통신

9.3.4 레이다 재밍을 위한 번스루 거리(스탠드 오프)

재밍의 각 종류에 대한 번스루 거리 공식은 앞 절에서 정의한 모든 변수들이 포함된 적절한 J/S 방정식과 같으나, 거리 변수를 분리하기 위하여 다음과 같이 재배열될 수 있다(이 편리한 dB 방정식에 사용된 상수들은 입력과 출력들의 단위를 설명해 준다. 이 경우에 거리는 km 단위이다). 스탠드 오프 레이다 재밍에 대한 J/S 공식은 다음과 같다.

$$J/S = 71 + P_J - P_T + G_J - 2G_{T/R} + G_{RJ} - 20\log(D_J) + 40\log(D_s)$$
$$- 10\log(\sigma)$$

이 식은 다음과 같이 정리될 수 있다.

$$40\log(D_s) = -71 - P_J + P_T - G_J + 2G_{T/R} - G_{RJ} + 20\log(D_J) + 10\log(\sigma)$$
$$+ J/S$$

여기서, $40\log(D_S)$에 대한 식은 다양한 신호와 재밍 매개변수들로부터 계산될 수 있다. 현재는 레이다의 경우를 다루므로 D_S를 D_T(표적까지의 거리)로 변경해 보자. D_T는 dB값이므로 거리 단위(이 경우 km)로 다시 변환해야 한다. 그러면 번스루 거리는 다음과 같다.

$$D_T = 10^{\left(\frac{40\log(D_T)}{40}\right)}$$

예를 들어, 재머의 송신출력 1kW(+60dBm)가 20dB 안테나로 입력되고, 레이다 송신출력이 1kW, 안테나 이득이 30dB, 재머와의 거리가 40km, 그리고 측엽 이득이 0dB인 상황을 가정해보자. 표적의 레이다 반사 단면적은 10m^2이고 적절한 재밍을 위해서는 10dB의 J/S가 필요하다.

$$40\log(D_T) = -71 - 60\text{dBm} + 60\text{dBm} - 20\text{dB} + 60\text{dB} - 0\text{dB}$$
$$+ 20\log(40) + 10\log(10) + 10\text{dB}$$
$$= 21\text{dB}$$
$$D_T = 10^{(21/40)} = 3.3\text{km}$$

따라서, 레이다는 3.3km 이상의 범위에서는 목표물을 추적할 수 없다.

9.3.5 레이다 재밍을 위한 번스루 거리(자체 보호)

자체 보호 재밍에서의 J/S는 다음과 같다.

$$J/S = 71 + P_J - P_T + G_J - G_{T/R} + 20\log(D_T) - 10\log(\sigma)$$

이 식은 다음과 같이 재정리가 가능하다.

$$20\log(D_T) = -71 - P_J + P_T - G_J + G_{T/R} + 10\log(\sigma) + \text{J/S}$$

그리고

$$D_T = 10^{\left(\frac{20\log(D_T)}{20}\right)}$$

이다.

예를 들어, 자체 보호 재머의 전력 100W(+50dBm)를 10dB 이득의 안테나에 입력하고, 레이다 송신출력이 1kW, 송신기 안테나 이득이 30dB인 경우를 고려해 보자. 표적의 레이다 반사 단면적은 10m²이고 적절한 재밍을 위해 요구되는 J/S는 10dB이다.

$$20\log(D_T) = -71 - 50\text{dBm} + 60\text{dBm} - 10\text{dB} + 30\text{dB} + 10\log(10) + 10\text{dB}$$
$$= -21\text{dB}$$
$$D_T = 10^{(-21/20)} = 89\,\text{m}$$

그러므로 표적 항공기는 89m까지 이 레이다에 의한 추적으로부터 자신을 보호할 수 있다.

9.3.6 통신 재밍을 위한 번스루 거리

통신 재밍을 위한 dB 형태의 J/S 방정식은

$$\text{J/S}(\text{dB}) = P_J - P_T + G_J - G_T - 20\log(D_J) + 20\log(D_S) + G_{RJ} - G_R$$

이다. 이 식은 다음과 같이 다시 쓸 수 있다.

$$20\log(D_S) = -P_J + P_T - G_J + G_T + 20\log(D_J) - G_{RJ} + G_R + \text{J/S}$$

그리고

$$D_S = 10^{\left(\frac{20\log(D_S)}{20}\right)}$$

이다.

예를 들어, 재머의 송신출력이 100W(+50dBm), 안테나 이득이 10dB, 수신기로부터의 거리가 30km, 원하는 신호의 송신출력이 1W(+30dBm), 해당 안테나 이득은 3dB, 수신기의 안테나 이득은 원하는 신호와 재밍 신호에 대해 동일하게 3dB이다. 그리고 요구되는 J/S가 10dB일 경우,

$$20\log(D_S) = -50\text{dBm} + 30\text{dBm} - 10\text{dB} + 3\text{dB} + 20\log(30) - 3\text{dB} + 3\text{dB} + 10\text{dB}$$
$$= 13\text{dB}$$
$$D_S = 10^{(13/20)} = 4.5\text{km}$$

이것은 재밍을 받고 있는 통신 링크가 전파 재밍에 대해 최대 4.5km의 거리까지 동작할 수 있음을 의미한다.

9.4 커버 재밍

앞의 2개 절에서는 재밍을 "스탠드 오프"와 "자체 보호"로 분류하였다. 다른 두 가지 중요한 분류는 "커버cover"와 "기만deceptive"이다. 일반적으로 잡음 변조를 사용하는 커버 재밍은 재밍된 수신기에서 단순히 신호 대 "잡음" 비율을 가능한 한 많이 저하시키는 것이다. 기만 재밍은 레이다가 추적하려는 표적의 위치나 속도에 대해 잘못된 결론을 내리게 한다. 이 절에서는 재밍 효과를 최대화하기 위한 출력 관리power management 개념을 포함하여 커버 재밍에 초점을 맞추어 설명한다.

모든 유형의 수신기는 수신 신호를 정확하게 처리하기 위하여 적절한 신호 대 잡음비 signal-to-noise ratio, SNR를 가져야 한다. SNR이란 수신기 대역폭 내 원하는 신호의 전력과 잡음 전력의 비율을 의미한다. 비전투환경에서 잡음 전력은 수신 시스템의 열잡음[즉, kTB(dBm) + 수신기 시스템 잡음지수(dB)]이 된다. 수신된 원하는 신호 전력은 송신기 출력,

전송경로의 거리, 사용 주파수 및 (레이다의 경우) 표적 RCS의 함수이다. 커버 재밍은 추가적인 잡음을 수신기로 입력하며, 이것은 전송경로의 거리를 증가시키거나 레이다 표적의 RCS를 감소시키는 것과 동일한 효과를 갖는다.

재밍 잡음이 수신기의 열잡음보다 훨씬 높을 때 SNR이 아닌 J/S를 언급하지만, 신호의 수신과 처리에 미치는 영향은 동일하다. 커버 재밍 전력을 점진적으로 증가시키면 운용자 또는 수신기에 속해 있는 자동 처리 회로는 재밍이 존재한다는 사실을 전혀 인지하지 못하고 오히려 SNR이 극도로 낮아지고 있다고 간주하게 된다.

요구되는 SNR은 수신된 신호의 특성과 정보를 추출하기 위해 처리되는 방식에 의존한다. 음성 통신의 경우, SNR은 말하는 사람과 듣는 사람의 기량 및 전달되는 메시지의 특성에 의존한다. 어떠한 정보도 수신할 수 없는 수준까지 SNR이 떨어지면 유효한 통신은 중단된다. 디지털 신호의 경우, 불충분한 SNR은 비트 오류를 유발하고 비트 오류율이 메시지를 전달할 수 없을 정도로 높아졌을 때 통신이 중단된다.

레이다 신호의 경우 숙련된 운용자는 일반적으로 여러 표적을 처리하는 자동 추적 회로에 필요한 것보다 훨씬 낮은 SNR에서도 단일 표적을 수동으로 추적할 수 있다. 따라서 레이다 재밍의 목표는 레이다의 자동 추적 기능을 무효화하는 것, 즉 더 적은 수의 표적으로 레이다가 포화상태에 도달하도록 하는 것이다.

9.4.1 J/S 대 재머 전력

수신 시스템은 그림 9.13에서 볼 수 있듯이 수신하도록 설계 및 제어된 신호를 제외한 모든 신호를 어느 정도 분별한다. 원하는 신호원을 지향하는 지향성 안테나가 있는 경우, 다른 방향의 모든 신호가 감소한다. 모든 유형의 필터링(대역통과필터, 동조식 사전선택 필터tuned preselection filter, IF 필터)은 대역 외 신호를 줄인다. 펄스 레이다에서 수신기 뒤쪽의

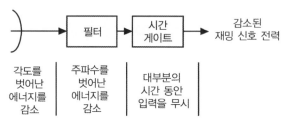

그림 9.13 전송된 재밍 신호가 유효하기 위해서는 반사신호의 수신을 최적화하도록 설계된 레이다의 각도, 주파수 및 타이밍 선택성을 모두 통과해야 한다.

처리장치는 어느 시점에서 펄스가 되돌아올 것인지 대략 알고 있으며, 반사 펄스의 예상 시점에서 벗어난 신호는 무시하게 되어 있다.

만약 레이다 또는 통신 응용에 주파수 도약이 사용되었다면, 수신기에 수신된 주파수 대역은 "이동 표적moving target"이다. 다른 유형의 확산 스펙트럼 기술이 사용될 경우, 신호가 확산되기 전의 적절한 감도를 달성하도록 수신기가 복구할 수 있는 넓은 주파수 범위에 걸쳐 신호가 확산된다.

재머에 있어서 과제는 효과적인 재밍을 위해 수신기가 수신할 수 있는 모든 전체 주파수에 대하여, 수신 안테나를 포함할 수 있는 모든 각도의 공간에 걸쳐서, 그리고 신호 에너지를 수신할 수 있는 모든 시간 동안 재밍 신호를 확산시켜야 한다는 것이다. 그런데도 그림 9.14와 같이 J/S에 기여하는 것은 재밍 전력의 일부에 지나지 않으며, 이러한 전력은 수신기의 모든 방어를 통과한 전력들이다. 재머의 송신전력은 크기, 무게, 주 전원 이용 가용도 및 비용과 직접적으로 관련이 있기에, 충분한 유효 재머 전력이 있을 때까지 재머의 출력 전력만을 증가시키는 것이 답은 아니다.

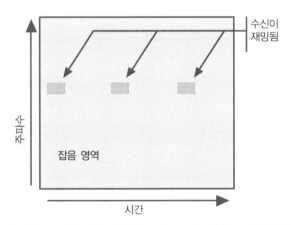

그림 9.14 잡음 재밍 에너지는 수신기의 원하는 신호가 존재할 수 있는 모든 시간-주파수 공간에 걸쳐서 확산되어야 한다.

9.4.2 출력 관리

재머가 수신기의 작동에 대해 더 많이 알면 알수록, 수신기가 인지하고자 하는 것에 대해 재밍 전력을 더 좁게 집중할 수 있다. 재머의 에너지 집중은 "출력 관리power management"라고 불리며, 그것은 재밍되는 수신기에 대해 이용 가능한 정보만큼만 유용하다. 이런 정보들은 일반적으로 지원 수신기(재밍 수신기 또는 전자전 지원 시스템)로부터 얻어질 수 있다. 이 수신기는 재밍중인 수신기에 의해 수신된다고 생각되는 신호들의 매개변수들을 수신하고 분류 및 측정한다. 때때로 이것은 쉽기도 하고(재머 탑재 플랫폼을 추적하는 레이다에서와 같이), 때로는 더 어렵다(예를 들어, 통신 링크 또는 바이스태틱 레이다들). 그림 9.15의 단순한 블록 다이어그램에 표시된 통합 EW 시스템은 출력 관리에 적합한 도래 방향, 주파수 및 타이밍에 대한 정보를 자신의 재머에 제공한다.

결론은 재머가 최고의 기능을 발휘할 수 있는 곳에 전력을 집중할 수 있다는 것이다. 아울러 그림 9.16에서 볼 수 있듯이 출력 관리는 재머가 사용할 수 있는 전력을 줄임으로써 홈 온 재밍home-on-jam, HOJ 위협에 대해 재머 탑재 플랫폼이 갖는 취약성을 감소시킬 수 있다.

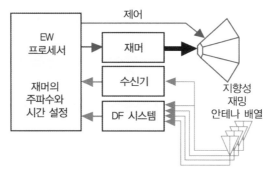

그림 9.15 출력 관리 시스템은 가능한 범위에서 에너지의 낭비를 최소화하여 레이다 반사신호에 의해 점유된 방향, 주파수 그리고 시간 슬롯에 재밍 전력을 집중한다.

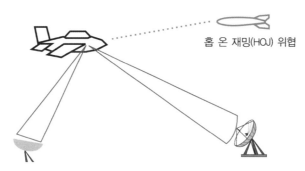

그림 9.16 재밍 에너지를 재밍되어야 할 수신기에 직접 지향함으로써 재밍 효과를 증대시킬 뿐만 아니라 홈 온 재밍(HOJ) 무기에 대한 취약성을 감소시킬 수 있다.

9.4.3 룩스루

출력 관리를 효과적으로 수행하기 위해서는 재밍되는 수신기에 대한 정보가 포함된 신호를 지속적으로 수신해야 한다. 이 과정을 "룩스루look-through"라고 부르며, 가장 직접적으로 수행하는 방법은 룩스루 수신기가 "살짝 살펴볼" 수 있도록 짧은 시간 동안 재밍을 중단하는 것이다. 통합 EW 시스템을 개발하는 수신기 및 재머 전문가들 사이에서 룩스루 시간에 대해서는 다양한 의견들이 존재한다. 재밍의 중지는 수신기가 신호를 탐지하고 측정할 수 있을 정도로 충분히 길어야 한다는 의견이 있는 반면, 적절한 재밍 효과를 위해서는 짧을수록 좋다고 하는 주장도 있기 때문에 이것은 상당히 어려운 문제이다(수신기 관점에서의 룩스루에 대해서는 이미 6장에서 설명하였다). 재밍 신호로부터 수신기를 분리하기 위해 기존 룩스루와 함께, 또는 대신 사용할 수 있는 몇 가지 다른 기술들이 있다.

- 안테나 격리|Antenna isolation

재머는 지원 수신기 방향으로 현저히 감소한 전력의 좁은 안테나 빔을 갖는다. 경우에 따라 수신기에 격리를 추가한 좁은 빔 안테나가 있는 경우도 있으나 이것은 지속적으로 전방향 커버리지를 요구하는 시스템에서는 작동하지 않는다. 재밍 안테나가 수신 안테나에 대하여 교차 편파될 수 있는 경우 상당한 추가적 격리가 가능하다.

- 지원 수신기로부터 재머를 물리적으로 분리

이것은 단일 대형 플랫폼 또는 별도의 수신 및 재밍 플랫폼을 통해 달성할 수 있다. 분리 격리는 레이다 흡수 재료를 사용하거나 위상 관련 페이딩 현상을 활용하여 신중하게 간격을 둠으로써 더욱더 개선할 수 있다. 재머와 수신기 사이의 거리가 멀면 조정이 어려울 수 있다.

- 위상 상쇄

이것은 재밍 신호의 위상이 반전된 신호를 수신기에 입력함으로써 실현된다. 이것은 매우 어려운데 수신기는 재밍을 위상 특성이 복잡하면서 변화하는, 상당히 복잡한 다중경로 신호들의 조합으로 간주하기 때문이다.

9.5 거리 기만 재밍

다음 몇 절에서는 다양한 기만 재밍deceptive jamming 기술에 대해 논의할 것이다. 기만 재밍은 거의 전적으로 레이다에 적용할 수 있는 개념이다. 이러한 기술은 수신기의 신호 대 잡음비를 줄이는 대신 레이다의 처리 과정에서 작동하여 레이다가 표적을 추적하는 능력을 상실하게 한다. 일부는 레이다 추적을 거리상으로, 일부는 각도상으로 멀어지게 한다. 먼저, 모노 펄스 레이다(즉, 각각의 펄스가 필요한 모든 추적 정보를 포함하는 레이다)에는 사용할 수 없는 기법에 대하여 기술하고, 그런 다음 우리는 모노 펄스 재밍 기법을 다룰 것이다. 논의되는 첫 번째 기법은 "거리 게이트 풀 오프range gate pull-off, RGPO" 및 관련 "인바운드 거리 게이트 풀 오프inbound range gate pull-off"이다.

9.5.1 거리 게이트 풀 오프 기법

이것은 레이다에 의해 추적되는 표적에서 펄스 도착 시간에 대한 지식이 필요한 자체 보호 기법이다. 재머는 그림 9.17과 같이 실제 표적에서 반사된 레이다 펄스보다 지연된 허위 펄스를 방사하고 점차 지연량을 증가시킨다. 레이다는 반사 펄스의 도달 시간에 의해 표적까지의 거리를 결정하기 때문에, 이 기법은 레이다로 하여금 목표물이 실제보다 더 멀리 떨어져 있다고 "생각하게" 만든다. 그 효과는 레이다의 정확한 거리 정보를 거부하는 것이다. 이 기법에는 0~6dB의 J/S가 필요하다.

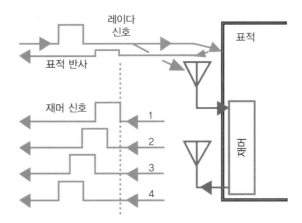

그림 9.17 거리 게이트 풀 오프 재머는 더 높은 전력의 반사신호를 전송하고 증가하는 양만큼 지연시킨다.

그림 9.18에 나타난 바와 같이, 레이다는 초기 및 후기 게이트를 사용하여 거리 내의 표적을 추적한다. 한 게이트의 펄스 에너지가 커지면 레이다가 두 게이트를 이동하여 에너지를 균등화함으로써 거리 내에서 표적을 추적한다. 거리 게이트 풀 오프 재머는 표적으로부터 실제 반사 펄스보다 더 강한 펄스를 추가함으로써, 재머는 게이트를 "포착"하고, 실제 표적 반사신호의 도착 시간에서 게이트를 끌어당기기에 충분한 재밍 펄스 에너지를 생성한다.

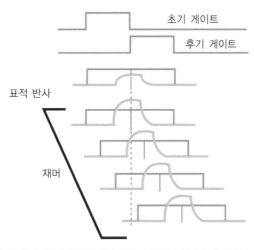

초기 게이트

후기 게이트

표적 반사

재머

그림 9.18 재머는 더 높은 재머 펄스 전력이 균형을 이룰 수 있도록 초기와 후기 게이트의 타이밍을 조정한다.

9.5.2 해상도 셀

레이다에는 목표물을 확인하고 분리할 수 있는 "해상도 셀resolution cell"이 있다. 해상도 셀에서 거리 치수는 일반적으로 거리방향 펄스 길이의 절반(즉, 거리는 펄스폭의 절반에 빛의 속도를 곱한 값)으로 간주된다. 해상도 셀의 폭은 일반적으로 레이다 안테나 빔폭(즉, 안테나 3dB 빔폭의 절반에 sine을 취한 후 2배하고, 레이다와 표적 사이의 거리를 곱한 값)으로 간주된다. 표적을 추적하는 프로세스는 표적을 해상도 셀의 중앙에 유지하려고 시도하는 것으로 생각할 수 있다. 거리 게이트 풀 오프 재머는 거리 게이트를 시간적으로 벗어나게 이동시킴으로써, 그림 9.19와 같이 해상도 셀을 표적에서 멀리 이동시킨다. 실제 표적이 해상도 셀 밖에 있을 때 레이다 추적은 상실된다.

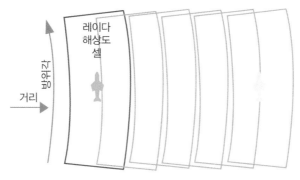

레이다
해상도
셀

방위각

거리

그림 9.19 거리 게이트 풀 오프 재머는 레이다의 해상도 셀을 거리 방향에서 표적으로부터 멀리 끌어당기지만, 방위각은 여전히 정확하다.

9.5.3 풀 오프율

중요한 고려 사항은 재머가 얼마나 빨리 표적으로부터 거리 게이트를 끌어당길 수 있는 가이다. 당연히 거리 게이트가 빠르게 이동할수록 더 잘 보호된다. 그러나 풀 오프율pull-off rate이 레이다의 추적 속도를 초과할 경우 재밍은 실패하게 된다. 재밍되는 레이다의 디자인에 대해 잘 모르는 경우, 레이다가 수행하도록 디자인된 임무를 고려함으로써 이 제한을 설정할 수 있다. 레이다는 표적 거리의 최대 변화율(즉, 레이다로 직접 접근하거나 레이다로부터 멀어지는 표적)을 추적할 수 있어야 하며, 거리율의 최대 변화율(즉, 거리 가속도)에서 거리 추적률을 변경할 수 있어야 한다.

9.5.4 재밍에 대한 대응책

거리 게이트 풀 오프 재밍에 대해서는 다음의 두 가지 대응책이 효과적이다. 먼저, 단순히 레이다의 출력을 증가시켜 실제 표적 반사가 반사신호를 상회하도록 하는 것이다. 이것은 사실상 "번스루" 거리에서 발생하는 것이다. 두 번째는 리딩 에지 추적leading-edge tracking을 사용하는 것이다. 거리 게이트 풀 오프 재밍 동안 레이다가 수신하는 실제 신호를 생각해 보자. 그림 9.20에서 볼 수 있는 것처럼 실제 표적으로부터의 반사 펄스와 재밍 펄스가 함께 존재하며, 적절한 해상도가 있다면 두 펄스의 리딩 및 트레일링 에지trailing-edge를 구분해 낼 수 있다.

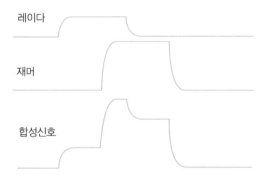

그림 9.20 레이다 수신기에서 재머와 반사신호의 합성신호는 두 신호들에 대한 펄스 정보를 포함한다.

합성된 반사신호를 구별함으로써 레이다는 그림 9.21과 같이 두 펄스의 리딩 에지들에 스파이크가 있는 신호들을 볼 수 있게 된다. 만약 레이다가 이 리딩 에지 신호를 추적한다면, 재머 펄스의 리딩 에지가 상대적 시간에서 뒤쪽으로 이동하더라도 레이다는 끌리지 않을 것이다.

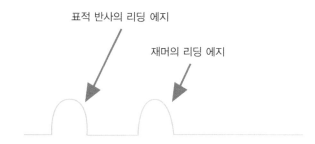

표적 반사의 리딩 에지

재머의 리딩 에지

그림 9.21 표적 반사신호의 리딩 에지를 탐지하고 추적함으로써 레이다는 반사신호에 고정된 상태를 유지할 수 있다.

9.5.5 거리 게이트 풀 인

거리 게이트를 레이다에서 멀어지지 않고 레이다 쪽으로 당겨서 리딩 에지 추적을 극복하는 재밍기법이다. 이 기술을 "인바운드 거리 게이트 풀 오프inbound range gate pull-off", 또는 간단히 "거리 게이트 풀 인range gate pull-in, RGPI"이라고 한다. 그림 9.22는 이 기법에서 재밍 펄스의 움직임을 나타낸다. 재밍 펄스의 리딩 에지가 이제 표적 반사 펄스보다 선행하므로 리딩 에지 추적기를 훔칠 수 있다. 펄스열에서 다음 펄스의 도착 시간을 예측하기 위하여 펄스 반복 간격PRI을 알아야 재머 펄스가 주의 깊게 제어하는 양만큼 표적 반사 펄스를 선행할 수 있다. 따라서 거리 게이트 풀 인은 단일의 PRI를 사용하는 레이다에 대해서 매우 효과적이다. 그러나 스태거 펄스열에 대해 사용하기 위해서는 매우 정교함이 필요하며, 시간적으로 랜덤한 펄스들에 대해서는 전혀 동작하지 않는다.

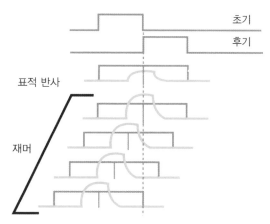

초기

후기

표적 반사

재머

그림 9.22 레이다로부터의 펄스를 예측함으로써 거리 게이트 풀 인 재머는 리딩 에지 추적을 무력화하는 것이 가능하나, 레이다가 단일의 고정 펄스 반복주파수를 사용하지 않는다면 이것은 매우 어려운 기법이다.

9.6 역이득 재밍

역이득 재밍inverse gain jamming은 레이다가 각도 추적을 상실하게 하는 데 사용되는 기법의 하나다. 성공하면 이 기법은 레이다 처리장치에 각도 추적 데이터를 거부하거나 표적 반사신호와 재밍 신호의 조합에 반응할 때 부적절한 추적 수정 명령을 내리게 한다. 이 기법에는 10~25dB J/S가 필요하다.

9.6.1 역이득 재밍 기법

역이득 재밍은 표적 수신기에 의해 보여지는 레이다의 안테나 스캔 이득 패턴을 사용하는 자체 보호 기술이다. 그림 9.23은 일반적인 레이다 스캔 패턴을 표시한다. 레이다 빔이 표적을 소인함에 따라 표적에 가해지는 전력의 시간 이력은 그림의 상단 부분과 같이 달라진다. 이것을 위협레이다 스캔이라고 한다. 큰 로브lobe는 레이다의 주빔이 표적을 통과할 때 발생하고, 작은 로브들은 레이다의 측엽들이 표적을 통과할 때 발생한다. 레이다 조사를 받고 있는 표적의 표적 반사신호는 동일한 스캔 패턴으로 레이다에 되돌려지고, 레이다는 반사신호를 수신하기 위하여 동일한 안테나를 사용한다. 기본적으로 레이다는 최대 표적 반사신호 강도를 수신할 때 주빔이 가리키는 위치를 파악하여 표적에 대한 각도(방위, 고도 또는 둘 다)를 결정한다.

표적에 위치한 송신기가 레이다와 동일한 변조방식(예: 동일한 펄스 매개변수)을 사용하여 레이다를 향해 신호를 다시 전송하면, 즉 그림의 하단과 같이 전력 대 시간으로 신호를 전송하는 경우, 수신된 신호 전력과 레이다의 안테나 이득은 더해져서 일정한 상수가 된다. 이것은 레이다의 수신기가 안테나 빔이 가리키는 위치와 관계없이 일정한 세기의 신호를 수신한다는 것을 의미하고, 결국 레이다 수신기는 표적 위치에 대한 각도 정보를 결정할 수 없게 된다.

경험이 많은 EW 전문가들은 위의 설명이 여러 면에서 지나치게 단순화되었다는 것을 깨닫게 될 것이지만, 위의 역이득 재밍에 대한 이상적인 사례는 그 원리를 잘 설명하고 있다. 실제 적용은 여러 가지 면에서 이 이상적 사례와 다를 수 있다. 한 가지 방법은 주빔이 보호하고자 하는 표적 근처에 있는 동안에만 역이득 패턴으로 재밍을 적용하는 것이다. 역이득 재밍에 대한 다른 몇몇 구현 방법들의 경우, 아주 멋진 재밍 파형을 사용하지는 않는다.

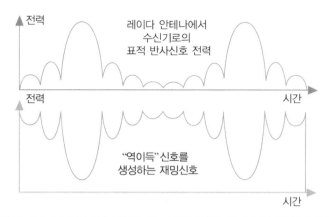

그림 9.23 이상적인 역이득 재머는 레이다 수신기가 일정한 신호 수준을 수신하도록 레이다 수신 안테나의 역이득 신호를 생성한다.

9.6.2 코니컬 스캔에 대한 역이득 재밍

코니컬 스캔 레이다con-scan radar는 원형 운동으로 안테나 빔을 스캔한다(그럼으로써 공간상에 콘을 그린다). 스캔 정보는 표적이 "콘cone"의 중앙에 오도록 레이다를 움직이는 데 사용된다. 추적하는 동안 표적은 항상 안테나의 주빔 내에 있지만, 표적이 콘의 중심에 있지 않은 경우 수신전력은 정현파 모양으로 변화한다. 그림 9.24는 안테나의 주빔 모양, 안테나의 원형 운동 및 그에 따른 위협 안테나 스캔 패턴을 보여준다. 안테나 조준선(최대 이득 방향)이 원형 경로를 따라 이동하기 때문에, 조준선은 지점 B보다 지점 A에서 표적에 훨씬 가깝다. 따라서 레이다 안테나는 B보다 A에서 표적 방향으로 더 큰 이득을 가지며, B보다 A에서 표적에 더 많은 신호 전력이 적용된다.

그림 9.25는 코니컬 스캔 레이다에 대해 역이득 재밍을 구현하는 방법을 보여준다. 이 그림의 상단은 표적에 도달하는 정현파 형태의 진폭 패턴을 보여준다. 이는 레이다가 수신하는 표적 반사신호의 모양이기도 하다. 표적 반사신호의 진폭과 위상을 감지함으로써 레이다는 표적을 향하여 코니컬 스캔의 중심을 이동할 수 있다. 표적이 스캔의 중심에 가까울수록 정현파 패턴은 작아진다. 표적이 스캔의 중심에 위치할 경우, 표적 반사는 일정한 전력 수준이 된다. 이것은 일반적으로 안테나 조준선에서 생성되는 것보다 1dB 정도 적다.

그림의 두 번째 줄에 표시된 것처럼, 재머는 레이다 펄스들에 동기화된 고출력 펄스 버스트를 인가한다. 버스트의 주기는 레이다 안테나의 스캔 주기와 동일하며, 따라서 정현파형의 스캔 주기와 같다. 이러한 버스트는 표적에서 수신된 레이다 스캔 주기의 최솟값에 맞춰진다. 이것은 추적 레이다가 수신하는 총 신호가 그림의 세 번째 줄에 표시된 것과 같을 것임을 의미한다.

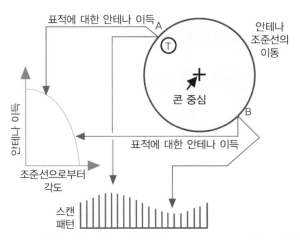

그림 9.24 코니컬 스캔에서 이동하는 안테나 빔은 스캔 중심에 있지 않는 표적을 관찰할 때 정현파 출력을 생성한다.

이제 레이다의 추적 메커니즘이 이 결합된 신호에 어떻게 반응하는지 생각해 보자. "표적 반사 최솟값"에 대한 안테나 스캔 각도는 이제 "최대 신호전력" 각도가 되므로, 추적기는 레이다 스캔이 표적을 향하지 않고 표적에서 직접 멀어지도록 조정한다. 이것이 성공하면 레이다 추적은 표적으로부터 충분히 멀리 떨어지게 되며, 레이다 추적은 "무력화"된다. 따라서 레이다는 표적을 다시 획득하고 추적 프로세스를 다시 시작해야 한다.

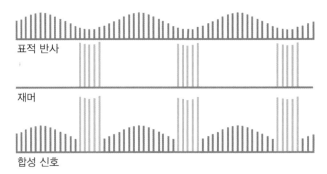

그림 9.25 코니컬 스캔 파형이 최소일 때 재머로부터 강력하고 동기화된 펄스 버스트는 역이득 재밍을 발생시킨다.

9.6.3 TWS의 역이득 재밍

그림 9.26은 두 개의 팬 빔을 사용하는 TWS track-while-scan 레이다의 개념을 보여준다. 두 빔은 서로 다른 주파수로 신호를 송신(및 수신)한다. 한 빔은 관측된 모든 표적의 고각을 측정하고 다른 빔은 방위각을 측정하여, 레이다가 추적 범위 내의 여러 표적들에 대한 위치를 동시에 알 수 있도록 한다. 이 그림은 추적이 발생하는 각도 공간을 나타내는 것으로

거리는 반사 펄스의 도착 시간으로 측정된다.

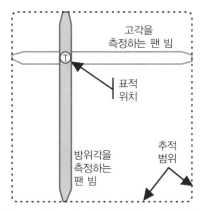

그림 9.26 TWS 레이다의 중요한 특징은 서로 다른 빔을 사용하여 표적의 방위각과 고각을 측정한다는 것이다.

그림 9.27에 표시한 것처럼, 레이다는 최대 표적 반사가 발생할 때의 방위각(또는 수직) 빔의 위치를 기록하여 표적에 대한 방위각을 결정한다. 최대 표적 반사를 수신하는 고각 (또는 수평) 빔의 위치에 따라 표적의 고각이 결정된다. 두 빔이 표적을 동시에 통과하는 경우 두 응답은 시간적으로 동기화된다.

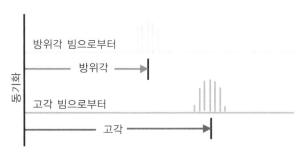

그림 9.27 그림 9.26에서와 같은 안테나 빔들을 사용하는 TWS 레이다는 두 개의 빔에 대한 표적 반사의 도래 시간으로 위치를 측정한다.

그림 9.28은 TWS 레이다의 역이득 재밍을 보여준다. 이 그림에서는 하나의 빔만 고려하고 있지만, 이 기법은 빔 하나 또는 둘 다에 대해 사용될 수 있다. 그림의 첫 번째 줄은 단일 빔에 대한 표적 반사신호를 표시한 것이다. 레이다는 각도 게이트의 초기 게이트와 후기 게이트 간의 에너지 균형을 조정하여 이 빔 내에서 표적을 추적한다. 그림의 두 번째 줄은 재밍 신호로서 레이다 펄스와 동기화된 펄스의 버스트를 나타낸다. 세 번째 줄은 레

이다 수신기가 수신하는 표적 반사신호와 재밍 신호의 합성신호이다. 재머의 펄스 버스트를 시간적으로 소인시키면(어느 방향이든), 이 신호들은 표적 반사신호를 통해 이동하고, 각도 게이트를 포착함으로써 결국은 TWS 레이다가 표적에 대한 락온을 잃게 한다.

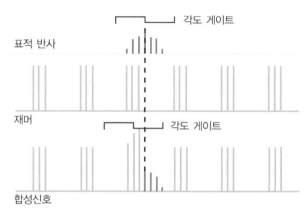

그림 9.28 역이득 재머는 각 빔의 각도 게이트를 표적 반사신호로부터 끌어당긴다.

9.6.4 SORO 레이다의 역이득 재밍

SORO^{scan on receive only} 레이다는 표적을 따라가는 안테나의 일정한 신호로 표적을 조사한다. 이것은 스캐닝 중인 수신 안테나의 추적 정보를 사용한다. 그림 9.29에서 볼 수 있듯이 표적에 위치한 수신기는 일정한 진폭의 신호를 보게 되므로 재머는 레이다 스캔 주기를 측정하거나 최솟값의 위치를 결정할 수 없다. 그러나 현재 운용 중인 레이다의 유형이 표적 수신기에 의해 식별될 수 있다면 대략적인 스캔 속도를 알 수 있다.

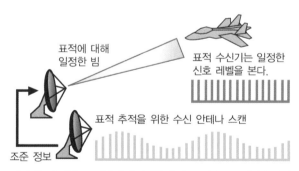

그림 9.29 SORO 레이다는 추적하는 표적에 대해 일정한 신호를 조사하고, 스캐닝 수신 안테나로 추적한다.

그림 9.30은 SORO 레이다에 역이득 재밍이 적용되는 방식을 보여준다. 그림의 첫 번째 줄은 수신된 표적 반사신호를 표시한다(추적 패턴의 모양은 수신 안테나 스캔에 의해 결정되므로 이 파형은 레이다 내부에만 존재한다). 그림의 두 번째 줄에 표시된 것처럼, 재머는 레이다 펄스와 동기화된 펄스 버스트를 생성한다. 버스트 속도는 수신 안테나의 예상되는 스캐닝 속도보다 약간 높거나 낮으며, 그림의 세 번째 줄에 표시된 것처럼 버스트는 수신 안테나의 스캔 패턴을 "통과"한다. 이 재밍 버스트 패턴이 일관되게 180° 추적 오류를 생성하지는 않지만(재밍된 레이다의 스캔과 동기화된 경우처럼), 거의 항상 잘못된 추적 신호를 유발한다.

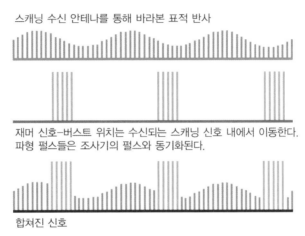

그림 9.30 동기화된 펄스의 주기적인 버스트를 SORO 레이다의 추적 파형을 따라 이동하면 역이득 재밍이 발생된다.

9.7 AGC 재밍

자동 이득 제어automatic gain control, AGC는 매우 넓은 수신전력 범위에서 신호를 처리해야 하는 모든 수신기에서 필수적인 부분이다. 수신기의 순시 동적 범위는 수신기가 동시에 수신할 수 있는 가장 강한 신호와 가장 약한 신호의 차이이다. 이 순시 동적 범위보다 넓은 범위의 신호를 수신하려면 가장 강한 신호도 수신할 수 있을 만큼 충분히 모든 수신신호의 크기를 줄이기 위해 수동 또는 자동 이득 제어를 통합해야 한다. AGC는 수신 시스템의 적절한 지점에서 전력을 측정하고 시스템 이득을 자동으로 줄이거나, 또는 가장 강한 대역 내 신호를 수신기에서 처리할 수 있는 수준으로 줄이기 위해 충분히 감쇠를 증가시킴으로서 구현된다.

표적까지의 거리와 RCS의 큰 변화가 있는 경우 레이다는 AGC를 사용해야 한다(앞의 2.5절로 이동하여, 100km에서 $0.1m^2$ RCS의 레이다 수신기에 대한 전력과 1km에서 $200m^2$ RCS의 레이다 수신기의 전력을 비교하면 흥미로울 것이다). 레이다 수신기는 하나의 신호 (즉, 송신된 신호의 표적 반사)만 수신하도록 설계되었기 때문에 광범위한 순시 동적 범위가 필요하지 않지만, 큰 표적 반사신호를 수신하기 위해서는 이득을 빠르게 줄일 수 있어야 한다. 그런 후에는 표적 추적에 요구되는 상대적으로 정확한 진폭 측정을 수행하는 동안 감소된 이득 설정을 유지해야만 한다. 따라서 레이다는 빠른 포착/느린 소멸fast attack/ slow decay AGC를 갖는다.

AGC 재머는 대략 레이다의 안테나 스캔 속도로, 매우 강한 펄스를 송신한다. 그림 9.31 에서 볼 수 있듯이 이러한 펄스는 레이다의 AGC를 포착한다. 그 결과 이득 감소로 인해 모든 대역 내의 신호들이 크게 감소하게 된다. 표적을 추적하는 신호는 레이다가 표적을 효과적으로 추적할 수 없을 정도의 낮은 수준으로 억제된다.

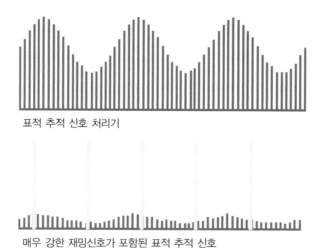

표적 추적 신호 처리기

매우 강한 재밍신호가 포함된 표적 추적 신호

그림 9.31 AGC 재머는 레이다의 AGC를 포착하여, 레이다의 각도 추적을 방해하기 위해 추적 신호들의 세기를 줄인다.

지속파CW와 펄스 도플러pulse Doppler, PD 레이다는 주파수 식별을 사용하여 지구에서 반사되는 신호들로부터 움직이는 물체(예를 들어, 저공비행 항공기 또는 걷는 군인)의 반사신호들을 분리한다. 도플러 원리(8장 참조)에 의하면, 레이다 안테나 빔 내의 모든 것에서 반사된 레이다 반사신호는 주파수가 변화한다. 각 물체의 반사 주파수 편이는 레이다와 반사를 일으키는 물체의 상대 속도에 비례한다. 그림 9.32에서 보는 바와 같이 이 반사파는 매우 복잡할 수 있다. 이러한 복잡한 신호들 속에서 특정 표적의 반사파를 추적하려면 레이다가 원하는 반사신호 주변의 좁은 주파수 범위에 초점을 맞춰야 한다. 도플러 반사 내의 모든 주파수는 상대 속도에 대응하기 때문에 이 주파수 필터를 "속도 게이트velocity gate"라고 부르며, 원하는 표적의 반사신호를 분리하도록 설정된다. 교전 중에 레이다와 표적의 상대 속도는 광범위하고 빠르게 변할 수 있다. 예를 들어, 마하 1g에서 6g로 선회하는 두 항공기 사이의 상대 속도는 초당 최대 400km/h의 비율로 마하 2에서 0까지 변화한다. 표적의 상대 속도가 변화하면 레이다의 속도 게이트는 원하는 반사신호를 중앙에 유지하기 위해 주파수를 이동한다. 또한 다른 각도에서 보는 물체의 RCS가 크게 다를 수 있기 때문에 반사신호의 진폭이 빠르게 변화할 수 있다는 점에 유의해야 한다.

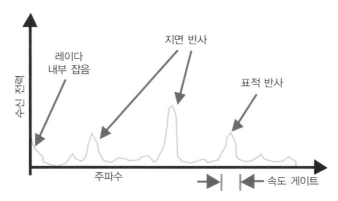

그림 9.32 도플러 레이다는 표적을 추적하기 위해 표적 반사 주파수 주변에 속도 게이트를 위치시킨다.

속도 게이트 풀 오프velocity gate pull-off, VGPO 재머의 동작은 그림 9.33에 설명되어 있다. 그림 9.33(a)는 표적 반사신호가 속도 게이트 중심에 있음을 보여준다. 다만, 실제 반사파에 존재하는 다른 요소들은 표시되어 있지 않다. 그림 9.33(b)에서 재머는 레이다 신호가 표적에서 수신되는 동일한 주파수에서 훨씬 더 강한 신호를 생성한다. 표적 반사는 다른 주파수(도플러 편이)로 레이다에 다시 도착하지만, 표적과 재머가 함께 움직이기 때문에, 재머 신호는 동일하게 편이되어 레이다의 속도 게이트 내로 들어가게 된다. 그림 9.33(c)에서 재머는 표적 반사 주파수로부터 재밍 신호를 멀리 소인시킨다. 여기서 재머의 신호가 훨씬 강하기 때문에 재머는 표적 반사로부터 속도 게이트를 포착한다. 그림 9.33(d)에서 재머는 속도 게이트가 표적 반사에서 충분히 멀리 이동하도록 하여 표적 반사가 속도 게이트의 외부에 있게 한다. 즉, 레이다의 속도 추적을 실패하게 한다.

중요한 고려 사항은 속도 게이트가 재머에 의해 얼마나 빨리 당겨질 수 있는지에 대한 점이다. 해답은 레이다 추적 회로의 설계에 따라 다르지만, 레이다는 알고 있는 표적의 유형을 추적할 수 있도록 설계되었다고 하는 전제가 무난한 해답이 될 것이다. 모든 유형의 EW 교전 기하학에 대한 연구를 보면 일반적으로 가장 높은 상대 가속도는 선형 가속이 아닌 선회에서 나온다는 것을 알 수 있다. 따라서 표적의 최대 선회율은 레이다가 따라야만 하는 최대 속도 변화율을 잘 나타낸다.

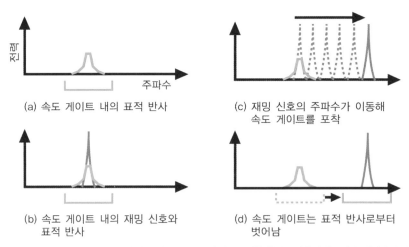

(a) 속도 게이트 내의 표적 반사

(b) 속도 게이트 내의 재밍 신호와 표적 반사

(c) 재밍 신호의 주파수가 이동해 속도 게이트를 포착

(d) 속도 게이트는 표적 반사로부터 벗어남

그림 9.33 속도 게이트 풀 오프 재머는 거리 게이트 풀 오프 재머와 동일한 원리를 사용하되 주파수 영역에서 이용한다.

모노 펄스 레이다monopulse radar의 재밍은 상당히 어려운 과제이다. 지금까지 논의된 기만 기법들의 경우, 특히 자체 보호 재밍에서는 효과가 없으며 일부 재밍 기술들은 오히려 모노 펄스 레이다의 추적 능력을 강화시킨다. 적절하게 배치된 디코이와 채프가 적정 레이다 반사 단면적을 만들어내는 것처럼, 스탠드 오프 재머가 충분한 J/S를 달성할 수 있다면 모노 펄스 레이다에 대해 효과적이다. 디코이는 다음의 10장에서 논의될 것이며, 이 절에서는 전술 상황에 따라 최적의(또는 유일한) 해결책이 될 수도 있는 기만 기법들에 대해 초점을 맞춘다.

9.9.1 모노 펄스 레이다 재밍

모노 펄스 레이다는 일련의 반사 펄스들의 특성을 비교하는 대신 수신하는 각 반사 펄스로부터 표적 추적에 필요한(방위 및/또는 고도) 모든 정보를 얻기 때문에 재밍이 어렵다. 모노 펄스 레이다의 자체 보호 재밍은 훨씬 더 까다로울 수 있다. 왜냐하면 재머가 표적 대상에 위치하고 있으므로 표적 추적을 더 쉽게 할 수 있는 신호를 발생시킬 수 있기 때문이다. 자체 보호 재머가 모노 펄스 레이다의 거리 정보를 차단해도(예를 들어, 커버 펄스를 이용하여) 레이다는 일반적으로 각도로 추적할 수 있으므로, 표적에 무기를 유도하는 데 충분한 정보를 제공할 수 있다.

모노 펄스 레이다를 기만하는 데는 두 가지 기본적인 접근법이 있다. 첫째는 레이다 작동 방식에서 일부 알려진 단점을 활용하는 것이다. 둘째는 모노 펄스 레이다가 단일의 레이다 해상도 셀 내에서 각도 추적 정보를 추출하는 방식을 활용하는 것이다. 일반적으로 두 번째 접근 방식이 더 우수하므로 먼저 논의한다.

9.9.2 레이다 해상도 셀

앞의 9.5절에서 우리는 레이다 빔폭과 펄스폭으로 설명되는 영역인 해상도 셀에 대해 간략하게 논의했다. 이제 이것에 대해 더 자세히 다룰 필요가 있다. 그림 9.34에서 볼 수 있는 것처럼 먼저 셀의 "폭width"을, 그리고 그다음은 셀의 "깊이depth"를 설명한다.

해상도 셀의 폭은 안테나의 빔 내에 있는 영역으로 정의된다. 이는 빔폭과 레이다로부

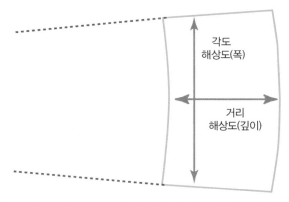

그림 9.34 레이다 해상도 셀의 폭은 레이다 안테나 빔폭에 의해 결정되고, 깊이는 펄스폭에 의해 결정된다.

터 표적 사이의 거리에 따라 달라진다. 일반적으로 빔폭은 3dB 빔폭으로 간주되므로, 거리 $n\,\mathrm{km}$ 범위에서 빔이 "커버"하는 것은 ($2n \times$ 3dB 빔폭의 절반에 대한 사인값) km가 되지만, 그것이 전부를 의미하는 것은 아니다. 레이다가 방위각 또는 고각에서 두 표적을 구별할 수 있는 능력은 안테나 빔이 그들을 스캔하면서 수신하는 레이다 반사신호의 상대적 세기에 따라 달라진다. 물론, 만약에 표적들이 서로 충분히 이격되어 있어서 동시에 안테나 빔 내에 있지 않다면, 레이다는 표적들을 구별할 수 있다(즉, 분리해 낼 수 있다). 레이다는 일반적으로 동일한 송신 및 수신 안테나 패턴을 갖는 것으로 가정할 수 있기 때문에, 안테나 조준선에서 3dB 각도에 위치한 표적으로부터의 반사신호는 그림 9.35에 나타낸 것과 같이 조준선에 위치한 표적보다 6dB 낮은 전력으로 수신된다(3dB 낮은 전력이 전송되고, 반사할 때 3dB 감소함).

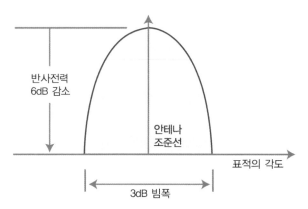

그림 9.35 안테나의 조준선으로부터 빔폭의 절반에 위치한 표적의 반사전력은 6dB 감소한다.

이제 레이다 안테나가 두 표적 사이를 움직일 때, 반 빔폭 차이로 구분되는 두 개의 표적으로부터 수신되는 총 신호 전력이 어떻게 변하는지 살펴보자. 첫째 표적으로부터의 전력은 두 번째 표적으로부터의 전력이 쌓이는 동안 더 천천히 감소하므로, 레이다는 하나의 연속적인 "범프bump"만 볼 수 있다. 반 빔폭 이하의 거리에서는 이러한 현상이 더욱 두드러진다. 두 표적이 반 빔폭 이상 떨어져 있을 때의 응답은 두 개의 "범프"를 보이지만, 표적 사이의 간격이 하나의 전체 빔폭만큼 떨어져 있을 때까지는 뚜렷하지 않다. 따라서 해상도 셀은 전체 빔폭 너비로 간주될 수 있지만, 반 빔폭으로 간주하는 것이 더 보수적이다.

해상도 셀의 깊이(즉, 거리 해상도의 한계)에 관한 메커니즘을 그림 9.36에 표시하였다. 그림은 레이다와 두 표적을 보여주고 있다(표적까지의 거리는 펄스폭에 비해 상대적으로 너무 짧게 묘사되었다). 두 표적이 거리 방향에서 펄스폭의 절반 미만으로 떨어져 있다면, 두 번째 표적의 빔 조사는 첫 번째 표적의 빔 조사가 완료되기 이전에 시작된다. 그러나 두 번째 표적으로부터의 펄스 반사신호 도착 시간은 두 표적 간의 거리를 빛의 속도로 나누고 2배를 곱한 시간만큼 첫 번째 반사신호보다 지연된다. 왜냐하면 첫 번째 표적에서 두 번째 표적까지의 거리에 대한 왕복 시간이 추가되기 때문이다. 따라서 거리 방향으로 두 표적 간의 간격이 감소함에 따라, 반사 펄스들은 거리 간격이 펄스폭의 반으로 줄어들 때까지는 중첩되지 않는다. 이로 인해 해상도 셀의 깊이는 펄스폭의(거리에서) 절반으로 제한된다.

이상의 논의로부터 레이다 해상도 셀은 빔폭과 펄스폭 동안 레이다 신호가 이동하는 거리의 절반으로 둘러싸인 영역으로 정의된다. George Stimson의 책 『Introduction to Airborne Radar』(SciTech Publishing, 1998)는 이런 내용들에 대한 훌륭하고 깊이 있는 논의를 포함하고 있다.

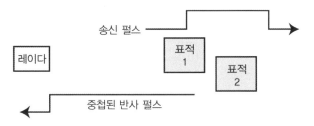

그림 9.36 거리 방향으로 하나의 펄스폭만큼 분리된 두 개의 표적은 펄스폭만큼 분리된 반사신호들을 생성한다.

9.9.3 편대 재밍

해상도 셀을 설명하는 데 너무 많은 시간을 할애하여 설명해 왔으므로, 편대 재밍 formation jamming은 그림 9.37과 같이 두 대의 항공기가 하나의 해상도 셀 내에 있는 경우 모노 펄스 레이다는 그들을 분리할 수 없으며, 따라서 레이다는 중심점을 추적할 것이라고 말하는 것으로 충분하다. 해상도 셀을 반 빔폭과 반 펄스폭으로 취한다면, 펄스폭이 짧은 경우(예: 100nsec 펄스폭의 경우 15m 이내로) 두 표적 항공기는 거리방향으로 밀집 편대를 유지해야 한다. 좌우 편대대형에 대한 밀집도는 다소 관대하다(예: 1° 레이다 빔폭의 경우, 거리 30km에 261m). 물론 빔폭이 줄어들수록 셀도 크게 좁아진다.

그림 9.37 편대 재밍은 두 개의 표적이 하나의 해상도 셀 내에 있는 경우 이루어진다.

그림 9.38에 나온 것처럼 레이다 거리 정보를 거부하기 위해 커버 펄스 또는 잡음 재밍을 사용하는 경우, 표적들 간 더 큰 거리 간격을 유지하면서 편대 재밍이 가능하다. 이러한 유형의 재밍에 필요한 J/S는 일반적으로 높지 않다(0~10dB).

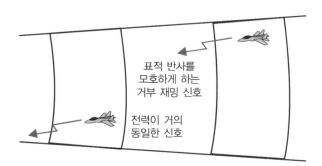

그림 9.38 레이다가 거리 정보를 알 수 없는 경우, 표적들 간의 거리를 더 넓게 유지하면서 편대 재밍이 가능하다.

9.9.4 블링킹 재밍

블링킹 재밍blinking jamming도 하나의 레이다 해상도 셀 내에 두 개의 표적들이 있는 상황에서 이루어진다. 그러나 표적들은 상호 협력적으로 사용되는 재머들을 가지고 있다. 이 두 대의 재머들은 레이다의 유도 서보 대역폭(일반적으로 0.1~10Hz)에 가까운 조정된 "블링킹blinking" 비율을 가지고 교대로 활성화된다. 만약 추적 응답에서 공진이 발생하면, 안테나의 조준이 큰 폭으로 오버슈트될 수 있다. 적절하게 운용되는 블링킹 재머들을 향해 유도 미사일을 발사할 경우, 유도 미사일은 두 개의 재머들로 번갈아 가며 유도되며, 표적과의 거리가 감소함에 따라 더욱 크게 흔들려 적절한 종말 유도가 방해된다.

9.9.5 지형 반사

지형 반사terrain bounce 기법은 능동 또는 반능동 미사일 유도시스템에 특히 강력하다(그림 9.39 참조). 이 기법은 강한 모의 레이다 신호를 발생시켜 지면에서 반사를 유발할 수 있는 각노로 지향시킨다. 재머가 전송하는 유효 방사 줄력ERP은 지면으로부터 반사되고, 미사일이 공격하는 항공기로부터의 반사신호보다 더 큰 신호강도로 미사일 추적 안테나에 도달할 수 있도록 충분히 커야 한다. 적절하게 이루어질 경우, 보호하고자 하는 항공기의 아래쪽으로 미사일이 유도된다.

그림 9.39 레이다 신호를 지면으로 반사시켜 강하게 재전송하면, 레이다 추적기는 보호 대상 항공기보다 낮은 지점으로 유도된다.

9.9.6 스커트 재밍

그림 9.40은 대역통과필터의 진폭 통과대역을 보여준다. 필터는 통과대역 내의 모든 주파수를 가능한 한 적은 감쇠로 통과시키는 한편, 통과대역 외부의 모든 신호는 가능한 한 많은 감쇠를 발생시키도록 설계된다. 이상적인 필터(때로는 스톤월 필터stone wall filter라고도 함)는 대역을 조금 벗어난 어떠한 신호도 무한한 감쇠를 가능하게 한다. 그러나 실제 필터에는 입력 신호를 대역 외의 양에 비례하여 감쇠시키는 "스커트skirt"가 있다.

스커트의 기울기는 옥타브당 6dB이다. 즉, 필터링의 각 단계에 대해 필터 통과대역의 중심에서 주파수 "거리"가 두 배로 늘어날 때마다 감쇠량은 4배가 증가한다. 필터들은 또한 대역을 크게 벗어난 신호들에 대해 최대의 감쇠가 적용되는 "완전 차단" 레벨이 있다. 이러한 완전 차단은 대략 60dB 정도이다. 이것은 대역 외부의 강한 신호가 만약 통과대역에 매우 가까우면 약간의 차단과 함께 필터를 통과할 수 있으며, 대역에서 멀리 떨어져 있으면 더욱 차단됨을 의미한다.

그림 9.40의 다른 곡선은 필터의 위상 응답을 보여준다. 일반적으로 잘 설계된 필터는 통과대역 전체를 통하여 매우 선형적인 위상 응답을 가진다. 그러나 통과대역의 경계를 넘어서면 위상 응답은 정의되지 않고, 거의 비선형적일 수 있다. 이것은 만일 "스커트" 주파수 범위에 강한 재밍 신호가 수신된다면 위상이 잘못되어 레이다의 추적 회로가 오동작을 일으키게 된다는 것을 의미한다. 물론 J/S는 매우 큰 값이어야 하는데, 이것은 필터의 거부를 극복하고, 나아가 실제 표적의 반사신호보다 더 큰 전력을 가져야 하기 때문이다.

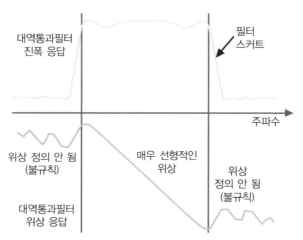

그림 9.40 필터 진폭 응답은 필터의 통과대역을 넘어서는 신호를 감쇠하지만, 감쇠는 필터의 "스커트(skirt)"에서 최댓값으로 증가한다. 필터의 위상 응답은 통과대역의 외부에서는 정의되지 않는다.

9.9.7 이미지 재밍

그림 9.41은 주파수 스펙트럼 다이어그램이다. 4장에서 살펴본 바와 같이 슈퍼헤테로다인 수신기는 국부 발진기LO를 사용하여 입력 RF 주파수를 중간 주파수IF로 변환한다. 이 주파수 변환은 믹서에서 이루어진다. 믹서는 고조파 또는 믹서로 입력되는 모든 신호의 합과 차의 주파수를 생성한다. 믹서의 출력은 필터를 통과하여 IF 증폭기로 전달된다(그리고 아마도 다른 주파수 변환 단계로도). LO 주파수는 IF 주파수와 동일한 양만큼 원하는 수신기 동조 주파수보다 높거나 낮다. 예를 들어 800kHz로 동조된 AM 방송 수신기에서

LO 주파수는 1,255kHz가 된다(IF 주파수가 455kHz이기 때문에). 이 경우 "이미지image" 주파수는 1,710kHz이며, 이 주파수로 믹서에 수신된 신호는 IF 증폭기에도 나타나 수신기 성능에 심각한 저하를 초래한다. 이러한 "이미지 응답"을 방지하기 위해 수신기의 설계에서는 믹서로부터 이미지 주파수를 분리하는 필터를 거의 항상 포함한다.

그림 9.41 슈퍼헤테로다인 수신기 또는 주파수 변환기의 중간 주파수(IF)는 수신기가 동조된 주파수와 국부발진기의 주파수 차이와 같다.

덧붙여서, 광대역 정찰용 수신기가 일반적으로 다중 변환 설계를 갖는 이유는 종종 이미지 응답 문제를 피하기 위해서이다.

그림 9.41과 같이 수신기가 동조된 주파수보다 높은 주파수의 LO를 사용하는 특정 레이다 수신기를 잠시 가정해보자. 물론 수신기는 표적 반사를 수신하기 위해 적절한 주파수로 동조되어 있다. IF 주파수는 표적 반사 주파수와 LO 주파수 간의 차이와 동일하다. 만약 표적 신호처럼 보이는 신호가 입력 필터링을 극복하기에 충분한 전력으로 이미지 주파수에서 수신되었다면, 이 신호도 레이다의 IF 증폭기에 의해 증폭되어 표적 반사신호와 같이 처리된다. 그러나 이는 실제 표적 반사신호와 상반된 위상을 가지고 있기 때문에 레이다 추적 오류 신호가 부호를 변경하도록 만든다(즉, 레이다를 표적 방향으로 이동하기보다 표적에서 먼 방향으로 이동).

불행히도, 이 기술은 레이다의 송신 주파수(도플러 편이가 없는 표적 반사 주파수가 된다)만 알고 있다고 해서 충분하지 않으며, 레이다 구조에 대해 훨씬 많은 지식을 요구한다. 이것이 상향 변환high-side conversion을 사용하는지, 하향 변환low-side conversion을 사용하는지 알아야 한다. 즉, LO가 표적 반사 주파수보다 높은지, 아니면 낮은지를 알아야 한다. 만일 레이다 수신기가 전혀 또는 거의 동조된 전단 필터링이 없는 경우, 이 기술은 J/S가 중간 수준 이상이면 충분하다. 그러나 상당한 동조 필터링이 있는 경우라면 60dB 이상의 J/S가 필요할 수 있다.

9.9.8 교차 편파 재밍

교차 편파 재밍cross-polarization jamming은 파라볼릭 안테나를 사용하는 일부 레이다에 효과적일 수 있다. 그 효과는 안테나의 초점거리 대 직경 비율의 함수이다. 왜냐하면 이 비율이 낮을수록 안테나의 곡률이 더 커지기 때문이다. 강한 교차 편파 신호에 의해 조사되는 경우, 안테나는 "콘돈condon" 로브라고 하는 교차 편파 로브 때문에 잘못된 추적 정보를 제공한다. 만일 교차 편파 응답이 일치하는 편파 응답보다 우세한 경우, 레이다의 추적 신호는 부호를 변경하게 되며, 따라서 레이다는 표적에 대한 추적을 잃어버리게 된다.

교차 편파 신호를 생성하기 위해 재머에는 두 개의 리피터 채널이 있다. 이 채널들은 그림 9.42와 같이 상호 직교하는 안테나들(즉, 각각 선형 편파를 갖지만 서로 90°로 교차)을 갖는다. 어떤 조합의 직교 편파도 가능하지만, 그림에서는 수직과 수평 편파로 나타나 있다. 만약 수신 신호의 수직 편파 성분이 수평 편파로 재전송된다면, 그림 9.43에 나타난 것처럼 수신 신호는 교차 편파되어 재전송된다.

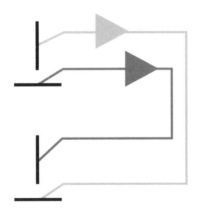

그림 9.42 교차 편파 재머는 레이다 신호를 두 개의 직교 편파 안테나들로 수신하고, 각 수신 신호들을 직교 편파하여 재전송한다.

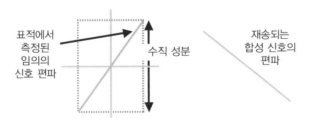

그림 9.43 직교 편파 재머는 수신된 임의의 선형 편파 신호에 대해 교차 편파된 신호를 생성한다. 이것은 각각 90° 편파 이동을 갖는 두 개의 직교 편파 신호 성분들을 재전송함으로써 이루어진다.

이 기법은 레이다 안테나의 설계에 따라 20~40dB의 J/S가 필요하다. 반드시 알아야 할 점은 편파 필터에 의해 보호되는 안테나는 교차 편파 재밍에 대한 취약성이 거의 없다는 것이다.

9.9.9 진폭 추적

본 절에서는 모노 펄스 레이다의 표적 추적 회로가 표적을 추적하는 방식에 대해 알아보고자 한다. 그림 9.44와 같이 2채널 모노 펄스 시스템을 생각해 보자. 두 개의 개별 센서(예: 안테나)가 표적 반사신호를 수신한다. 각도 추적 기능은 이 두 개의 수신 신호를 비교하여 생성된다. 이를 위해서는 오차 신호를 생성하기 위해 두 신호 사이의 차이가 확실해야 한다. 즉, 두 개의 센서를 연결하는 선이 표적에 대하여 수직이면 두 신호는 동일하지만, 센서 배열의 조준선이 멀어짐에 따라 추적기는 배열을 표적 방향으로 움직이도록 오차 신호를 생성해야 한다. 적절한 표적 추적을 위해 센서 출력에서 획득되는 오차 신호는 수신된 신호의 강도와 독립적이어야 하며, 이를 수행하는 가장 쉬운 방법은 차 신호를 합 신호와 비교하여 정규화하는 것이다.

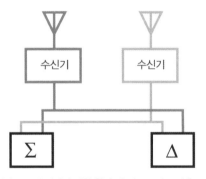

그림 9.44 일반적으로 모노 펄스 추적기는 두 수신기에 대한 합과 차 신호를 만든 다음 $\Delta - \Sigma$에서 추적 오류 신호를 생성한다.

그림 9.45는 추적기의 조준선과 표적에 대한 방위각 사이의 각도에 대한 함수로서 합과 차의 응답을 보여준다(방향 탐지의 경우에, 센서들의 조준선은 센서들을 연결하는 선에 수직임을 기억하라). 논의를 단순화하기 위해 합 신호는 기호 Σ, 차 신호는 기호 Δ로 표기한다. 추적 신호는 Δ에서 Σ를 뺀 값으로 이루어진다. 이 값이 클수록 추적장치가 조준선을 표적 방향으로 이동해야 하는 보정량이 커지게 된다. 물론 Δ는 수정해야 하는 방향을 결정한다.

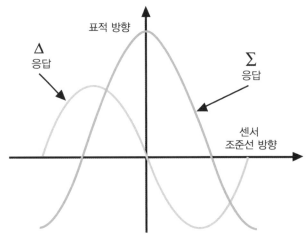

그림 9.45 추적 표적에 상대적인 센서 조준선 방향의 함수로서 합과 차 응답

9.9.10 위상동기 재밍

둘 또는 그 이상의 재머들이 함께 사용될 때, 2개 재밍 신호의 RF 위상이 일정하고 제어 가능한 관계를 가진다면 이를 위상동기coherent된 신호라고 부른다. 두 개의 위상동기 신호들이 서로 위상이 같은 경우에는 서로 보강되어 추가되지만, 위상이 180° 다르다면 서로 상쇄된다.

9.9.11 크로스 아이 재밍

크로스 아이 재밍cross eye jamming은 위상동기 관계를 갖는 한 쌍의 리피터 루프repeater loop를 사용한다. 각 루프는 다른 루프에서 수신한 신호를 재전송한다. 두 위치 간의 분리는 가능한 크게 유지되어야 한다. 그림 9.46은 항공기의 날개 끝에 크로스 아이 재머를 구현하는 방법을 보여준다. 두 개의 전기적인 경로는 길이가 동일해야 하며, 하나는 180° 위상편이가 있어야 한다. 시스템이 작동하는 방식을 이해하기 위해서는 "파면wavefront"이라는 개념을 다시 살펴볼 필요가 있다. 8장의 간섭계 방향 탐지에 대한 논의에서 설명했듯이, 파면은 실제로 자연에 존재하지는 않지만 매우 편리한 개념이다. 파면은 송신기 방향에 수직인 선이다. 무선 신호들은 무지향성 안테나로부터 구형으로 방사되기 때문에(그리고 지향성 안테나의 빔폭 내에서는 거의 동일하게 동작하기 때문에), 파면은 방사 신호들의 위상이 일정한 선으로 정의된다.

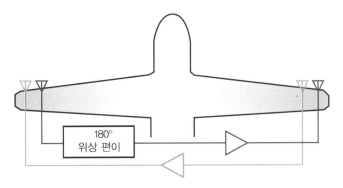

그림 9.46 크로스 아이 재머는 항공기의 날개 끝에 안테나가 있는 두 개의 재전송 루프로 구성될 수 있다. 하나의 루프는 180° 위상 편이를 가진다. 그들의 전기적 경로 길이는 동일하다.

그림 9.47은 레이다에서 리피터를 거쳐 다시 레이다로 돌아가는 총 경로 길이가(리피터 루프가 동일한 길이를 갖는 한) 두 리피터에 대해 방향이 바뀌어도 동일함을 보여준다. 두 리피터의 신호는 레이다의 추적 안테나에 도달할 때 방향과 관계없이 180° 위상 차이를 가지게 된다. 이로 인해 레이다 추적 회로가 피크를 예상하는 레이다 센서들의 결합된 응답에서 널null이 발생한다. 그림 9.45의 합과 차 응답을 다시 살펴보면, 합 응답에서 피크가 예상되는 위치에 널이 발생할 경우, 추적 신호가 심하게 왜곡될 수 있음을 알 수 있다.

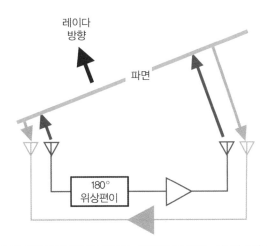

그림 9.47 레이다에서 재머 루프를 거쳐 다시 레이다로 돌아가는 전기적 경로 길이는 신호가 수신되는 방향에 관계없이 두 경로에서 동일하다.

이 효과는 그림 9.48에 나와 있는 것처럼 표적 반사신호 파면의 왜곡으로 나타난다. 이러한 파면 왜곡은 몇 도마다 반복된다. 그림 9.47에 나타난 효과 때문에 급격한 불연속의 중심이 바로 레이다에서 발생하는 것에 주목하자.

크로스 아이 기술의 적용에는 두 가지 중요한 제한사항이 있다. 하나는 두 리피터 경로의 전기적 길이가 매우 근접하게 일치해야 한다는 것이다(5°의 전기적 길이가 일반적인 값이다). 이것은 회로, 케이블, 또는 도파관을 통한 전기적 "길이"가 온도와 신호 세기에 따라 변하기 때문에 매우 어렵다(5°는 일반적인 레이다 주파수에서 1mm 미만임을 기억하자). 이 기술의 두 번째 제한사항은 매우 높은 J/S(20dB 이상)가 필요하다는 것이다. 왜냐하면 널null이 합 신호를 압도해야 하기 때문이다.

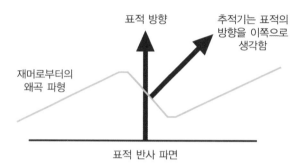

그림 9.48 크로스 아이 재머는 레이다에 반사되는 신호의 "파면"에서 불연속성을 생성하여 잘못된 추적 오류 신호를 발생시킨다.

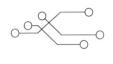

10장

디코이

10장

디코이

유도 무기가 점점 정교해지고, 특히 "홈 온 재밍home-on-jam" 모드가 더욱 널리 사용됨에 따라 레이다 디코이decoy의 중요성이 증가되고 있다. 이 장에서는 디코이들의 다양한 유형과 군 자산 방어를 위한 디코이의 활용, 그리고 디코이들을 전개하는 전략에 대해 논의한다.

10.1 디코이의 유형

디코이는 임무에 배치되는 방식, 위협과 상호 작용하는 방식 또는 보호하는 플랫폼 유형에 따라 분류될 수 있으며, 각 범주별로 다양한 용어가 존재한다. 몇 가지 공통적인 용어를 설정하기 위해 여기에서는 디코이 유형을 디코이가 전개되는 방식 측면에서 정의하고, 디코이의 임무는 표적을 보호하는 방식 측면에서 정의한다. 그리고 디코이에 의해 보호되는 군 자산으로서 플랫폼을 정의한다. 그러나 거의 모든 유형의 디코이가 모든 종류의 플랫폼을 보호하기 위해 거의 모든 유형의 임무에 사용될 수 있기 때문에 표 10.1에 반대 의견들이 있을 수 있다. 그러한 것들이 아직 가능하지는 않지만 아마도 가까운 장래에는 가능할 것이다. 문헌에 기술된 레이다 디코이의 경우 현재로서는 항공기 및 함정들의 보호로 제한된다. 밀리미터파 레이다 유도 탄약이 수상 이동 표적을 위협하기 위해 등장할 때에는 디코이 역시 지상 플랫폼 역할도 맡게 될 것이라고 가정할 수 있을 것이다.

표 10.1 디코이 유형과 관련된 전형적인 임무 및 플랫폼

디코이 유형	임무	보호되는 플랫폼
소모형 (expendable)	유인(seduction)	항공기 함정
	포화(saturation)	항공기 함정
견인형 (towed)	유인(seduction)	항공기
독립 기동형 (independent maneuver)	탐지(detection)	항공기 함정

표 10.1은 현재 EW 전문적 문헌들에 기술된 주요 용어들을 나타낸다. 디코이의 유형은 소모형, 견인형, "독립 기동형"으로 구분할 수 있다. 소모형 디코이는 포드에서 방출되거나 항공기의 미사일에서 발사되고, 함정의 튜브 또는 로켓 발사기에서 발사된다. 이러한 디코이는 일반적으로 짧은 시간 동안 동작한다(공중에서는 몇 초, 수중에서는 몇 분 정도이다).

견인형 디코이는 케이블로 항공기에 연결되며, 이를 통해 항공기에서 제어 및/또는 회수할 수 있다. 견인형 디코이의 경우 장시간 동작과 관련이 있다. 함정을 위한 견인형 바지선은 큰 코너 반사기를 사용하며, 이는 견인형 디코이로 간주될 수도 있지만 일반적으로 별도로 간주된다.

독립 기동형 디코이는 추진식 플랫폼, 일반적으로 공중 플랫폼에 배치된다. 예를 들면 UAV 디코이 페이로드, 선박 보호에 사용되는 덕트 팬 디코이, 헬리콥터 위 또는 아래에 장착된 디코이들이다. 독립 기동형 디코이의 경우 플랫폼을 보호할 때 상대적 기동에 대해 완전한 유연성을 갖는다(늘 따라다녀야 하는 견인형 디코이, 또는 떨어지거나 전방으로 발사되는 소모형 디코이와는 대조적으로). 적을 회피하거나 공격하기 위해 적 방어선을 노출시키기 위한 목적으로 독립 기동형 디코이가 항공기 전방으로 침투하는 것과 마찬가지로 독립 기동형 디코이는 함정 보호에도 중요하게 활용된다.

10.1.1 디코이 임무

디코이는 세 가지 기본 임무를 가진다. 적의 방어를 포화시키고, 적의 공격 대상을 의도된 표적으로부터 디코이로 전환하게 하며, 적이 디코이를 공격할 준비를 하도록 함으로써 공격 자산을 노출시키도록 하는 것이다. 이 세 가지 디코이 임무는 전자전이 탄생하기 훨씬 이전인 인간 분쟁의 역사만큼 오래되었다. 차이점이라고 한다면 현대의 EW 디코이는

인간 전투원의 감각을 직접 속이는 것이 아니라 목표물을 탐지하고 위치를 파악하며 무기 체계를 유도하는 전자적 센서들을 기만한다는 것이다.

10.1.2 포화형 디코이

어떤 유형의 무기체계이든 동시에 교전 가능한 표적의 수가 제한되어 있다. 각 표적에 대처하는 무기의 센서와 프로세서에는 제한된 시간밖에 주어지지 않기 때문에, 이러한 제한은 주어진 시간 내에 공격할 수 있는 표적의 수에 대한 제한이라고 더 정확하게 설명될 수 있다. 무기가 표적과 교전할 수 있는 총 시간은 표적이 처음 탐지된 시점부터 시작되며, 표적이 더 이상 탐지되지 않거나 무기가 임무 수행에 성공하면 종료된다. 무기는 한번에 최대 동시교전 표적 수에만 대응할 수 있다. 만약 더 많은 표적이 나타나면 무기가 포화점 이상에서 작동해야 하기 때문에 표적들의 일부는 공격을 피할 수 있다.

많은 수의 디코이들이 무기 또는 방공망과 같은 무기들의 조합을 포화시키는 데 사용될 수 있다. 그러나 디코이와 함께 또 다른 변수를 고려해야 한다. 일반적으로 무기 시스템과 관련된 레이다 프로세싱은 의도된 표적의 반사신호와 확연히 다른 레이다 반사신호들의 추적을 무시하거나 신속하게 버릴 수 있다. 따라서 디코이가 효과적이기 위해서는 무기 시스템의 센서가 쉽게 거부할 수 없는 실제 표적처럼 보여야만 한다. 기만하기 위하여 센서에 대해 더 많이 알면 알수록 더욱 효과적인(그리고 비용도 효율적인) 디코이가 될 수 있다. 이상적으로 디코이는 무기 시스템 센서에 의해 탐지된다는 속성만 있으면 된다. 다른 속성을 추가한다면 크기, 무게 및 비용들이다. 그림 10.1에서 방공망이 모든 표적을 처

그림 10.1 포화 디코이는 무기 센서들에게 다수의 뚜렷한 표적들을 처리하도록 강요함으로써 실제 표적에 대한 공격 능력을 감소시킨다.

리할 때까지 실제 표적은 임무를 완수했거나 더 이상 공격에 취약하지 않을 수 있다.

포화형 디코이 임무의 특수한 경우는 무기 시스템이 먼저 디코이를 획득한 다음 표적 찾기를 중지할 때 발생한다(그림 10.2). 이는 대함 미사일과 같이 수평선을 돌파한 후 표적 함정을 획득하기 위해 일반적으로 좁은 안테나 빔을 스캔하는 능동 유도가 있는 미사일로 부터 보호하는 데 특히 중요하다.

그림 10.2 무기 센서가 실제 표적을 탐지하기 전에 디코이를 획득하면 디코이를 공격함으로써 고가의 유도 미사일을 낭비하게 된다.

10.1.3 탐지형 디코이

레이다 디코이들의 새롭고 매우 유용한 용도는 대공 방어망과 같은 방어 시스템이 레이 다를 작동시킴으로써 탐지 및 공격에 취약하도록 만드는 것이다. 이를 위해서는 일반적으 로 독립 기동형 디코이가 필요하다. 만일 디코이가 실제 표적처럼 보이고 행동하면 획득 레이다 또는 기타 획득 센서가 이를 추적 레이다로 넘긴다. 일단 추적 레이다가 켜지게 되면, 적 무기의 살상 거리 범위 밖에 있는 항공기에서 발사되는 대방사 미사일의 공격에 취약하게 된다(그림 10.3).

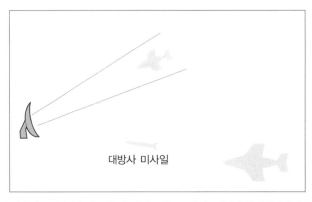

그림 10.3 만일 디코이에 의해 방공 레이다가 디코이를 추적하는 경우 무기 시스템의 살상 거리 밖에서 공격하는 항공기는 대방사 미사일로 레이다를 공격할 수 있다.

10.1.4 유인형 디코이

유인 임무에서 디코이는 표적을 추적하는 레이다의 주의를 끌어 레이다가 디코이로 추적을 변경하게 하는 것이다. 그런 다음 디코이는 그림 10.4와 같이 표적에서 멀어진다. 추적 레이다는 각도, 거리 그리고 주파수 게이트들을 사용하여 방위각(때로는 고도), 거리 및 반사신호 주파수의 협소한 세그먼트들만 고려한다. 디코이가 그러한 게이트들의 일부 또는 전부를 실제 표적에서 충분히 멀리 떨어뜨릴 수 있다면, 표적에 대한 레이다의 추적 락온이 해제된다. 따라서 유인형 디코이를 "락-해제break-lock 디코이"라고도 부른다.

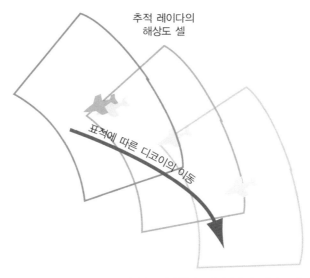

추적 레이다의
해상도 셀

표적에 따른 디코이의 이동

그림 10.4 유인 임무에서 디코이는 레이다의 해상도 셀 내에서 표적과 함께 동작하지만 디코이의 RCS는 훨씬 크고 분명하다. 따라서 레이다의 추적 게이트들을 포착하여 표적으로부터 멀리 이동시킨다.

10.2 RCS 및 반사 전력

레이다 반사 단면적radar cross-section, RCS은 레이다 신호를 반사하는 임의 물체의 유효 반사 면적이다. RCS는 반사를 유발하는 물체의 크기, 모양, 재질 그리고 표면 질감의 영향을 받으며, 주파수와 시야각에 따라 달라진다.

전자전에서 RCS의 중요한 측면은 RCS가 반사신호에 영향을 미치는 방식으로서 RCS는 재밍 대 신호비J/S의 신호 부분에 직접적으로 연관이 된다. 그림 10.5에 보이는 것처럼 RCS

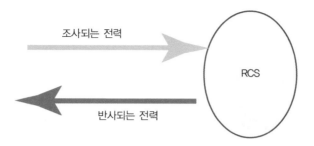

그림 10.5 RCS는 표적에 조사되는 전력과 표적으로부터 반사되는 전력의 비를 결정한다.

그림 10.6 RCS, 표적 또는 디코이는 하나의 증폭기와 두 개의 안테나인 것처럼 간주될 수 있다. RCS로 인한 유효 신호 이득은 증폭기 이득과 두 안테나 이득의 합이다.

는 조사되는 전력을 반사 전력으로 변환한다. "디코이 관점"에서 RCS는 그림 10.6과 같을 수 있다. RCS와 관련된 "이득"은 두 안테나의 이득과 증폭기의 합이다. 이러한 이득은 양수 또는 음수(즉, 손실)일 수 있음을 기억해야 한다. 앞서 2장에 포함된 레이다 링크의 논의에서 표적의 반사로 인한 "이득"에 대한 표현은 다음과 같았다.

$$P_2 - P_1 = -39 + 10\log(\sigma) + 20\log(F)$$

여기서, P_2(dBm)는 표적으로부터 나오는 신호이며, P_1(dBm)은 표적에 도달하는 신호를, σ(m²)는 RCS를, F(MHz)는 신호의 주파수를 나타낸다.

모든 "dB 방정식"과 마찬가지로 이 식은 일부 한정자와 함께 고려되어야 한다. 먼저 P_2와 P_1은 레이다 신호를 반사하는 표적에 매우 근접한 등방성 안테나를 갖는 이상적인 수신기에 의해 수신되는 반사 및 조사 전력이다(단, 안테나의 근거리장 효과는 무시한다). 이러한 식들이 항상 그렇듯이 물리 상수와 단위 환산 계수를 처리하기 위해 상수(이 경우에는 -39)가 입력된다. 그리고 이는 적절한 단위를 사용하는 경우에만 유효하다(이 경우 dBm,

m^2 및 MHz 단위).

예를 들어, $1m^2$ RCS에 의해 반사된 10GHz 신호는 다음과 같은 반사 "이득"을 갖는다.

$$P_2 - P_1 = -39 + 10\log(1) + 20\log(10,000) = 41\ dB$$

신호가 표적에서 반사될 때 자신의 전력을 증가시키지는 않기 때문에 당황할 필요는 없다. 이것은 이상적인 전방향성 안테나를 통해 이상적인 수신기에서 수신한 신호이다. 만일 RCS가 높다면 그것은 반사된 신호의 에너지가 다시 레이다 쪽으로 매우 잘 집중된다는 것을 의미한다.

안테나가 "스텔스" 플랫폼에서 왜 그렇게 문제가 되는지 이해하는 데 도움이 되는 여담으로, 위 식에서 $P_2 - P_1$을 안테나 이득(dB 단위)으로 대체하고, σ를 안테나 유효 면적(m^2 단위)으로 대체하면 안테나 크기와 이득에 관한 방정식을 갖게 된다.

10.3 수동형 디코이

수동형 디코이는 거의 모두 레이다 반사체들이다. 반사체들은 항상 전파 에너지를 잘 반사하는 재료(일반적으로 금속, 금속화 직물 또는 금속화 유리섬유)들로 만들어지기 때문에 반사체의 RCS는 크기와 기하학의 함수이다.

각각의 단순한 모양은 최대 RCS를 갖는 특징이 있다. 코너 반사기의 경우 매우 효과적인 반사특성을 가지고 상당히 넓은 각도에서 높은 RCS를 나타내기 때문에 종종 수동형 디코이에 사용된다. 그림 10.7에서 볼 수 있듯이 코너 반사기로 들어오는 신호는 세 번 반사되어 다시 원점으로 향하게 된다. 이제 그림 10.8과 같이 원통형 반사기와 그 내부에 맞는 코너 반사기의 상대적 RCS를 고려해 보자. 여기서는 현실감을 위해 1/4 원형 측면을 갖는 코너 반사기를 고려한다.

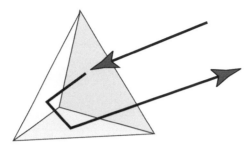

그림 10.7 코너 반사기는 매우 효율적이며 넓은 각도 범위에 걸쳐 역지향 반사를 제공한다.

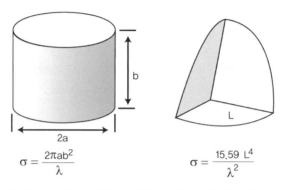

$$\sigma = \frac{2\pi ab^2}{\lambda} \qquad\qquad \sigma = \frac{15.59\ L^4}{\lambda^2}$$

그림 10.8 원통형 영역 내부에 코너 반사기를 배치하면 동일한 크기의 반사 원통에 비해 RCS가 100배 이상 증가한다.

원통의 최대 RCS는 다음 식으로 주어진다.

$$\sigma = (2\pi ab^2)/\lambda$$

여기서, a는 원통의 반지름, b는 원통의 길이, 그리고 λ는 신호의 파장이다. σ의 단위가 m^2이기 때문에 모든 길이들은 미터 단위여야 한다.

코너 반사기(1/4 원형 측면)의 최대 RCS는 다음과 같다.

$$\sigma = (15.59L^4)/\lambda^2$$

여기서, L은 코너 반사기의 1/4 원형 측면의 반경이다.

두 RCS의 비율을 구하면

$$\sigma_{CR}/\sigma_{CYL} = (15.59L^4\lambda)/(\lambda^2 2\pi ab^2)$$

이며, 여기서 b와 L을 $1.5a$로 가정하면, $\sigma_{CR}/\sigma_{CYL} = 3.72L/\lambda$가 된다.

예를 들어, 만일 $L=1$m이고 레이다의 주파수가 10GHz인 경우 코너 반사기는 거의 124배 더 효과적인 단면 또는 약 20.9dB 더 많은 반사신호 전력을 제공한다.

10.4 능동형 디코이

다시 그림 10.6을 참조하면 RCS는 두 개의 안테나 사이에 증폭기가 작동하는 것으로 간주할 수 있다. 두 안테나와 증폭기의 종단간 이득은 표적의 RCS로 인한 신호 이득 $P_2 - P_1$과 같다.

만약 실제로 두 개의 안테나와 증폭기를 사용하면 종단 간 동일한 이득을 제공하는 RCS로 동일한 효과를 신호에 갖게 된다. 즉, 이것은 물리적으로 작은 능동형 디코이가 물리적 크기보다 훨씬 큰 RCS를 모의할 수 있는 방법이다.

실제로 디코이는 "주" 발진기"primed" oscillator를 사용하여 수신된 신호의 주파수에서 크고 고정된 전력 신호를 출력할 수 있다. 이 경우 레이다가 표적에서 멀리 떨어져 있을 때 유효 이득과 이에 상응하는 RCS는 매우 커질 수 있다. 그러나 레이다가 표적에 접근함에 따라 유효 이득(따라서 "RCS")은 감소한다.

능동형 디코이의 또 다른 구현 방법은 모든 수신 신호에 대해 고정된 양의 이득을 제공하는 "관통형 반복기straight through repeater"를 사용하는 것이다. 레이다가 표적에 접근함에 따라 디코이의 증폭기가 포화될 때까지 동일한 RCS가 유지되며, 그 이후에는 주 발진기 디자인과 마찬가지로 등가 RCS가 감소하게 된다.

물리적으로 작은 디코이에서 특히 중요한 고려 사항은 두 개의 안테나들이 서로 충분히 격리되어야 한다는 것이다. 그래야만 전송되는 반사신호가 최대 종단 간 이득에서 수신 안테나의 수신 신호를 초과하지 않는다.

10.5 포화형 디코이

　포화형 디코이는 수동형이거나 능동형일 수 있지만 표적과 거의 동일한 RCS를 제공해야 한다. 또한 표적의 다른 특성들과도 충분히 매우 근접한 특성들을 제공해야만 레이다에 의해 탐지될 때 레이다를 "속일 수" 있게 된다. 이러한 특성의 예로는 움직임, 제트 엔진의 변조(만일 탐지된다면) 및 신호 변조 등이 있다. 수동 방해형 디코이의 예가 그림 10.9에 주어져 있다. 여기에서 채프 버스트chaff burst(보호되는 함정의 RCS와 비슷한 수동 RCS를 제공)는 패턴으로 형성되므로 공격하는 레이다 제어 시스템은 모든 채프 구름을 표적인 것처럼 처리해야 한다. (이 그림은 실제 축척이 아니며, 채프 버스트는 훨씬 더 큰 패턴으로 나타난다.)

그림 10.9 거의 동일한 RCS를 갖는 채프 구름 패턴 속의 함정은 공격용 미사일이 실제 표적을 찾기 위해 많은 표적들을 분석하도록 한다. 함정이 기동하고 채프 구름 역시 바람과 함께 움직이기 때문에 이러한 작업은 더욱 어려워진다.

10.6 유인형 디코이

　유인형 디코이는 위협 레이다의 추적 메커니즘을 의도한 표적에서 멀리 "유인"하기 때문에 그렇게 불린다(아마도 당신은 전문 기술 서적에서 "유인"과 같은 어떠한 성적인 농담도 찾을 수 없을 것이라고 생각했을 것이다). 디코이는 위협 레이다가 목표물을 획득한 후

유인하는 역할을 한다. 그 목적은 위협 레이다의 추적 메커니즘을 포착하고 표적에 대한 락을 해제하는 것이다. 이 기능은 기만 재머(예를 들어, 거리 게이트 풀 오프 재머)의 기능과 매우 유사하다. 그러나 디코이는 추적을 계속하는 위협 레이다의 관심을 유지한다는 점에서 더 강력하다. 반면에 거리 게이트 풀 오프 재머는 레이다의 거리 게이트를 표적이 없는 위치로 당겨서 레이다가 표적을 재획득하도록 한다.

이러한 디코이의 또 다른 장점은 물론 신호가 표적으로부터 멀리 떨어진 장소에서 전송된다는 것이다. 이것은 모노 펄스 레이다와 홈 온 재밍 모드를 무력화한다.

10.6.1 유인형 디코이의 동작 순서

유인형 디코이는 그림 10.10에서 볼 수 있듯이 레이다가 표적을 추적한 이후 위협 레이다의 해상도 셀 내에서 켜져야 한다. 이것이 효과적이기 위해서 디코이는 보호하고자 하는 표적보다 훨씬 더 큰 RCS를 모의할 수 있도록 충분한 전력으로 레이다 신호를 반사해야 한다. 능동형 디코이의 경우(10.4절), 적절한 처리 이득과 최대 전력이 필요하다. 수동형 디코이의 경우(예를 들어, 함정 방어를 위한 채프 버스트)에는 유효 디코이의 RCS가 표적보다 커야 한다. 표적의 RCS는 표적이 보이는 방위각과 고각의 함수이며, 공격 레이다에 표시되는 표적 RCS를 줄이기 위한 기동은 방어 전략의 필수적인 부분일 수 있다는 것을 알아야 한다. 아울러 현대의 "스텔스" 플랫폼들이 갖는 감소된 RCS는 어떠한 디코이의 RCS보다 더 나은 수준의 방어를 가능하게 한다는 점도 주목할 가치가 있다.

그림 10.10 처음에 위협 레이다는 해상도 셀의 중앙을 표적에 맞춘다. 유인형 디코이는 위협 해상도 셀 내에서 켜지게 되며, 표적보다 훨씬 큰 RCS를 나타낸다.

그림 10.11에서 볼 수 있듯이 디코이는 위협 레이다의 추적 메커니즘을 포착하고, 해상도 셀은 디코이가 표적에서 분리될 때 디코이의 중앙으로 이동한다. 이 그림에서 디코이는 표적 뒤에 떨어지고 있지만, 디코이가 추진되면 어떤 방향으로든 표적에서 멀어질 수 있다. 만약 디코이의 유인이 성공하면(그림 10.12), 디코이는 레이다의 해상도 셀을 충분히 멀리 끌어당기게 되며, 보호하고자 하는 표적은 해상도 셀에서 완전히 벗어날 수 있다. 이 시점에서 디코이의 유효 J/S비는 무한대이다. 디코이가 효과적이려면 위협 레이다에 감지되는 표적과 구별될 수 없어야 한다는 점에 유의하는 것이 중요하다. 만약 디코이가 생성하지 않는 어떠한 표적 반사신호의 매개변수라도 위협 레이다가 측정하는 경우 레이다는 디코이를 무시하고 계속 표적을 추적할 것이다. 그렇게 중요시될 수 있는 매개변수의 예로서는 제트 엔진 변조, 표적의 크기와 형상에 관련된 효과들을 들 수 있다.

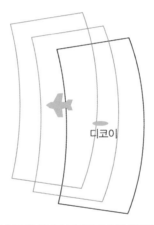

그림 10.11 디코이의 더 큰 RCS는 디코이가 표적으로부터 멀어질 때 위협 레이다의 해상도 셀이 디코이를 추적하도록 한다.

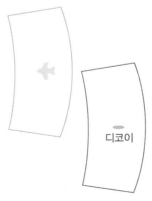

그림 10.12 위협 레이다의 해상도 셀이 표적으로부터 충분히 멀어져 표적이 더 이상 셀에 없게 되면 레이다는 디코이만 보고 추적한다.

그림 10.13은 디코이의 동작 순서 동안 위협 레이다에 의해 관측되는 RCS를 단순화하여 표현한 것이다. 이 그림에서 레이다에 대한 표적의 방향 변경과 레이다로부터 표적까지의 거리 변화에 따른 기하학적 효과들은 무시하였다. 이 두 가지 문제는 다음 절에서 다룰 것이다.

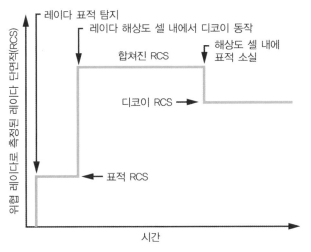

그림 10.13 유인형 디코이의 더 큰 RCS는 표적으로부터 레이다의 추적 게이트를 포착한다.

10.6.2 함정 보호를 위한 유인 기능

채프 버스트는 레이다 유도 대함 미사일에 대응하여 함정 보호를 위한 유인형 디코이로 사용된다. 이 경우 표적으로부터 디코이의 분리는 함정의 기동과 채프를 움직이는 바람에 의해서만 이루어진다. 그림 10.14에서 볼 수 있듯이 이상적으로 채프 버스트는 해상도 셀의 모서리에 배치되는데 이는 채프가 함정으로부터 가장 빠르게 분리되도록 한다. 이러한

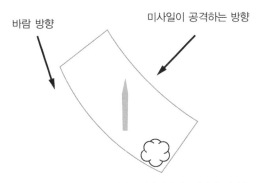

그림 10.14 유인 모드에서 사용되는 채프 버스트는 해상도 셀의 모서리에서 이루어진다. 이것은 공격하는 미사일을 함정으로부터 멀어지게 하는 방향으로 채프 버스트를 가장 빠르게 함정으로부터 분리한다.

버스트 위치는 공격 미사일의 레이다 유형, 상대 풍향 및 풍속, 공격 방향에 따라 결정된다. 유인형 채프 버스트가 종종 보호 함정에 너무 가까이에서 이루어지면 채프가 배의 갑판에 떨어지기도 한다.

10.6.3 덤프 모드 디코이 운용

디코이 운용의 또 다른 모드인 "덤프 모드dump mode"는 함정 방어에 있어서 중요하다. 이 운용 모드에서는 그림 10.15와 같이 디코이(예로서 채프 버스트)가 레이다의 해상도 셀 외부에 위치한다. 그런 다음 그림 10.16과 같이 기만 재머(예를 들어, 거리 게이트 풀 오프 재머)를 사용하여 해상도 셀을 표적으로부터 디코이로 끌어당긴다. 보호하는 표적의 RCS 에 상응하는(그리고 구별할 수 없는) RCS를 디코이가 생성하는 한 레이다는 디코이에 고 정된다. 당연히 디코이는 공격 미사일이 실수로라도 함정을 다시 획득하지 못하도록 하는 위치에 배치되어야 한다.

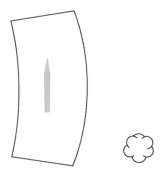

그림 10.15 함정 보호용 채프가 덤프 모드에서 사용될 때 위협 레이다의 해상도 셀 외부에 위치한다.

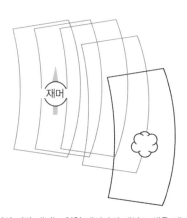

그림 10.16 보호하는 함정의 기만 재머는 위협 레이다의 해상도 셀을 채프 버스트 위로 끌어당긴다.

디코이의 효과는 디코이가 운용되는 상황에 따라 크게 영향을 받는다. 거의 모든 디코이 응용들이 동적인 상황들을 포함하기 때문에 다양한 교전 시나리오를 통해 디코이에 어떤 일이 발생하는지 고려하는 것이 매우 유용하다. 기본적으로 대함 미사일 공격으로부터 함정을 보호하는 것과 관련된 2차원 교전 시나리오를 다루기가 더 간단하기 때문에 이러한 예를 사용할 것이다. 그러나 적절한 교전 기하학이 고려된다면 동일한 원리가 항공기 보호에도 적용된다.

10.7.1 간단한 복습

2장에서 설명되었던 단방향 링크 방정식은 수신된 신호의 세기를 송신기 유효 방사 출력, 신호 주파수, 그리고 송신기와 수신기 위치 사이의 거리 함수로 정의하였다. 대기 손실을 무시하면 방정식은 다음과 같다.

$$P_R = \mathrm{ERP} - 32 - 20\log(F) - 20\log(d) + G_R$$

여기서, P_R(dBm)은 수신 신호 전력, ERP(dBm)는 송신기의 유효 방사 출력, F(MHz)는 전송 신호의 주파수, d(km)는 송신기에서 수신기까지의 거리, 그리고 G_R(dB)는 수신 안테나 이득이다.

10.2절에서 볼 수 있듯이 유효 이득(디코이로 송신하거나 디코이로부터 수신하는 등방성 안테나에 대한) 방정식은 RCS와 신호 주파수의 함수로서 다음과 같다.

$$G = -39 + 10\log(\sigma) + 20\log(F)$$

여기서, G(dB)는 디코이 유효 RCS로부터의 등가 신호 이득을, σ(m²)는 디코이의 유효 RCS를, 그리고 F(MHz)는 신호의 주파수를 각각 나타낸다.

$10\log(\sigma)$항은 1m²에 대한 dB 단위의 RCS 또는 dBsm이며, 따라서 위의 방정식은 다음 형식으로 재구성될 수 있다.

$$\text{RCS}\,(\text{dBsm})= 39 + G - 20\log\,(F)$$

10.7.2 단순 시나리오

대함 미사일이 항공기로부터 함정을 향해 발사되고 수평선(함정에서 약 10km 정도)에서 능동 추적 레이다를 동작시킨다. 공격이 임박했다는 ESM 시스템의 경고를 받는 함정은 자신과 미사일 사이에 디코이를 배치한다. 디코이와 함정은 그림 10.17과 같이 미사일의 레이다 빔에 속하게 된다. 디코이가 함정 위치에서 멀어짐에 따라 디코이가 성공적으로 미사일의 레이다를 포착했다고 가정하면, 그림 10.18에서처럼 레이다 빔은 디코이를 따라가고 함정은 레이다 빔 밖으로 놓이게 된다.

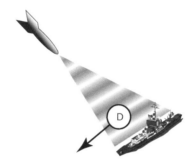

그림 10.17 미사일의 능동 추적 레이다와 디코이(D), 그리고 표적 사이의 교전은 레이다가 켜질 때 시작된다. 디코이와 표적은 모두 레이다의 안테나 빔에 속하게 된다.

그림 10.18 디코이가 레이다를 포착하면 미사일은 디코이에 고정되고, 디코이가 표적에서 멀어짐에 따라 레이다의 안테나 빔도 표적으로부터 멀어진다.

이제 보호되는 함정의 ESM 수신기에 교전이 어떻게 보이는지 고려해 보자. 디코이(또는 다른 EW) 보호가 없는 경우 미사일은 (일반적으로) 마하 1에 조금 못 미치는 속도로 함정을 향해 곧바로 기동하고, 함정은 미사일의 레이다 빔 중앙 또는 그 부근에 남게 된다. 그러면 ESM 시스템이 수신한 신호 전력은 그림 10.19에 표시된 시간 이력을 갖게 된다. 레이

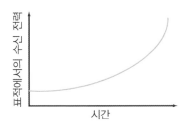

그림 10.19 교전이 진행됨에 따라 표적에서 수신되는 전력은 전파 손실만큼 감소된 레이다의 ERP이다.

다의 ERP는 송신기 전력과 최대 안테나 이득의 합(dB 단위)이다. ESM 시스템의 안테나 이득은 일정하게 유지되고, 주파수 역시 일정하게 유지된다. 그러나 신호의 전파 거리는 미사일의 접근 속도에 따라 줄어들며, 따라서 $20\log(d)$항은 급격하게 변하게 된다. 이 항은 전파 손실을 거리의 제곱 함수로 변경하므로 수신된 신호 전력은 그림 10.19에 표시된 곡선을 따른다.

다행히도 디코이는 레이다를 포착하고 안테나 빔을 함정에서 멀리 이동시킨다. 함정이 레이다 안테나의 주빔을 벗어나면 함정 방향의 레이다 ERP는 그림 10.20과 같이 급격하게 떨어진다. 덧붙여서, 디코이가 미사일의 레이다를 성공적으로 포착하지 못하고 디코이가 함정이 아니라 안테나 빔 밖으로 이동한 경우에 디코이가 보는 것도 동일한 신호 이력을 갖는다.

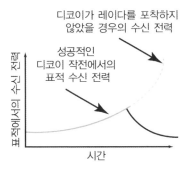

그림 10.20 디코이가 미사일의 레이다를 포착하면 표적이 레이다의 안테나 빔을 떠나면서 표적에서의 신호 전력이 감소한다.

10.7.3 시나리오에서 디코이 RCS

능동형 디코이의 유효 RCS는 디코이 이득과 최대 출력 전력에 따라 다르다. 그림 10.21에서 볼 수 있듯이 고정 이득 디코이에 의해 생성되는 RCS(dBsm)는 39 + 이득(dB) − 20log(F)를 따른다(여기서, F는 MHz 단위이다). 이것은 디코이에 의해 수신된 신호가 최대 출력 전력에서 디코이 이득을 뺀 것과 같을 정도로 충분히 가까워질 때까지 유효하다. 그 지점 이후 디코이의 유효 RCS는 수신 신호 전력이 1dB 증가할 때마다 1dB씩 감소한다.

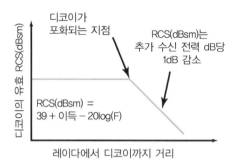

그림 10.21 디코이의 유효 레이다 반사 단면적은 디코이의 이득과 최대 출력 전력에 따라 달라진다.

주 발진기 디코이는 수신 신호 전력에 관계없이 최대 전력으로 전송하므로 매우 약한 레이다 신호(즉, 장거리)를 수신할 때 수신 신호와 송신 신호의 차이가 매우 크다. 디코이는 사실상 매우 큰 이득을 가지고 있으며, 따라서 매우 큰 RCS를 생성한다.

그림 10.22는 교전상황에 몇 가지 숫자들을 넣어본 것이다. 80dB 이득과 100W의 최대 출력 전력을 갖는 능동형 디코이가 10GHz에서 100kW ERP를 가지는 레이다에 대응하는 상황을 고려해 보자(보기 좋게 끝수가 없는 숫자들이지만, 어떤 장비와도 유사성은 없다). 그림에서 점선 곡선은 레이다로부터의 거리에 따른 디코이의 유효 RCS를 보여준다. 선형 이득 범위에서 디코이는 다음과 같은 RCS(dBsm)를 생성한다.

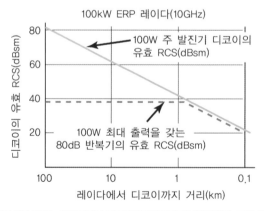

그림 10.22 주 발진기 디코이의 유효 RCS는 레이다에서 디코이까지의 거리에 반비례한다. 고정 이득을 갖는 디코이의 경우 RCS는 디코이가 포화될 때까지 일정하게 유지된다.

$$39 + G - 20\log(10{,}000) = 39 + 80 - 80 = 39\,\text{dBsm}$$

디코이의 RCS는 레이다로부터 수신된 신호가 100W − 80dB(즉, +50dBm − 80dB = -30dBm)일 때 떨어지기 시작한다. 이는 ERP − 32 − 20log(F) − 20log(d) = -30dBm(수신 안테나의 이득은 0dB 가정)일 때 발생한다. 몇몇 숫자를 입력하고 방정식을 재정리하면 다음과 같이 된다.

$$\begin{aligned} 20\log(d) &= 30\,\text{dBm} + \text{ERP} - 32 - 20\log(F) \\ &= 30 + 80 - 32 - 80 = -2\,\text{dB} \end{aligned}$$

여기서, $d = 10^{(-2/20)} = $ 0.794km 또는 794m이다.

만약 항상 최대 전력으로 동작하고 적정 거리에서 신호를 탐지할 수 있는 충분한 감도를 갖는 주 발진기 디코이라면, 유효 RCS는 그림의 실선과 일치한다. 10km 거리에서 유효 RCS를 계산하려면 해당 거리에서 수신된 신호의 세기를 계산한다.

$$\begin{aligned} P_R(\text{dBm}) &= +80\,(\text{dBm}) - 32 - 20\log(10) - 80 \\ &= 80 - 32 - 20 - 80 = -52\,\text{dBm} \end{aligned}$$

디코이 출력이 100W이므로 유효 이득은 +50dBm − (-52dBm) = 102dB이다. 이는 다음과 같은 유효 RCS(dBsm)를 만든다.

$$\text{RCS}(\text{dBsm}) = 39 + G - 20\log(F) = 39 + 102 - 80 = 61\,(\text{dBsm})$$

이것은 100만m^{2}보다 큰 값이다.

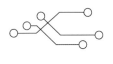

11장
시뮬레이션

11장

시뮬레이션

일반적으로 EW 시뮬레이션은 비용을 절감하기 위해 사용된다. 그러나 시뮬레이션을 하는 데에는 더 중요한 이유가 있다. 시뮬레이션은 아직 존재하지 않는 상황에서 운용자, 장비 및 기술의 성능을 현실적으로 평가할 수 있게 해 준다. 또한, 시뮬레이션은 실제 상황에서처럼 생명을 위협할 수 있는 조건에서 개인의 현실적인 훈련을 가능하게 한다.

11.1 정의

시뮬레이션은 상응하는 실제 상황이나 자극이 존재하는 것처럼 결과가 발생하도록 인위적인 상황이나 자극을 생성하는 것이다. EW 시뮬레이션은 종종 적의 전자 장비에 의해 발생하는 유사한 신호 생성을 포함한다. 이러한 유사 신호는 운용자들을 훈련시키고, 전자 시스템 및 하위 시스템의 성능을 평가하며, 적의 전자 자산 또는 제어하는 무기의 성능을 예측하기 위해 사용된다.

시뮬레이션을 통해 운용자와 EW 장비는 하나 이상의 위협 신호가 존재하고 군사적인 상황에서 하는 것처럼 반응하도록 할 수 있다. 일반적으로 시뮬레이션에는 위협 신호에 대한 운용자 또는 장비의 응답에 따라 시뮬레이션된 위협을 상호작용적으로 업데이트하는 것을 포함한다.

11.1.1 시뮬레이션 분류

시뮬레이션은 종종 컴퓨터 시뮬레이션computer simulation, 운용자 인터페이스 시뮬레이션 operator interface simulation 및 에뮬레이션emulation 등 세 가지로 나눈다. 컴퓨터 시뮬레이션을 "모델링modeling"이라고 한다. 운용자 인터페이스 시뮬레이션은 종종 단순히 "시뮬레이션"이라고 한다. 동일한 용어가 일반적으로 전체 시뮬레이션이나 이 운용자 인터페이스 시뮬레이션을 정의할 때 사용되기 때문에 혼동이 발생할 수 있다. 세 가지 접근 방식 모두 훈련 또는 시험 및 평가test and evaluation, T&E에 사용된다. 표 11.1은 각 하위 카테고리의 용도별 사용 빈도를 나타낸 것이다.

표 11.1 시뮬레이션 분류와 목적

시뮬레이션 목적	시뮬레이션 분류별 적용빈도		
	모델링	시뮬레이션	에뮬레이션
훈련	높음	높음	보통
시험 및 평가	보통	낮음	높음

11.1.2 모델링

컴퓨터 시뮬레이션(또는 모델링)은 컴퓨터를 사용하여 아군 및 적 자산의 수학적 표현을 활용하고 서로 어떻게 상호 작용하는지 평가하는 과정이다. 모델링에서는 전술적 운용자 제어, 디스플레이의 신호나 표현은 생성되지 않는다. 모델링의 목적은 수학적으로 정의할 수 있는 장비와 전술의 상호 작용을 평가하는 것이다. 모델링은 전략과 전술을 평가하는 데 유용하다. 상황이 정의되고, 여러 접근 방식이 구현되며, 결과가 비교된다. 중요한 점은 모든 시뮬레이션이나 에뮬레이션이 그림 11.1과 같이 EW 시스템과 위협 환경 간의 상호 작용 모델을 기반으로 수행되어야 한다는 것이다.

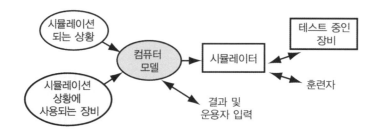

그림 11.1 모든 유형의 시뮬레이션은 장비 모델 및/또는 전술적 상황을 기반으로 해야 한다.

11.1.3 시뮬레이션

운용자 인터페이스 시뮬레이션은 실제 신호의 생성 없이 모델링된 상황에 대한 응답으로 운용자 디스플레이를 생성하고 운용자 제어를 판독하는 것을 의미한다. 운용자는 마치 전술적 상황에 있는 것처럼 컴퓨터로 생성된 디스플레이를 보고, 컴퓨터로 생성된 오디오를 듣는다. 컴퓨터는 운용자의 제어 응답을 읽고 표시된 정보에 맞도록 수정한다. 운용자의 제어 조치가 전술적 상황을 수정할 수 있는 경우, 이 또한 디스플레이 표시에 반영된다.

일부 응용 프로그램에서 운용자 인터페이스 시뮬레이션은 시뮬레이션 컴퓨터에서 시스템 디스플레이를 구동하여 수행된다. 스위치는 이진 입력으로 읽히며, 아날로그 제어(예: 회전식 볼륨 제어)는 일반적으로 컴퓨터에서 읽을 수 있는 노브knob 위치를 제공하는 샤프트 인코더shaft encoder에 부착된다.

다른 접근 방식은 컴퓨터 화면에 시스템 디스플레이의 인공적인 표현을 생성하는 것이다. 디스플레이는 일반적으로 실제 다이얼이나 CRT 스크린 외에도 일부 계기판을 포함하는 시스템 디스플레이로 표시된다. 제어는 컴퓨터 화면에 표시되며 마우스나 터치스크린 기능으로 조작된다.

11.1.4 에뮬레이션

실제 시스템의 일부가 존재하는 경우에는 에뮬레이션 접근 방식이 사용된다. 에뮬레이션은 신호가 시스템에 주입되는 지점에서 신호를 생성하는 것을 포함된다. 에뮬레이션 접근 방식이 훈련에 사용할 수는 있지만, 거의 항상 시스템이나 하위 시스템의 T&E에 사용된다.

그림 11.2에서 볼 수 있듯이 에뮬레이션 신호는 시스템의 여러 지점에 주입될 수 있다. 핵심은 시뮬레이션된 전술 상황에서 전체 시스템을 통해 온 것처럼 입력된 신호를 보이고

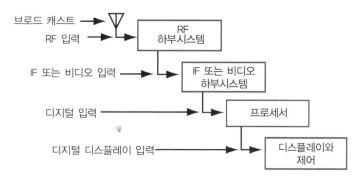

그림 11.2 에뮬레이션 신호는 EW 시스템의 여러 지점에 입력될 수 있으며, 일반적으로 입력 지점 바로 아래의 하위 시스템에 대한 현실적인 테스트를 제공하기 위해 사용된다.

작동하도록 만드는 것이다. 또 다른 중요한 점은 주입 지점의 아래에서 발생하는 모든 것이 주입 지점에 도착하는 신호에 영향을 미칠 수 있다는 것이다. 그렇다면 입력된 신호를 적절하게 수정해야 한다.

11.1.5 훈련용 시뮬레이션

훈련용 시뮬레이션은 학생들이 (안전하고 통제된 방식으로) 경험을 겪을 수 있도록 함으로써 기술을 배우거나 연습할 수 있는 기회를 제공한다. EW 훈련에서는 학생들이 군사 상황에서 운용 위치에 있을 때 적의 신호를 경험하도록 하는 것이 가장 일반적이다. EW 시뮬레이션은 종종 완전한 훈련 경험을 제공하기 위해 다른 시뮬레이션과 통합하기도 한다. 예를 들어, 특정 항공기에 대한 조종석 시뮬레이터는 항공기가 적대적인 전자 환경을 통과하여 비행하는 것처럼 반응하는 EW 디스플레이를 포함할 수 있다. 훈련 시뮬레이션을 통해 일반적으로 교육자는 학생이 보는 것과 학생이 어떻게 반응하는지 관찰할 수 있다. 경우에 따라 교육자는 훈련 후 평가의 일환으로 상황과 반응을 재생할 수 있으며, 이는 강력한 학습 경험이 된다.

11.1.6 T & E 시뮬레이션

장비의 T & E 시뮬레이션은 장비가 설계된 작업을 수행하고 있는 것으로 인식하도록 만드는 것이다. 이는 센서가 감지할 수 있는 특성을 가진 신호를 생성하는 것만큼 간단할 수도 있다. 또는 장기간의 교전 시나리오를 통과하면서 전체 시스템이 경험할 수 있는 모든 신호를 포함한 현실적인 신호 환경을 생성하는 것만큼 복잡할 수도 있다. 더 나아가, 이 환경은 시험 중인 시스템이 사전 프로그램되거나 운용자가 선택한 일련의 제어 및 이동 동작 순서에 응답하여 달라질 수 있다. 이는 운용자에게 기술을 전수하는 것이 아니라 장비가 얼마나 잘 작동하는지 판단하기 위한 목적이라는 점에서 훈련 시뮬레이션과 구별된다.

11.1.7 EW 시뮬레이션 충실도

충실도는 EW 시뮬레이터의 설계 또는 선택에서 중요한 고려사항이다. 모델의 충실도와 시스템 및 운용자에게 표시되는 데이터의 충실도는 해당 임무에 적합해야만 한다. 훈련 시뮬레이션에서 충실도는 운용자가 시뮬레이션을 감지하지 못하도록(또는 적어도 훈련 목표에 방해되지 않도록) 적절해야 한다. T & E 시뮬레이션에서 충실도는 테스트된 장비의 인지 임곗값보다 입력된 신호의 정확도를 제공하기에 충분해야 한다. 그림 11.3에서 볼 수 있듯이 시뮬레이션 비용은 제공되는 충실도의 함수로서 지수적으로 증가한다. 그러나 충실도의 가치는 훈련생 또는 훈련 장비의 인지 수준에 도달하면 더 이상 증가하지 않는다.

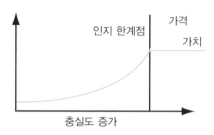

그림 11.3 시뮬레이션 비용은 지수적으로 증가할 수 있지만, 테스트 대상 장비나 훈련을 받는 개인이 부정확성을 더는 인지할 수 없는 임곗값을 넘어선다면 가치는 더 증가하지 않는다.

11.2 컴퓨터 시뮬레이션

컴퓨터 시뮬레이션은 어떤 상황이나 장비의 모델을 설정하고 그 모델을 조작하여 결과를 결정하는 것을 포함한다. EW 분야의 중요한 시뮬레이션은 다음과 같다.

- 일부 전투 상황에서 예상되는 순서에 대응하여 하나 이상의 위협 에미터 신호가 적용되는 위협 시나리오에 대한 EW 자산의 성능 분석
- 다양한 EW 자산 적용 효과를 포함하여 전자 제어 무기와 그 표적에 대한 교전 분석
- 전형적인 임무 시나리오를 통해 이동하는 동안 다양한 EW 기능으로 보호되는 아군 항공기, 함정 또는 지상 이동장비의 생존 가능성 분석

11.2.1 모델

컴퓨터 시뮬레이션은 각 "플레이어player"의 모든 관련 특성을 수학적으로 표현한 모델을 기반으로 한다. 플레이어가 상호 작용하는 곳인 "게임 영역gaming area"이 있다. 게임 영역은 위치, 주파수, 시간 등과 같은 다양한 자원을 가질 수 있다. 모델의 구축 난계는 다음과 같다.

- 게임 영역을 설계한다. 행동은 어느 정도의 영역을 포함하는가? 가장 높은 위치에 위치하는 플레이어의 고도를 포함하라. 플레이어가 다른 플레이어에게 얼마나 멀리 영향을 미칠 수 있는가? 시뮬레이션에 가장 편리한 좌표계는 무엇인가? 종종 직교 좌표계(x와 y는 평면의 표면을 따라 이동하고, z는 고도를 나타내는)를 사용할 수 있으며, 게임 영역의 한 모서리를 기준으로 0을 설정한다.
- 적절하다면 게임 영역에 지형의 고도를 추가한다.
- 각 플레이어를 특성화한다. 그 특성은 무엇인가? 다른 플레이어의 특정 행동이 그 특성에 어떤 변화를 가져오는가? 이동 방식은 어떻게 되는가? 이러한 각 특성은 숫자로 설명되어야 하며, 이동은 특정 행동을 포함하는 방정식의 요소로 설명되어야 한다. 필요한 모델 해상도를 결정하고, 모델 타이밍 간격을 설정한다.
- 플레이어를 초기 위치와 조건으로 설정한다.

모델이 설정되면 시뮬레이션을 실행하고 결과를 확인할 수 있다.

11.2.2 함정 보호 모델 예

EW 교전 모델의 예가 그림 11.4에 나와 있다. 이는 함정과 레이다 유도 대함 미사일 사이의 교전을 모델링한 것이다.

함정은 채프 구름과 디코이로 보호된다. 시뮬레이션은 미사일이 함정을 빗나가는 거리를 결정한다. 빗나가는 거리가 함정의 크기보다 작으면 미사일이 함정을 격추한다.

게임 영역은 모든 활동을 포함할 수 있을 만큼 충분히 커야 한다. 미사일은 함정의 레이다 지평선(약 10km 거리)에 도달하면 레이다를 켠다. 공격 방향을 모르기 때문에 게임 영역에는 함정 주위에 최소 10km의 원이 있어야 한다. (상승 및 하강할 수 있는) 미사일의 최종 이동이 시뮬레이션에 포함되지 않는 한, 게임 영역은 2차원적일 수 있다. 게임 영역의 유일한 다른 요소는 바람으로 속도와 방향을 가지고 있다. 플레이어에는 함정, 미사일, 디코이 및 채프 버스트가 포함된다. 함정은 위치, 속도 벡터 및 레이다 반사 단면적RCS을 포함한다. 만약에 함정이 회전하지 않는 경우, 시작 위치에서 진행 방향으로 함정의 항행속도로 이동하여 위치를 계산할 수 있다.

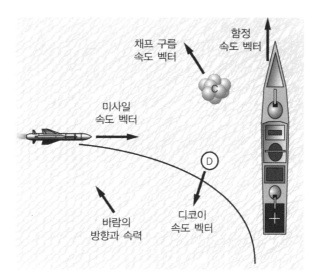

채프 구름
속도 벡터

함정
속도 벡터

미사일
속도 벡터

바람의
방향과 속력

디코이
속도 벡터

그림 11.4 미사일과 EW 보호 함정 간의 교전 모델에는 모든 보호 자산도 포함된다.

특정 상황에서 미사일의 레이다가 탐지되면 최대 속도로 선회하는 것이 적절하다. 모든 유형의 함정에 대해 어떤 항행 속도에서도 최대 속도로 선회하기 위한 전방 및 횡단 경로 위치가 테이블 형태로 제공된다. 회전으로 인해 함정이 감속되기 때문에 경로는 나선형을 나타낸다. 함정의 RCS는 함정의 선수와 고각의 함수로 그래픽 또는 표 형식으로 제공된다.

미사일에는 위치, 속도 벡터 및 레이다 매개변수 등이 있다. 일반적으로 미사일은 일정한 속도로 비행하며, 해수면 위로부터 작고 일정한 거리를 유지한다. 미사일의 이동 방향은 레이다가 수신하는 내용에 따라 결정된다. 미사일의 실제 위치는 레이다에 의해 지시되는 방향으로 계산 시간과 속도에 따라 달라진다. 그 방향을 결정하는 것이 시뮬레이션의 핵심이며 아래에서 다룰 것이다. 우리는 미사일의 레이다를 수직 팬 빔vertical-fan beam을 가진 펄스 형태로 간주한다.

중요한 레이다 매개변수에는 유효 방사 출력ERP, 주파수, 펄스폭, 수평 빔폭 및 스캔 매개변수 등이 포함된다. 함정이 레이다를 이용하여 미사일을 감지하는 경우, 미사일의 RCS도 중요하다. 여기서는 함정이 미사일의 레이다만 감지한다고 가정한다.

채프 구름에는 위치, 속도 벡터 및 RCS가 있다. 구름은 바람을 따라 이동하기 때문에 채프 구름의 속도 벡터는 바람에 의해 결정된다. 채프 구름의 RCS는 특정 주파수(즉, 미사일 레이다의 동작 주파수)에 고정된다. 이 시뮬레이션에서는 채프 구름이 RCS를 최대화하기 위한 최적의 고도에 있다고 가정한다.

디코이 운용변수에는 위치, 속도 벡터, 이득 및 최대 출력이 있다. 레이다에서 신호를 수신하여 가능한 최대 ERP, 즉 디코이의 처리이득(안테나 이득 포함)만큼 증가된 수신 전력으로 신호를 재전송한다. 디코이의 처리이득은 효과적인 RCS를 생성한다. 흥미로운 점은 수신된 신호의 주파수에서 최대 전력을 전송하는 주 발진기 디코이primed-oscillator decoy는 수신된 레이다 신호가 최소인 경우(즉, 최대 거리에서) 최대 RCS를 생성한다. 그런 다음 미사일이 디코이에 접근함에 따라 RCS는 거리의 제곱에 반비례하여 감소한다. 디코이가 떠 있다면 전혀 이동이 없을 것이다. 또는 미사일을 함정으로부터 멀리 떨어뜨리도록 유인하기 위하여 사전 설정된 패턴을 통해 이동하는 종류의 디코이일 수도 있다.

11.2.3 함정 보호 시뮬레이션 예

시뮬레이션은 함정이 특정 방위각으로 기동하고, 미사일은 함정으로부터 10km 떨어진 곳에서 함정을 향해 순항 속도로 이동하면서 레이다를 켜는 것으로 시작된다.

미사일 레이다는 각도 세그먼트를 소인하면서 표적을 획득한다. 레이다가 켜지기 전에 디코이 또는 채프 구름이 전개된 경우, 미사일은 함정 대신 이들 중 하나를 탐지할 것이다. 그러나 우리는 미사일 레이다가 함정을 탐지하는 최악의 경우를 가정할 것이다. 탐지 후 레이다는 함정의 레이다 반사 방향으로 미사일을 조종한다.

그림 11.5에서 볼 수 있듯이 미사일 레이다는 펄스폭에 0.3m/ns를 곱한 것과 동일한 깊이의 해상도 셀을 가지고 있다(이 값은 일반적으로 채프를 사용하여 함정을 보호할 때 계산에 사용되며 공중과 지상 기반의 레이다에는 이 값의 절반을 사용한다).

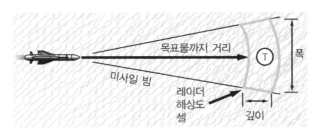

그림 11.5 레이다 해상도 셀은 펄스폭과 안테나 빔폭의 함수로 결정된다.

해상도 셀의 폭은 레이다 3dB 수평 빔폭의 절반 값에 레이다에서 표적까지의 거리를 곱한 사인값의 두 배이다. 해상도 셀은 레이다가 두 개의 표적 반사를 구별할 수 없는 영역이다. 셀 내에 두 개의 표적이 있는 경우, 레이다는 둘 사이에 하나의 표적이 있는 것처럼 반응하고 상대적으로 RCS에 비례하여 더 강한 반사파의 위치로 접근해 간다(그림 11.6 참조). 미사일이 함정에서 멀어지면 해상도 셀이 넓어지고, 가까워질수록 셀이 좁아진다. 미사일이 함정에 명중하면, 충돌 순간 셀의 너비는 0이 된다.

그림 11.6 미사일 레이다는 최대 반사신호가 시작되는 위치를 중심으로 해상도 셀을 유지한다. 그것은 해상도 셀 내에서 둘 이상의 개체의 조합일 수 있다.

그림 11.7에서 볼 수 있듯이, 각 계산 간격 동안 미사일은 계산 간격에 미사일의 속도를 곱한 거리만큼 표적 쪽으로 이동한다. 미사일 레이다의 관점에서 볼 때, 함정의 RCS는 레이다 주파수와 함정의 함수를 기준으로 한 레이다와의 상대 각도에 대한 RCS이다. 함정이 선회하거나 미사일의 측면 각도가 변하면 RCS도 변경된다. 채프 구름의 RCS는 교전 기간 내내 일정하게 유지된다. 디코이의 RCS는 레이다로부터 수신된 전력과 디코이가 갖는 ERP의 함수이다.

해상도 셀이 좁아짐에 따라 보호 장치나 함정은 해상도 셀에서 벗어나게 되는데, 이는 보호 장치나 함정이 미사일 방향으로 정렬되지 않은 경우이다. 보호 장치가 결정적인 시점에 더 강력한 RCS를 제공하면, 미사일의 해상도 셀을 포착하여 함정을 보호한다. 분리 기하학이나 상대 RCS가 해상도 셀을 포착하기에 충분하지 않은 경우, 미사일은 함정에 명중할 것이다.

그림 11.7 하나의 시간 증가분 동안 미사일은 레이다 해상도 셀의 중앙을 향해 계산된 거리를 이동한다.

앞의 11.2절에서 채프와 디코이로 보호되는 함정과 대함 미사일 사이의 교전 컴퓨터 모델에 대해 논의했다. 이 절에서는 단순화된 모델에 몇 가지 숫자를 입력하여 참여 모델이 어떻게 구현되는지 보고자 한다. 이 분석의 목적은 미사일이 함정을 빗나갔는지 여부와 빗나갔다면 얼마나 벗어났는지를 확인하는 것이다. 분석을 위해 다양한 형태의 계산 프로그램을 사용할 수 있지만, 여기서는 스프레드시트를 사용한다.

사용된 전술이 함정을 방어하는 최선의 방법이 아니라는 것을 기억해주기 바란다. 여기에서 목적은 이러한 전술을 사용할 경우 어떻게 될지 결정하기 위해 모델을 사용한다는 것을 보여주기 위함이다. 그림 11.8은 시뮬레이션된 상황을 보여준다. 범위, 거리 때문에 몇 가지 단순화가 적용되어 있다. 레이다의 해상도 셀은 직사각형으로 표시된다. 함정의 RCS 프로필은 비현실적으로 단순화되었다. 미사일, 함정, 채프 구름만을 고려하였고, 채프 구름은 최대 RCS를 위해 이미 펼쳐진 상태에서 교전이 시작된다. 모든 값은 일관된 단위로 모델에 입력된다.

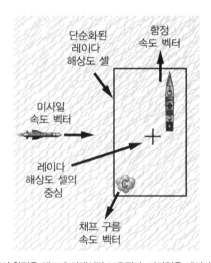

그림 11.8 이 단순화된 교전 모델에서 함정은 채프에 의해서만 보호된다. 미사일은 레이다 해상도 셀의 중앙을 향해 날아간다.

11.3.1 모델의 수치

다음 수치들은 게임 영역과 교전 중인 플레이어의 설명에 해당된다. 게임 영역은 방위각 45°에서 2.83m/s의 바람이 부는 개방된 바다이다. 게임 영역은 함정을 중심으로 하는 2차원 좌표계이다. 교전 시의 시간분해능은 1초이다. 함정은 12m/s 속도로 북쪽으로 이동하고, 교전 동안 이 방향을 유지한다. 함정의 레이다 RCS는 그림 11.9에 설명되어 있다.

함정으로부터 270° 방위각에서 6km 떨어진 미사일로 시뮬레이션을 시작한다. 레이다는 함정에 락온되어 있다. 미사일은 수면 근처에서 250m/s 속도로 이동하며, 5° 폭의 수직 팬 빔 안테나를 가진 레이다를 갖추고 있다. 우리는 안테나가 빔 전체에서 동일한 이득을 갖고 빔 밖에서는 이득이 없다고 가정한다. 레이다의 펄스폭은 1μsec이다. 미사일은 해상도 셀의 중심을 향해 조종되며, 셀 내에서 가장 큰 RCS에 비례하여 셀 내의 표적에 대한 반사 신호의 중심으로 조종된다(예를 들어, 셀에 두 개의 표적이 있는 경우, 두 표적 사이에 중심을 두고 비례적으로 더 큰 RCS에 더 가깝다). 채프 구름은 30,000m²의 최대 RCS로 분포되어, 레이다 해상도 셀의 왼쪽 아래 모서리에 있다. 이 문제에서 디코이, 재머 또는 ESM 시스템은 포함되지 않으며, 함정과 채프 구름 모두 수동 레이다 반사체이므로 레이다의 유효 방사 출력, 안테나 이득 또는 동작 주파수를 지정할 필요가 없다.

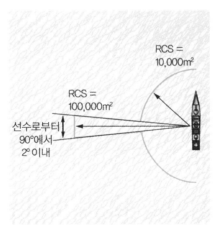

그림 11.9 이 분석을 위해 보호되는 함정의 RCS는 선수에서 90°의 2° 이내를 제외하고 10,000m²이다. RCS는 좌우 대칭이다.

11.3.2 채프를 이용한 함정 보호

채프 구름은 레이다의 해상도 셀 내에서 바람이 채프 구름과 함정 사이를 최대로 분리하도록 하는 방향으로 최적화되어 배치된다.

채프 구름이 해상도 셀에 들어가기 전까지 레이다 해상도 셀은 함정을 중심으로 하며, 이후 채프 구름과 함정은 분리된다. 함정이 이탈하는 동안 채프는 바람이 부는 방향으로 이동한다. 시뮬레이션은 교전을 통해 미사일과 함정의 상대적인 위치를 결정하는 것이다.

먼저 게임 영역에서 플레이어의 초기 위치를 고려해 보자. 함정은 원점 (0, 0)에 있으며, 채프 구름은 x = -125m, y = -250m(-125, -250)에 있고, 미사일은 (-6000, 1)에 있다. 채프 구름은 바람에 따라 이동하기 때문에 채프의 속도 벡터는 방위각 225°에서 2.83m/s이다. 미사일의 속도 벡터는 해상도 셀(즉, 그림 11.10에 표시된 해상도 셀의 중심)에서 명백한 표적 방향으로 250m/s이다. 레이다는 해상도 셀에서 모든 표적을 탐지하고, 해상도 셀의 위치를 셀 내 모든 물체의 RCS 합에 따른 명백한 위치로 조정한다.

매 초마다 교전 시나리오 프로그램은 스프레드시트 공식을 사용하여 모든 플레이어의 위치 및 속도 벡터를 계산한다. 그림 11.11은 각 계산 지점에서 함정 및 채프 구름이 레이다의 해상도 셀에 남아 있는지 여부를 계산하는 데 사용되는 다이어그램이다.

그림 11.12는 계산 설정 방법을 보여주는 스프레드시트이다. 행 2-16은 문제의 입력 매개변수를 포함한다. 행 19-42는 교전에 대한 실제 계산이다. B열은 교전이 시작될 때의 교전 조건을 보여준다. C열은 1초 후 모든 플레이어의 위치를 보여준다. 또한 속도 벡터를 결정하고, 함정이나 채프 구름이 여전히 해상도 셀에 있는지 여부를 결정한다. D열은 스프레드시트의 C열에 입력된 수식을 보여준다. 교전의 최초 1초만 표시된다는 점을 알 수 있을 것이다. 미사일이 함정에 명중했는지 확인하려면 C열에 공식을 입력하고, D열을 제거한 다음 C열을 여러 후속 열에 복사해야 한다. 수식은 자동으로 올바른 참조 셀로 증가한다. 행 31은 미사일과 함정 사이의 거리를 나타낸다. 이 거리가 0이 되면 미사일이 함정에 명중한다. 미사일이 함정을 놓치면 미사일과 함정의 거리가 최소거리를 통과하고 다시 증가한다.

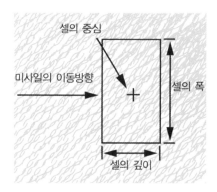

그림 11.10 이 예에서는 레이다 해상도 셀의 단순화된 직사각형 표현을 사용한다.

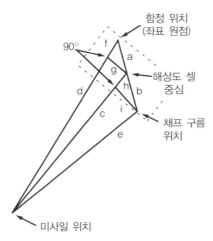

그림 11.11. 이 그림은 함정 또는 채프 구름이 레이다의 해상도 셀 내에 있는지 여부를 결정하기 위한 값을 계산하는 데 사용된다.

	Column A	Column B	Column C	Column D
1	Initial Conditions			
2	Ship travel (azimuth)	0		
3	Ship speed (m/sec)	12		
4	Missile x value (m)	-6000		
5	Missile y value (m)	1		
6	Missile azimuth (deg)	90		
7	Missile speed (m/sec)	250		
8	Radar frequency (GHz)	6		
9	Radar PW (usec)	1		
10	Radar beam width (deg)	5		
11	Chaff cloud x value	-125		
12	Chaff cloud y value	-250		
13	Chaff cloud RCS	30000		
14	Wind direction (azimuth)	225		
15	Wind speed (m/sec)	2.83		
16	Ship RCS to missile (sm)	100000		
17				
18	Engagement calculations			Formulas
19	Time (sec)	0	1	
20	Missile x value	-6000	-5750	=B20+$B$7*SIN(B24/57.296)
21	Missile y value	1	1.001511188	=B21+$B$7*COS(B24/57.296)
22	Ship in cell? (1=yes)	1	1	=IF(AND(C39<(C33/2),C40<(C32/2)),1,0"
23	Chaff in cell? (1=yes)	1	1	=IF(AND(C41<(C33/2),C42<(C32/2)),1,0"
24	Missile vector azimuth	90	90.59210989	=IF((C27-C20)>0,IF((C28-C21)>0,ATAN ((C27-C20)/(C28-C21))*57.296,180+ATAN ((C27-C20)/(C28-C21))*57.296),IF((C28-B21) <0,ATAN((C27-C20)/(C28-C21))*57.296+180, 360+ATAN((C27-C20)/(C28-C21))*57.296))"
25	Chaff x value	-125	-127.0010819	=$B$11+$B$15*SIN($B$14/57.296)*C19
26	Chaff y value	-250	-252.0011424	=$B$12+$B$15*COS($B$14/57.296)*C19
27	Center radar cell x value	-96.15384615	-29.30794199	=C25*($B$13*C23/($B$13*C23+C30*C22))
28	Center radar cell y value	-192.3076923	-58.15410979	=C26*($B$13*C23/($B$13*C23+C30*C22))
29	Bow-to-radar angle (deg)	90	90	=ABS(180-B24)
30	Ship RCS (to missile)	100000	100000	=IF(B29<88,10000,IF(B29<92,100000, 10000))"
31	Missile-to-ship distance	6000	5750.000087	=SQRT(C20²+C21²)
32	Radar cell width	523	515.3183339	=2*SIN($B$10/(2*57.296))*SQRT((B27-B20)² +(B28-B21)²)
33	Radar cell depth	305	305	=$B$9*305
34	a in **Figure 11.11**		65.12185462	=SQRT(C27²+C28²)
35	b in **Figure 11.11**		282.1947034	=SQRT(C25^2+C26²)-B34
36	c in **Figure 11.11**		5720.997903	=SQRT((C27-C20)^2+(C28-C21)²)
37	d in **Figure 11.11**		5750.000087	=C31
38	e in **Figure 11.11**		5628.687873	=SQRT((C25-C20)²+(C26-C21)²)
39	f in **Figure 11.11**		29.2978125	=(C36²-C34²-C37²)/(-2*C37)
40	g in **Figure 11.11**		58.15921365	=SQRT(C34²-C39²)
41	h in **Figure 11.11**		98.52509165	=(C38²-C36²-C35²)/(-2*C36)
42	i in **Figure 11.11**		264.4364894	=SQRT(C35²-C41²)

그림 11.12 교전 계산 스프레드시트

이 문제를 실행하면 함정의 RCS가 교전 초기 부분에서 우세하게 작용하는 것을 알 수 있다. 이것은 미사일이 함정의 높은 RCS 측면 각도 밖으로 이동하도록 배치가 변경될 때까지 유효하다. 행 24의 공식은 아크 탄젠트 공식을 사용하여 방위각을 계산한다. 이러한 복잡한 수식들은 함수의 특성상 필요하다. 함정 또는 채프 구름이 미사일 레이다의 해상도 셀 내에 있는지 여부를 결정하기 위해 그림 11.11에 표시된 값들은 실제 각도 계산의 복잡성을 피하기 위해 삼각함수 항등식을 사용하여 유도된다.

또한, 미사일이 함정에서 1초 이내로 가까워질 경우, 미사일과 함정 사이의 거리를 정확하게 측정하기 위해 시간 분해능을 0.1초로 증가시키는 것이 좋다.

11.4 운용자 인터페이스 시뮬레이션

중요한 시뮬레이션 클래스는 운용자 인터페이스만 재현한다. 이것은 종종 "시뮬레이션 simulation"이라 불리며, "에뮬레이션emulation"과 달리 운용자 인터페이스를 구동하기 위하여 특정 지점에서 실제 신호를 생성하는 것을 동반한다. 운용자 인터페이스 시뮬레이션에서는 운용자가 보고 듣고 만지는 프로세스의 일부만 포함된다. 배후에서 발생하는 모든 것은 운용자에게 투명하며, 운용자 인터페이스에 반영될 때만 중요하다.

대부분 상황에서는 군사 교전이나 장비 간의 상호 작용을 소프트웨어로 완전히 시뮬레이션하는 것이 실용적이다. 그러면 가정된 상황에서 운용자는 무엇을 보고 듣고 느꼈는지 결정할 수 있다. 또한, 운용자가 취하는 조치를 감지하고, 선택된 조치에 대한 응답으로 상황이 어떻게 변경되는지, 그리고 해당 변경이 운용자에 의해 어떻게 감지되는지를 결정하는 것도 실용적이다. 운용자 인터페이스 시뮬레이터는 일반적으로 장비와 교전의 디지털 모델을 기반으로 작동하여 적절한 운용자 인터페이스를 결정하고, 이를 운용자에게 제시한다.

만약 운용자의 행동이 실시간으로 감지되고(적절한 충실도로), 결과 상황을 운용자가 실시간으로(적절한 충실도로) 경험하면, 운용자는 필요한 훈련 경험을 갖게 된다.

지금까지 우리는 비행 시뮬레이터에 관해 이야기하고 있을 수도 있지만, 이 모든 것은 EW 장비의 작동을 가르치는 시뮬레이션에도 동일하게 적용된다. 실제로 비행 시뮬레이터 또는 다른 군사 플랫폼에서 시뮬레이션되는 상황들이 EW 장비의 운용에 대한 훈련에 적용될 수 있다.

11.4.1 훈련의 주요 목적

첫째, 운용자 인터페이스의 시뮬레이션은 시뮬레이션 중인 장비가 제 기능을 얼마나 잘 수행하는지 평가하는 데 아무런 역할을 하지 않는다는 것을 이해하라. 그것의 주요 가치는 단순한 "노볼로지knobology"(즉, 어떤 손잡이가 무엇을 하는가?)로부터 극도로 스트레스가 많은 상황에서 EW 장비의 정교한 사용에 이르기까지 다양한 임무 범위에서 운용자를 훈련시켜 인명 피해 없이 현실적인 전투 경험을 제공하는 것이다. 둘째, 시스템이 제공하는 운용자 인터페이스의 적절성을 평가하는 것이다. 이를 통해 운용자가 수행해야 할 작업을 시스템의 제어 및 디스플레이가 충분히 수행할 수 있는지 여부를 결정할 수 있다.

11.4.2 두 가지 기본 접근법

운용자 인터페이스 시뮬레이션에는 두 가지 기본적인 접근법이 있다. 하나는 그림 11.13과 같이 실제 제어판과 표시판을 시스템에서 제공하되 컴퓨터에서 직접 구동하는 것이다. 이 접근법은 운용자가 현실적인 훈련 경험을 가질 수 있는 장점이 있다. 실제 조작 장치가 해당 위치에 있으며, 크기와 모양이 적절하다. 디스플레이는 적절한 수준의 깜박임 등을 가지고 있다. 이 접근 방식에는 세 가지 문제가 있다. 장비는 고가의 "군용 규격mil-spec" 하드웨어일 수 있고, 유지보수가 필요하다. 일반적으로 시스템 하드웨어를 컴퓨터에 인터페이스하기 위해 특별한 하드웨어와 소프트웨어가 필요하다. 군용 규격 하드웨어는 비싸며, 여분의 인터페이스 장비가 구축되고 유지되어야 한다. 이러한 모든 고려사항들은 비용을 증가시킨다.

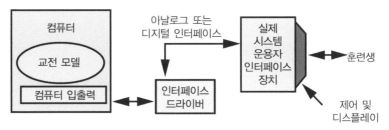

그림 11.13 운용자 인터페이스 시뮬레이션은 시뮬레이션 컴퓨터에 의해 직접 구동되는 실제 시스템 제어 및 디스플레이 패널로 구현될 수 있다.

표시장치는 하드웨어가 실제로 작동 중인 것처럼 형태와 포맷에 맞춰 표시장치 신호를 입력하여 구동된다. 마찬가지로, 운용자 제어/디스플레이 패널에서 오는 신호는 감지되고 컴퓨터가 가장 편리하게 받아들일 수 있는 형태로 변환된다.

두 번째 접근법은 표준 상용 컴퓨터 디스플레이를 사용하여 작동 디스플레이를 시뮬레이션하는 것이다. 조정기는 상용 부품으로 만들 수도 있고, 컴퓨터 화면에서 시뮬레이션하여 그림 11.14와 같이 키보드나 마우스로 접근할 수도 있다.

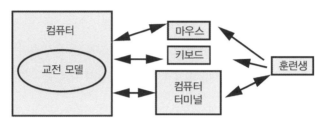

그림 11.14 운영 시스템의 제어 및 디스플레이는 표준 상용 컴퓨터 주변 장치를 사용하여 나타낼 수 있다.

그림 11.15는 컴퓨터 화면에 표시되는 AN/APR-39A 레이다 경보 수신기 조종석 디스플레이의 시뮬레이션을 보여준다. 시뮬레이션된 항공기 기동에 따라 화면의 기호가 움직인다. 이 시뮬레이션에서는 제어 스위치도 화면에 표시된다. 운용자가 마우스로 스위치를 클릭하면 화면에서 스위치의 위치가 변경되고, 스위치 동작에 대한 시스템 응답이 시뮬레이션된다.

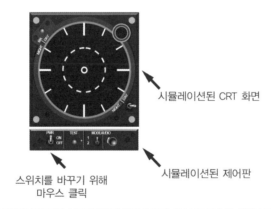

그림 11.15 이것은 컴퓨터로 시뮬레이션된 운용자 인터페이스의 모습이다(원본 I3C inc. 제공).

컴퓨터 화면에 제어기의 그림이 아닌 시뮬레이션 제어패널을 사용하는 경우, 컴퓨터에서 제어를 감지하고 해당 위치가 컴퓨터에 입력되어야 한다. 그림 11.16은 기본 기술을 보여준다. 각 스위치는 스위치가 켜져 있을 때 디지털 레지스터의 특정 위치에 논리 레벨

"1" 전압을 제공한다. 정확한 전압은 사용되는 논리 유형에 따라 다르다. 또는 스위치가 켜져 있을 때 해당 위치를 접지할 수도 있다. 아날로그 제어(예: 노브)의 경우 샤프트 인코더가 사용된다.

샤프트 인코더는 일반적으로 제어가 움직일 때 몇 도마다 펄스를 제공하고, 업/다운 카운터는 이러한 펄스들을 레지스터의 적절한 위치에 입력되는 디지털 제어 위치 워드word로 변환한다.

레지스터는 제어 위치를 감지하기 위해 컴퓨터에서 주기적으로 읽는다. 이것은 손의 움직임 속도가 낮기 때문에 매우 속도가 느린 프로세스이다.

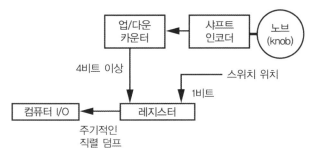

그림 11.16 시뮬레이션 제어 패널에서 제어 위치는 컴퓨터 입력을 위해 디지털 워드로 변환되어야 한다.

11.4.3 충실도

시뮬레이션 운용자 인터페이스에 필요한 충실도는 간단한 기준에 의해 결정된다. 충실도의 요소는 제어-응답의 정확도, 디스플레이 정확도, 그리고 그 둘의 타이밍 정확도이다. 먼저, 시간 충실도를 이야기해 보자. 인간의 눈은 이미지를 인식하는 데 약 42ms가 필요하다. 따라서 디스플레이가 1초에 24회 업데이트되면(동영상과 같이) 운용자는 부드러운 움직임을 인식한다. 운용자의 주변 시야가 작용하는 시뮬레이션에서는 움직임이 더 빨라야 한다. 주변 시야가 더 빠르기 때문에 초당 24프레임 화면에서는 프레임으로 인한 주변 시야의 깜박거림이 불편할 수 있다. 영화에서는 와이드 앵글 스크린에 상영될 수 있으므로, 초당 24프레임을 유지하되 각 프레임마다 빛을 두 번 점멸시켜 주변 시야가 초당 48프레임의 깜박이는 속도를 따라갈 수 없게 한다.

또 다른 지각적 고려사항은 우리가 색상 변화를 인지하는 것보다 명암 패턴(즉, 움직임)의 변화를 더 빠르게 인지한다는 것이다. 시각적 표시의 이 두 가지 요소를 "휘도luminance" 및 "색차chrominance"라고 한다. 비디오 압축 방식에서는 휘도를 색차 업데이트 속도의 두 배로 업데이트하는 것이 일반적이다.

시뮬레이션에 중요한 시간 관련 고려사항은 우리가 취한 조치의 결과를 인지하는 것이다. 마술사들은 "손이 눈보다 빠르다"라고 말하지만, 이것은 사실이 아니다. 가장 빠른 손 동작(예: 스톱워치 버튼을 두 번 누르는 것)에도 150ms 이상이 걸린다. 디지털 시계에서 시간을 얼마나 짧게 정지시킬 수 있는지 알아보라. 그러나 시각적 변화는 더 빠르게 감지될 수 있다. 예를 들어, 전등 스위치를 켜면 불이 즉시 켜질 것으로 기대한다. 실제로 42ms 이내에 켜지면 실제 상황과 동일한 경험을 할 수 있다(그림 11.17 참조). 운용자 인터페이스 시뮬레이션에서 시뮬레이터는 이진 스위치 동작, 노브 회전과 같은 아날로그 제어 동작을 추적해야 한다. 노브를 돌리는 결과에 대한 우리의 인지는 덜 정확하지만, 전체적인 시간의 충실도를 위해 노브 위치가 42ms 이내에 시각적 응답으로 변환되어야 한다고 가정하는 것은 좋은 실천방법이다.

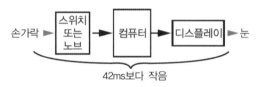

그림 11.17 이상적인 충실도를 위해 제어 동작에서 디스플레이 표시까지의 총 시간은 42ms를 초과하지 않아야 한다.

위치 정확도는 조금 더 까다롭다. 인간은 위치나 강도의 절댓값을 인지하는 데 그다지 능숙하지 않지만, 상대적인 위치나 강도를 결정하는 것에는 매우 능숙하다. 즉, 두 항목이 같은 각도나 거리에 있다고 가정하면, 각도나 거리 사이의 아주 작은 차이를 감지할 수 있다. 반대로, 둘 다 각도가 몇 도 또는 거리가 몇 퍼센트만큼만 벗어나면 우리는 아마 눈치채지 못할 것이다. 이로 인해 나중에 다룰 게임 영역의 인덱싱에 대한 요구 사항이 발생한다.

11.5 운용자 인터페이스 시뮬레이션에서의 실제 고려사항

운용자 인터페이스 시뮬레이션에서는 명확하지 않은 몇 가지 사항을 고려해야 한다. 하나는 다른 유형의 시뮬레이션과 EW 시뮬레이션의 조정이다. 다른 하나는 실제 하드웨어에서 변칙적인 효과를 나타내는 것이다. 세 번째는 프로세스 지연 시간이다. 마지막으로

"충분히 좋다"는 개념이 있다.

11.5.1 게임 영역

앞 11.2절에서 게임 영역에 대해 간단히 이야기했다. 게임 영역은 시뮬레이션의 모든 "플레이어"를 수용할 수 있을 만큼 충분히 커야 한다. 더 명확하게, 게임 영역이 EW가 통합된 비행 시뮬레이터를 지원하는 모델에서 무엇을 의미하는지 고려해 보자.

그림 11.18에서 볼 수 있듯이 게임 영역은 지상 위 공간의 상자이다. 고도는 시뮬레이션된 가장 높은 항공기(또는 위협 항공기)의 최대 동작 고도이다. x축과 y축은 시뮬레이션된 항공기 임무의 전체 비행경로와 시뮬레이션된 항공기의 시스템에서 관찰되는 모든 위협(공중 또는 지상)을 포함한다.

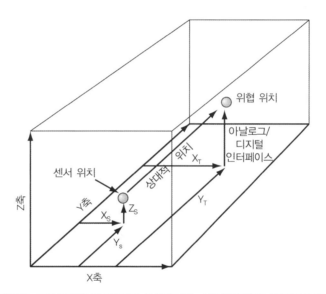

그림 11.18 EW 게임 영역에는 모든 플레이어가 포함된다. 각 플레이어는 상대 플레이어를 상대적으로 감지하고, 자체적인 센서 인지에 따라 작동한다.

시뮬레이션된 항공기에 장착된 모든 센서는 게임 영역에서 항공기와 동일한 위치에 있다. 그것의 x, y 및 z 값은 시뮬레이터 "조종사"의 비행 제어 조작에 의해 결정된다. 위협에 대한 x, y 및 z 값은 모델에 의해 결정된다.

위협에 대한 센서의 시야는 즉각적으로 상대적 위치에 따라 결정된다. 거리 및 측면 각도는 x, y 및 z 값에서 계산된다. 이 거리와 각도는 차례로 시뮬레이터의 조종석 디스플레이에 표시되는 내용을 결정한다.

11.5.2 게임 영역 인덱싱

일반적으로 비행 시뮬레이터에는 여러 게임 영역이 있다. 각 영역은 항공기 내의 유형별 센서에 해당한다. EW 게임 영역에는 모든 EW 위협이 포함된다. 레이다 지상 게임 영역에는 지형의 모양이 포함된다. 시각적 게임 영역에는 지형, 건물, 다른 항공기 및 위협의 시각적 측면과 같이 조종사가 보는 모든 것이 포함된다.

비행 시뮬레이터에서 실전과 같은 훈련을 제공하려면 다양한 조종석 디스플레이가 운용자에게 제시하는 상황이 일관되어야 한다. 조종석에서 보이는 적 항공기의 위치와 겉보기 크기는 시뮬레이션된 항공기와 모델링된 적 항공기의 거리, 상대 위치 및 방향에 따라 결정된다. 그림 11.19에서 볼 수 있듯이 EW 시스템 디스플레이(여기서는 레이다 경보 수신기 화면)는 거리와 측면 각도에서 해당 유형의 적 항공기를 적절한 화면 위치에 적절한 위협 기호를 표시해야 한다. 마찬가지로 평면 위치 표시기(PPI) 레이다 디스플레이는 적절한 거리와 방위각에서 값을 보여준다.

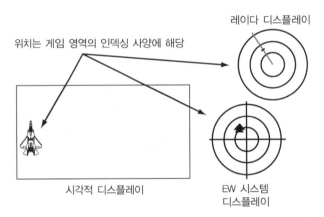

그림 11.19 게임 영역의 인덱싱은 각 시스템 디스플레이와 시각적 시뮬레이션의 정보가 일치하는 정도를 결정한다.

시뮬레이터 조종사에게 주어진 다양한 지시의 일관성을 제어하는 메커니즘은 다양한 게임 영역의 인덱싱을 지정하는 것이다. 예를 들어, 사양이 게임 영역의 100피트 인덱싱인 경우 다음과 같은 사항을 보여주어야 한다.

- 레이다와 시각 디스플레이는 지상의 모든 지점을 100피트 이내의 동일한 고도로 표시해야 한다.
- 시뮬레이션 내에서 시뮬레이션된 항공기와 모든 다른 "플레이어"의 위치는 다른 모든 게임 영역의 동등한 위치와 100피트 이내로 일관성이 있어야 한다.

11.5.3 하드웨어의 이상 동작

시뮬레이션 원칙 중 하나는 시뮬레이션 지점의 "업스트림up stream"에서 발생하는 모든 것에 대해 시뮬레이터 설계가 책임을 진다는 것이다. 그림 11.20에서 시뮬레이터는 "시뮬레이션 지점"에서 입력을 제공한다. 이것은 시뮬레이션 지점의 오른쪽에 있는 장비 및 프로세스에 의해 작동될 시뮬레이션을 위하여 시뮬레이션 왼쪽에 있는 모든 장비 및/또는 프로세스를 시뮬레이션한다. 시뮬레이션 지점 오른쪽에 있는 하드웨어 및 프로세스에 문제가 있으면 시뮬레이션된 입력에 실제 입력과 동일한 영향을 미친다. 그러나 왼쪽 프로세스의 이상(시뮬레이션 중이기 때문에 실제로 존재하지 않음)은 시뮬레이션에 포함되지 않는 한 영향은 나타나지 않는다.

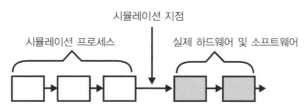

그림 11.20 시뮬레이터는 시뮬레이션 지점의 모든 업스트림을 담당한다.

시뮬레이션된 모든 하드웨어 및 소프트웨어가 예정된 대로 작동한다고 가정하고 해당 작업을 시뮬레이션에 통합하는 것은 쉽다. 불행히도 장비가 현실 세계와 만나면 때때로 "창조적"이 된다. 운용자 인터페이스 시뮬레이터는 하드웨어의 대부분 또는 전부를 시뮬레이션하기 때문에, 일반적으로 모든 장비 이상에 대한 책임을 갖는다.

그림 11.21은 EW 시스템에서 하드웨어 이상의 실제 예를 보여준다. 초기 일부 디지털 RWR에는 "빈bins"(고정 메모리 위치)에 위협 위치 데이터를 수집하는 시스템 프로세서가 있었다. 시스템은 각 활성 위치(항공기와의 상대적 거리 및 도래각)에서 현재 위협 데이터를 수집하고, 일정 시간 동안 각 인터셉트를 저장한 후 오래된 데이터를 "타임 아웃timing out"하며 삭제한다. 데이터 저장의 타이밍은 항공기가 이전 '빈'의 데이터가 만료되기 전에 새로운 '빈'을 활성화할 수 있을 만큼 충분히 빠르게 이루어졌다. 그 결과 특정 운용 조건에서 단일 SA-2 미사일 사이트는 다양한 각도에서 여러 개의 사이트처럼 보일 수 있다. 그림

에서 나타난 상황은 항공기가 강한 SA-2 신호를 수신하면서 왼쪽으로 고속 회전하는 동안 측정된 실제 거리 데이터를 나타낸다.

이 시스템이 훈련 시뮬레이터에서 시뮬레이션되고, 이 하드웨어 이상이 재현되지 않았다면, 시뮬레이터를 통해 훈련받는 학생들은 올바른 심벌만 예상하도록 훈련받게 된다. 이것을 "부정적 훈련negative training"이라고 하며, 가능한 회피해야 한다.

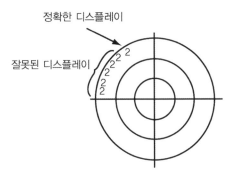

그림 11.21 초기 디지털 레이다 경보 수신기는 항공기가 고속 회전을 수행할 때 잘못된 위협 표시를 추가하여 보여주었다.

11.5.4 프로세스 지연

운용자 인터페이스 시뮬레이터 설계에서 고려해야 하는 일반적인 하드웨어/소프트웨어 문제는 프로세스 지연이다. 지연 시간은 일부 프로세스가 완료되는 데 필요한 시간이다. 특히 컴퓨터 속도가 느린 구형 시스템에서는 운용자 눈의 초당 24프레임 갱신율과 비교하여 처리 지연이 발생할 수 있다. 예를 들어, 이것은 항공기가 고속 회전할 때 기호가 부적절하게 배치되도록 유발할 수 있다.

시뮬레이터가 어떤 전술적 상황에서 발생하는 데이터를 인공적으로 생성하는 데 필요한 처리는 시스템이 실제 환경에서 작업을 수행하는 데 필요한 처리보다 복잡하거나 덜 복잡할 수 있다. 또한 시뮬레이션 컴퓨터는 실제 환경의 컴퓨터보다 빠르거나 느릴 수 있다. 시뮬레이터의 프로세스 지연 시간(너무 많거나 적음)이 부정적 훈련을 생성하지 않도록 하는 것이 중요하다.

11.5.5 충분한 수준인가?

지금까지 시뮬레이션에 필요한 충실도에 대해 인간이 인지할 수 있는 관점에서 이야기해 왔다. 그러나 그것이 항상 옳은 답은 아니다. 충실도는 종종 시뮬레이터의 중요한 비용

요인이며, 훈련 작업을 수행하는 데 필요한 충실도 이상은 비용의 낭비이다. 실제로 "훈련생들이 훈련 수준을 달성하기 위해 시뮬레이션이 얼마나 좋아야 하는가?"가 진정한 질문이다. 좋은 예는 시각 디스플레이의 그래픽 품질이다. 적 항공기가 "투박하게" 보이더라도 제대로 움직이면 훈련이 효과적일 것이다. 이러한 주장은 특히 훈련용 시뮬레이션에 해당되며, 장비의 테스트 및 평가를 위한 시뮬레이션에 대해 이야기할 때는 다른 기준이 적용된다.

11.6 에뮬레이션

에뮬레이션에는 수신 시스템 또는 해당 시스템의 일부에서 수신할 실제 신호 생성이 포함된다. 이것은 시스템(또는 하위 시스템)을 테스트하거나 운용자에게 장비 작동을 교육하기 위해 수행된다. 위협 방출을 에뮬레이션하려면 다음을 모두 이해해야 한다. 전송된 신호의 요소를 이해하고 전송, 수신 및 처리의 각 단계에서 해당 신호에 어떤 일이 발생하는지 이해한다. 다음으로 신호는 경로의 특정 단계에서 신호처럼 보이도록 설계된다. 해당 신호가 생성되어 필요한 지점에서 프로세스에 입력된다. 요구 사항은 입력에서 다운스트림의 모든 장비에 대하여 모든 작동 상황에서 실제 신호를 보고 있다고 "생각"해야 한다는 것이다.

11.6.1 에뮬레이션 생성

그림 11.22에서 볼 수 있듯이 다른 유형의 시뮬레이션과 마찬가지로 에뮬레이션은 시뮬레이션할 모델로부터 시작한다. 물론 먼저 위협 신호의 특성을 모델링해야 한다. 그런 다음 EW 시스템이 해당 위협을 경험하는 방식을 모델링해야 한다. 이 교전 모델은 시스템이

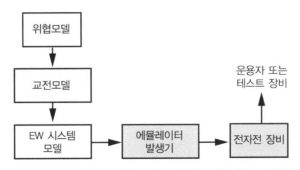

그림 11.22 에뮬레이션은 신호가 주입되는 위협, 교전 및 장비의 모델을 기반으로 주입 신호를 생성한다.

어떤 위협을 보게 될지, 시스템이 각 위협을 보게 되는 거리 및 도래각을 결정한다. 마지막으로, EW 시스템은 어떤 종류의 모델이라도 존재해야 한다. 이 시스템 모델(또는 적어도 부분적인 시스템 모델)은 반드시 존재해야 하는데, 왜냐하면 주입된 신호는 주입 지점의 업스트림에 있는 시스템 구성요소의 모든 효과를 시뮬레이션하기 위해 수정될 것이기 때문이다. 업스트림 구성요소는 다운스트림 구성요소의 동작에 의해 영향을 받을 수 있다. 이에 대한 예로는 자동 이득 제어 및 예상된 운용자 제어 조치 등이 포함된다.

11.6.2 에뮬레이션 입력 지점

그림 11.23은 위협 신호의 전체 전송과 수신, 처리 경로와 에뮬레이션된 신호가 주입될 수 있는 지점을 간략하게 나타낸 다이어그램이다. 표 11.2에는 각 주입 지점 선택에 필요한

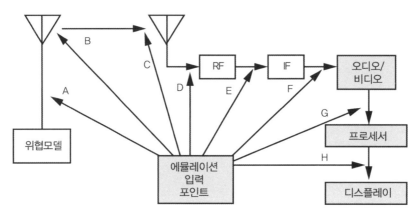

그림 11.23 위협 신호의 에뮬레이션은 전송/수신/처리 경로의 여러 다른 지점에 주입될 수 있다.

표 11.2 에뮬레이션 주입 지점

주입 지점	주입 기술	시뮬레이션된 경로의 구성요소들
A	전체 기능 시뮬레이터	위협 변조 및 작동 모드
B	브로드캐스트 시뮬레이터	위협 변조 및 안테나 스캐닝
C	수신된 신호 에너지 시뮬레이터	전송 신호, 전송 경로 손실 및 도래각 효과
D	RF 신호 시뮬레이터	전송된 신호, 경로 손실 및 수신 안테나 효과(도래각 포함)
E	IF 신호 시뮬레이터	송신 신호, 경로 손실, 수신 안테나 효과 및 RF 장비 효과
F	오디오 또는 비디오 입력 시뮬레이터	전송된 신호, 경로 손실, 수신 안테나 및 RF 장비 효과, IF 필터 선택 효과
G	오디오 또는 비디오 출력 시뮬레이터	전송된 신호, 경로 손실, 수신 안테나 및 RF 장비 효과, IF 필터 및 복조 기술 선택의 효과
H	디스플레이된 신호 시뮬레이터	전체 송수신/ 처리 경로

시뮬레이션 작업이 요약되어 있으며, 이와 관련된 응용 및 함축사항에 대한 논의를 이어서 기술한다.

- 주입 지점 A. 전체 기능을 갖춘 위협 시뮬레이터 : 이 기술은 일반적으로 실제 위협이 할 수 있는 모든 것을 수행할 수 있는 개별 위협 시뮬레이터를 생성한다. 일반적으로 실제 위협의 이동성을 시뮬레이션할 수 있는 이동수단에 장착된다. 위협 에미터와 유사한 실제 안테나를 사용하기 때문에 안테나 스캐닝은 매우 현실적이다. 여러 수신기가 서로 다른 시간과 적절한 범위에서 스캐닝 빔을 수신한다. 전체 수신 시스템이 작동하는 모습을 관찰할 수 있다. 그러나 이 기술은 하나의 위협만 생성하며, 종종 상당한 비용이 든다.

- 주입 지점 B. 브로드캐스트broadcast 시뮬레이터 : 이 기술은 테스트 중인 수신기로 직접 신호를 전송한다. 전송된 신호에는 위협 안테나 스캐닝을 시뮬레이션하는 요소가 포함된다. 이 유형의 시뮬레이션 장점은 단일 시뮬레이터에서 여러 신호를 전송할 수 있다는 것이다. 지향성 안테나(상당한 이득을 가진)를 사용하는 경우, 시뮬레이션 전송은 비교적 낮은 전력 수준에서 이루어질 수 있으며, 안테나의 좁은 빔폭에 의해 다른 수신기와의 간섭은 감소된다.

- 주입 지점 C. 수신 신호 에너지 시뮬레이터 : 이 기술은 일반적으로 선택한 안테나로 신호를 직접 전송하며, 선택한 안테나에 전송을 제한하기 위해 격리 캡isolating cap을 사용한다. 이 주입 지점의 장점은 전체 수신 시스템이 테스트된다는 것이다. 예를 들어, 여러 개의 캡으로부터 조정된 신호들은 다중 안테나 배열(예로서, 방향 탐지 배열)을 테스트하는 데 사용되어 질 수 있다.

- 주입 지점 D. RF 신호 시뮬레이터 : 이 기술은 수신 안테나의 출력에서 나온 것처럼 보이는 신호를 주입한다. 이것은 안테나로부터 나온 신호의 전송 주파수에서 적절한 신호 강도를 갖는다. 신호의 진폭은 도래각의 함수에 따라 안테나 이득의 변화를 시뮬레이션하기 위해 수정된다. 다중 안테나 시스템의 경우, 방향 탐지 임무에서 안테나들의 협력적인 작동을 시뮬레이션하기 위해 일반적으로 각 RF 포트에 조정된 RF 신호가 주입된다.

- 주입 지점 E. IF 신호 시뮬레이터 : 이 기술은 중간 주파수(IF)에서 시스템에 신호를 주입한다. 이는 전체 범위의 전송 주파수를 생성하기 위해 합성기가 필요하지 않다는 장점이

있다(물론 시스템은 모든 RF 입력을 IF로 변환한다). 그러나 시뮬레이터는 EW 시스템에서 동조 제어를 감지하여 RF의 전단부가 위협 신호의 주파수에 동조되었을 때에만 IF 신호를 입력해야 한다. 주입된 IF 신호에는 어떤 종류의 변조도 적용할 수 있다. IF 입력에서 신호의 동적 범위는 RF 회로가 처리해야 하는 동적 범위보다 종종 줄어든다.

- 주입 지점 F. 오디오 또는 비디오 입력 시뮬레이터 : 이 기술은 IF와 오디오 또는 비디오 회로 사이의 인터페이스 사이에 특별한 입력 조건이 요구되는 경우에만 적합하다. 일반적으로 이 지점보다 주입 지점 E 또는 G를 선택한다.

- 주입 지점 G. 오디오 또는 비디오 출력 시뮬레이터 : 이것은 매우 일반적인 기술로써 오디오 또는 비디오 신호를 프로세서에 주입한다. 주입된 신호에는 프로세서 또는 운용자에 의해 시작된 모든 업스트림 제어 기능의 효과를 포함하여 업스트림 경로 요소의 모든 효과를 갖는다. 특히 디지털 방식으로 구동되는 디스플레이 시스템에서 이 기술은 최소한의 비용으로 뛰어난 사실감을 제공한다. 또한, 최소한의 시뮬레이션 복잡성과 비용으로 시스템 소프트웨어를 점검할 수 있다. 이 기술은 시스템 안테나에서 많은 신호의 존재를 시뮬레이션할 수 있다.

- 주입 지점 H. 디스플레이된 신호 시뮬레이터 : 이것은 운용자에게 표시되는 실제 하드웨어에 신호를 주입한다는 점에서 우리가 이야기한 운용자 인터페이스 시뮬레이션과 다르다. 이 기술은 아날로그 디스플레이 하드웨어를 사용하는 경우에만 적합하다. 디스플레이 하드웨어의 작동과 그 하드웨어의 운용자(아마도 정교한) 작동을 모두 테스트할 수 있다.

11.6.3 주입 지점의 일반적인 장단점

일반적으로 신호가 주입되는 과정이 더 앞쪽에 위치할수록 EW 시스템 운용의 시뮬레이션이 더 현실적이다. 시뮬레이션된 신호에서 수신 장치의 이상 동작이 정확하게 표현되어야 하는 경우 주의가 필요하다. 일반적으로 주입이 이루어지는 프로세스의 다운스트림으로 내려갈수록 시뮬레이션은 덜 복잡하고 비용이 적게 든다. 또한 전송 에뮬레이션 기술은 일반신호(평문 신호)로 한정되어야 하기 때문에 실제 적의 각종 변조방식과 주파수를 사용할 수 없다. 그러나 신호가 EW 시스템에 케이블로 직접 연결되는 기술에서는 가장 현실적인 소프트웨어 테스트와 운용자 훈련을 위해 실제 신호 특성이 사용될 수 있다.

수신기에 신호를 입력하는 에뮬레이션 시뮬레이터에서는 수신 안테나에서 발생하는 신호 특성을 생성해야 한다.

11.7.1 안테나 특성

안테나는 이득과 지향성 두 가지로 특성화된다. 수신 안테나가 에미터 방향으로 향하도록 조정되면, 해당 송신기로부터 수신되는 신호는 안테나 이득에 의해 증가하며, 안테나의 종류와 크기, 신호 주파수에 따라 약 -20dB에서 +55dB까지 다양하다. 안테나의 지향성은 이득 패턴에 의해 제공된다. 이득 패턴은 조준선으로부터 신호의 도래 방향DOA까지의 각도 함수로 안테나 이득(일반적으로 조준선에서의 이득에 상대적으로)을 나타낸다.

11.7.2 안테나 기능의 시뮬레이션

안테나 시뮬레이터에서 조준선의 이득(주빔 최대이득이라고도 함)은 RF 신호를 생성하는 신호 발생기 전력을 증가(또는 감소)하여 시뮬레이션한다. DOA 시뮬레이션은 조금 더 복잡하다.

그림 11.24에서 볼 수 있듯이, 각 "수신된" 신호의 DOA는 시뮬레이터에 프로그래밍이 되어야 한다. 일부 에뮬레이터 시스템에서는 단일 RF 발생기로 시간이 일치하지 않는 여러 가지 에미터들을 시뮬레이션할 수 있다. 이러한 신호는 일반적으로 펄스 신호이지만, 짧은 듀티 사이클 신호일 수도 있다. 이 경우 안테나 시뮬레이터에게 시뮬레이션하는 에미터가 어떤 것인지 알려주어야 한다(해당 신호에 맞는 매개변수를 설정하기에 충분한 시간이 있어야 함). 안테나 제어 기능은 모든 시스템에 있는 것은 아니지만, 존재할 경우 일반적으로 단일 안테나를 회전시키거나 안테나를 선택한다.

지향성 안테나의 경우(모든 관심 방향에서 거의 일정한 이득을 갖는 안테나와는 반대로), 신호 발생기의 신호는 안테나의 조준선에서부터 시뮬레이션된 신호의 DOA까지 각도의 함수로 감쇠된다. 안테나 방향은 안테나 제어 기능의 출력을 읽어서 결정한다.

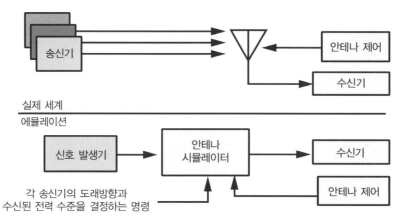

실제 세계

에뮬레이션

각 송신기의 도래방향과
수신된 전력 수준을 결정하는 명령

그림 11.24 안테나 시뮬레이터는 안테나가 수신하는 모든 에미터에서 결합된 신호를 수신기에 입력으로 제공해야 한다.

11.7.3 파라볼릭 안테나 예

그림 11.25는 파라볼릭 안테나의 이득 패턴을 보여준다. 안테나가 최대 이득을 갖는 방향을 조준선이라고 한다. 에미터의 DOA가 조준선 각도에서 멀어지면 안테나 이득(해당 신호에 적용됨)이 급격하게 감소한다. 이득 패턴은 주빔의 가장자리에서 널을 통과한 다음 측엽을 형성한다. 그림에 표시된 패턴은 단일 차원(예: 방위각)이다. 직교 방향 패턴(즉, 이 경우 고각)도 있다. 이 이득 패턴은 무반향실에서 안테나를 회전시켜 측정한다. 측정된 이득 패턴은 디지털 파일에서 저장되고(이득 대 각도), 원하는 도래각을 시뮬레이션하는 데 필요한 감쇠를 결정하는 데 사용할 수 있다.

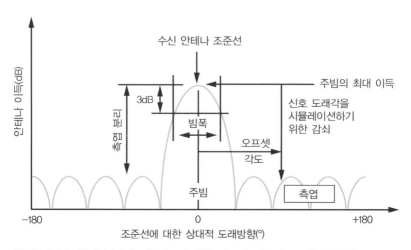

그림 11.25 전형적인 안테나 시뮬레이터에서는 신호의 도래 방향을 신호 강도의 조정으로 시뮬레이션한다. 이는 도래각에서의 안테나 이득을 재현한다.

실제 안테나의 측엽은 진폭이 일정하지 않지만, 안테나 시뮬레이터의 측엽은 종종 일정하다. 측엽의 진폭은 시뮬레이션된 안테나에서 설정된 측엽 격리와 동일한 양만큼 조준선 레벨보다 낮다.

회전하는 파라볼릭 안테나와 함께 동작하는 수신 시스템을 테스트하는 시뮬레이션의 경우, 각 시뮬레이션 대상 신호는 안테나 조준선 이득을 포함하는 신호 강도로 시뮬레이터에 입력된다. 그런 다음 안테나 제어가 안테나를 회전시킬 때(수동 또는 자동) 안테나 시뮬레이터에 의해 감쇠가 추가된다. 감쇠량은 오프셋 각도에서 수신된 안테나 이득을 시뮬레이션하기에 적합하도록 설정된다. 오프셋 각도는 그림 11.26과 같이 계산된다.

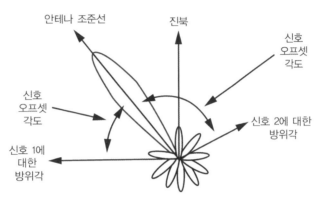

그림 11.26 시뮬레이션된 각 위협 신호에는 방위각이 지정되고, 이에 따라 오프셋 각도가 계산된다.

11.7.4 RWR 안테나 예

레이다 경보 수신기RWR에 가장 일반적으로 사용되는 안테나는 조준선에서 최대 이득을 가지며 주파수에 따라 크게 달라진다. 그러나 이러한 안테나는 최적의 이득 패턴을 얻기 위하여 설계된다. 해당 범위의 모든 동작 주파수에서 이득의 기울기는 그림 11.27에 표시된 것에 비슷하다. 즉, 이득은 조준선에서 90°까지의 각도 함수로 일정한 양(dB)만큼 감소한다. 90°를 넘어선 이득은 무시할 수 있다(즉, 90°를 넘어선 각도의 안테나 신호는 처리에서 무시됨).

이것의 복잡한 부분은 안테나 이득 패턴이 조준선에 대해 원뿔꼴로 대칭이라는 것이다. 이는 안테나 시뮬레이터가 그림 11.28에 표시된 것처럼 안테나의 조준선과 각 신호의 DOA 사이의 구면각에 비례하는 감쇠를 생성해야 한다는 것을 의미한다.

이들 안테나는 일반적으로 항공기 기수에 45° 및 135°로 장착되며, 요yaw 평면 아래로 몇 도 정도 내려간다. 게다가 전술 항공기는 종종 날개를 수평으로 유지하지 않고 비행하기 때문에, 어떤(구형의) 도래각에서도 위협을 받을 수 있다.

오프셋 각도 계산에 대한 전형적인 접근 방식은 먼저 항공기 위치에서 위협 도래각의 방위각 및 고도 요소를 계산한 다음, 각 개별 안테나와 에미터를 향한 벡터 사이의 구면각을 계산하기 위해 구면 삼각법을 설정하는 것이다.

전형적인 RWR 시뮬레이터 응용에는 항공기의 각 안테나마다 하나의 안테나 출력 포트가 있다(4개 이상). 단일 안테나의 조준선에 대한 각 위협의 구면각은 각 안테나의 출력마다 계산되며, 이에 따라 감쇠가 설정된다.

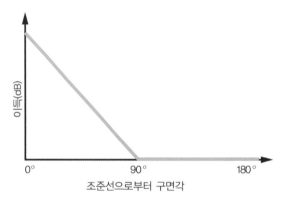

그림 11.27 전형적인 RWR 안테나의 이득 패턴은 조준선(실제 구면각)으로부터 각도당 일정한 dB값으로 감쇠한다.

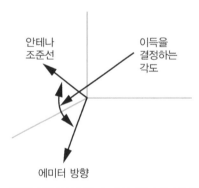

그림 11.28 안테나 조준선과 신호의 도래 방향 사이의 실제 각도는 송신기와 수신기의 상대적인 위치 및 안테나가 장착된 항공기의 방향에 따라 달라진다.

11.7.5 기타 다중 안테나 시뮬레이터

두 개의 안테나(간섭계)에 도달하는 신호 간 위상차를 측정하는 방향 탐지 시스템에는 매우 복잡한 시뮬레이터 또는 매우 간단한 시뮬레이터가 필요하다. 위상 측정이 매우 정확하기 때문에 시뮬레이터에서 연속적으로 변하는 위상 관계를 제공하는 것은 매우 복잡하다(종종 전기적 1도의 일부분이다). 이러한 이유로 많은 시스템은 적절한 길이 관계를 갖는 케이블 세트를 이용하여 테스트된다. 이런 케이블들은 길이들을 이용하여 단일 DOA에 대한 올바른 위상 관계를 생성한다.

11.8 수신기 에뮬레이션

앞 절에서는 안테나 에뮬레이션에 대해 설명했다. 안테나 에뮬레이터는 수신기가 특정 작동 상황에 있는 것처럼 수신기의 입력 신호를 생성한다. 이 절에서는 해당 수신기를 에뮬레이션하는 방법을 생각해 본다.

그림 11.29에서 볼 수 있듯이 RF 발생기는 수신기 위치에 도착하는 전송된 신호를 나타내는 신호를 생성할 수 있다. 안테나 에뮬레이터는 수신 안테나의 동작을 나타내기 위해 신호 강도를 조정한다. 그런 다음 수신기 에뮬레이터는 운용자 제어 동작을 결정하고, 수신기가 그러한 방식으로 제어된 것처럼 적절한 출력 신호를 생성한다.

일반적으로 수신기 기능만 에뮬레이션하는 것이 아니라 수신기 출력의 업스트림에서 발생하는 모든 것을 나타내는 시뮬레이터(에뮬레이터)에 수신기 기능을 포함하는 것이 유용하다. 이러한 결합 에뮬레이터는 일반적으로 (디지털 입력을 통해) 수신된 신호의 매개변수와 운용자 제어 작업을 전달받는다. 해당 정보에 대한 응답으로 에뮬레이터는 적절한 출력 신호를 생성한다.

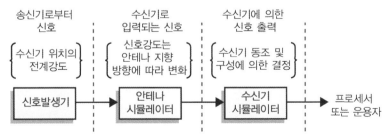

그림 11.29 수신 신호의 시뮬레이션은 탐지 기하학, 수신 안테나 위치, 수신기 설정을 고려하는 요소로 분리할 수 있다.

11.8.1 수신기 기능

이 절의 목적은 수신기를 나타내는 에뮬레이션 부분을 고려하는 것이다. 먼저 수신기 설계의 메커니즘과는 별도로 수신기 기능을 고려해 보자. 가장 기본적으로 수신기는 안테나 출력에 도착한 신호의 변조를 복원하는 장치이다. 해당 변조를 복구하려면 수신기를 신호의 주파수에 맞춰야 하며, 해당 신호의 변조 유형에 적합한 분별기가 있어야 한다.

수신기 에뮬레이터는 수신기 입력에 도착하는 신호의 매개변수 값을 받고, 운용자가 설정한 제어값을 읽는다. 그런 다음 수신기는 특정 신호(또는 신호들)가 존재하고 운용자가 해당 제어 작업을 입력한 경우 존재할 출력 신호를 생성한다.

11.8.2 수신기 신호 흐름

그림 11.30은 전형적인 수신기의 기본 기능 블록 다이어그램을 보여준다. 어떠한 주파수 범위도 가능하며, 모든 유형의 신호에 대해 동작한다.

이 수신기에는 상대적으로 넓은 통과대역을 가진 동조된 사전선택 필터를 포함하는 동조기가 있다. 동조기의 출력은 광대역 중간 주파수wide-band intermediate-frequency, WBIF이며, 중간 주파수 파노라마IF panoramic, IF pan 디스플레이로 출력된다. IF pan 디스플레이는 미리 선택된 통과대역의 모든 신호를 보여준다. 사전선택기는 일반적으로 폭이 수 MHz이고, WBIF는 일반적으로 여러 표준 IF 주파수(수신기의 주파수 범위에 따라 455kHz, 10.7MHz, 21.4MHz, 60MHz, 140MHz 또는 160MHz) 중 하나에 중심을 둔다.

동조기가 수신하는 모든 신호는 WBIF 출력에 존재한다. 수신기가 신호를 동조하는 동안 IF pan 디스플레이는 동조기 통과대역을 반대 방향으로 이동하며 신호를 표시한다. WBIF 대역의 중심은 수신기가 동조된 주파수를 나타내며, 이 출력의 신호는 수신된 신호 강도에 따라 달라진다.

WBIF 신호는 IF 주파수에 중심을 맞춘 여러 개의 선택 가능한 대역통과필터를 포함하는 IF 증폭기로 전달된다. 이 가상의 수신기는 협대역 중간 주파수narrow-band intermediate-frequency, NBIF 출력을 가지고 있으며, 아마도 방향 탐지 또는 사전탐지 기록기능을 구동하기 위한 것이다. NBIF 신호는 선택된 대역폭을 갖는다. NBIF 신호의 강도는 수신된 신호 강도의 함수이지만, 이 관계가 선형적이지 않을 수도 있다. 왜냐하면 IF 증폭기가 대수 응답을 가질 수 있거나 자동 이득 제어AGC를 포함할 수 있기 때문이다.

NBIF 신호는 운용자(또는 컴퓨터)가 선택한 여러 분별기 중 하나로 전달된다. 복조된 신호는 오디오 또는 비디오이다. 진폭과 주파수는 수신된 신호 강도에 따라 달라지는 것이 아니라 송신기에 의해 수신 신호에 적용된 변조 매개변수에 따라 달라진다.

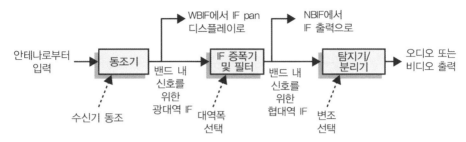

그림 11.30 일반적인 수신기의 이 다이어그램은 작동 주파수 및 설계 세부 사항과 관계없이 기본 수신 기능만 다룬다.

11.8.3 에뮬레이터

그림 11.31은 이 수신기에 대한 에뮬레이터를 구현할 수 있는 한 가지 방법을 보여준다. 이 에뮬레이터가 처리 하드웨어를 테스트하기 위해 사용되는 경우, 수신기의 이상 동작을 시뮬레이션하는 것이 필요할 것이다. 그러나 목적이 운용자를 훈련시키는 것이라면 수신기가 적절하게 동조되지 않았거나, 부적절한 판별이 선택되었을 경우 출력을 중단하는 것만으로도 충분할 것이다.

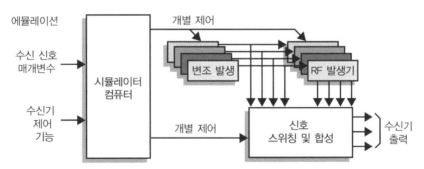

그림 11.31 수신기 시뮬레이터는 시뮬레이션되는 수신 신호에 대해 수신기 동조와 모드 명령이 적절하다면 수신기에서 출력될 신호를 제공해야 한다.

그림 11.32는 훈련용으로 설계된 수신기 에뮬레이터에 대한 에뮬레이터 로직의 주파수 및 변조 부분을 보여준다. 시뮬레이션된 신호의 주파수를 "SF"라고 하고, 수신기 동작하는 주파수(즉, 시뮬레이터에 입력되는 동조 명령)를 "RTF"라고 하자.

신호가 WBIF 출력에 표시되려면, SF와 RTF 간의 절대차가 WBIF 대역폭_{WBIF BW}의 절반

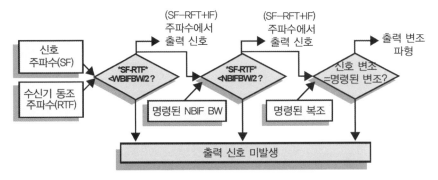

그림 11.32 수신기 에뮬레이터 논리는 운용자 또는 제어 컴퓨터의 수신기 제어 입력에 따라 출력 신호를 결정한다.

미만이어야 한다. 출력 주파수는 다음과 같다.

$$Frequeuency = SF - RTF + IF$$

여기서, "IF"는 WBIF의 중심 주파수이다. 이렇게 하면 생성된 신호가 동조와 반대 방향으로 IF pan 디스플레이를 통해 이동하게 된다. 또한, 이 신호는 정확한 변조를 가져야 한다는 것에 주의해야 한다.

만약 SF와 RTF의 절대차가 선택된 NBIF 대역폭의 절반 이하인 경우, 신호가 NBIF 출력에 나타난다. 그 주파수는 WBIF 출력에 사용된 것과 같은 방정식으로 결정되지만, 이제 "IF"는 NBIF의 중심 주파수이다.

이것은 훈련용 시뮬레이터이기 때문에 논리는 수신된 신호의 변조가 운용자에 의해 선택된 복조기와 일치하기만 하면 된다.

11.8.4 신호 강도 에뮬레이션

수신기에 대한 신호 강도 입력은 신호의 유효 방사 출력과 도래 방향의 안테나 이득에 따라 달라진다. 그림 11.33에서 볼 수 있듯이 각 IF 출력에서의 신호 강도는 순 이득 전달 함수net-gain transfer function에 따라 달라진다. 이 수신기에서는 동조기를 통한 이득과 손실이 선형이므로 WBIF 출력 레벨은 수신된 신호 강도와 선형적으로 관련이 있다. NBIF 출력은 IF 증폭기가 로그 전달 함수의 관계를 가지고 있기 때문에 수신된 신호 강도의 로그에 비례한다.

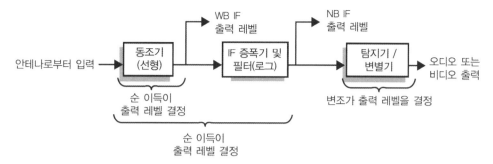

그림 11.33 IF 출력 레벨은 수신기 입력에서 신호 출력으로의 순 이득에 의해 결정된다. 변조 수준은 오디오 또는 비디오 출력 레벨을 결정한다.

11.8.5 프로세서 에뮬레이션

일반적으로 현대의 프로세서는 IF 또는 비디오 출력을 받아들이고, 수신된 신호(도래 방향, 변조 등)에 대한 정보를 추출한다. 이 정보는 컴퓨터에서 생성된 오디오 또는 시각적 표시 형태로 운용자에게 제공된다. 따라서 프로세싱의 에뮬레이션은 특정 신호가 수신되어야 하는 시뮬레이션 요구에 따라 적절한 디스플레이를 생성하는 것으로 이루어진다.

11.9 위협 에뮬레이션

앞의 11.7절과 11.8절에서 수신기 하드웨어 에뮬레이션에 대해 논의했다. 이제 에뮬레이션 신호 생성에 대해 이야기하고자 한다.

11.9.1 위협 에뮬레이션 종류

에뮬레이션이 주입되는 수신 시스템의 지점에 따라, 신호는 변조된 IF 신호 또는 변조된 RF 신호에 의해 오디오 또는 비디오 변조로 표시될 수 있다. 다음 논의는 두 유형의 에뮬레이션 신호의 특성과 생성 방법을 설명한다.

11.9.2 펄스 레이다 신호

현대 레이다는 펄스(펄스에 대한 변조 유무에 관계없이), 지속파^{CW} 또는 지속적으로 변조될 수 있다. 먼저 펄스 신호를 고려하자. 그림 11.34에서 볼 수 있듯이 위협 환경에서

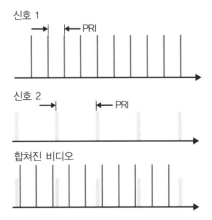

그림 11.34 신호 환경의 비디오 에뮬레이션에는 수신기 대역폭 내에 있는 신호의 모든 펄스가 포함된다.

각 신호에는 자체 펄스 신호들이 있다. 이 그림은 고정된 펄스 반복 주기PRI가 있는 두 개의 신호를 포함하는 매우 단순한 환경을 보여준다. 쉽게 구별할 수 있도록 서로 다른 펄스폭과 진폭으로 표시하였다. 두 신호를 모두 수용하기에 충분한 대역폭을 가진 수신기에 대한 에뮬레이션 입력은 그림과 같이 교차되는 펄스열을 포함한다. 광대역 수신기에 대한 실제 환경에서는 초당 수백만 개의 펄스들로 펄스가 밀집된 여러 신호들이 포함된다.

다음으로 수신기에서 관찰되는 레이다의 안테나 스캔 특성을 고려해 보자. 그림 11.35에서 볼 수 있듯이 파라볼릭 안테나에는 큰 주빔과 작은 측엽들이 있다. 안테나가 수신기의 위치를 소인할 때 위협 안테나는 그림 하단에 표시된 것처럼 시간에 따라 변하는 신호 강도 패턴을 발생시킨다. 주엽들 사이의 수신 경과시간은 위협 안테나의 스캔 주기이다. 다

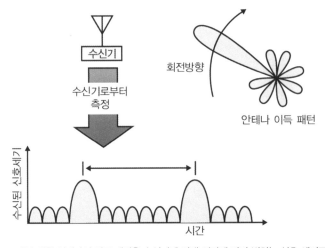

그림 11.35 스캐닝 위협 안테나의 이득 패턴은 수신기에 의해 시간에 따라 변하는 신호 세기로 인식된다.

양한 유형의 위협 안테나 스캔이 있으며, 각각 다른 수신 전력 대 시간 패턴을 갖는다. 다음 절에서는 수신기에 대해 여러 가지 전형적인 스캔 방식과 모습을 고려할 것이다.

이 스캔 패턴을 가진 신호의 펄스가 그림 11.36에 나타나 있다. 펄스열 (a)는 그림 (b)에 나타난 스캔 패턴에 맞도록 전력이 조절되어 (c)와 같이 표시된다. 그림의 아래쪽 (d)에서는 그림 11.34의 펄스열 중 하나가 수정되어 이 스캐닝 레이다 신호를 나타내도록 되어 있다. 이러한 결합된 펄스열은 EW 시스템의 프로세서에 입력될 수 있어 프로세서가 보는 신호 환경을 에뮬레이션할 수 있다.

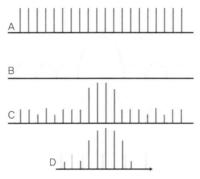

그림 11.36 스캐닝 레이다의 펄스 신호는 안테나가 수신기의 방향으로 스캔하는 동안 변하는 안테나 이득을 반영하여 펄스 간 진폭 변화를 갖게 된다.

수신기로 환경을 입력하기 위해서는 적절한 주파수에서 RF 펄스를 생성하는 것이 필요하다. 그림 11.37은 (매우 간단한 환경에 대해) 이 두 신호가 에뮬레이션되는 시간 동안 존재해야 하는 RF 주파수를 보여준다. 신호 1의 주파수는 항상 신호 1 펄스 동안 존재하고, 신호 2의 주파수는 자신의 펄스 동안 존재한다는 점에 유의하라. 전송은 펄스 동안에만 발생하기 때문에 펄스가 존재하지 않는 경우 주파수는 무의미하다. IF 신호의 정확한 에뮬레이션을 위해 그림 11.37의 두 신호 주파수는 수신기의 IF 통과대역 내에 있어야 한다.

예를 들어, 신호가 주입되는 IF 입력이 160MHz ± 1MHz를 수용한다고 가정해 보자. 이때 두 신호의 RF 주파수가 1MHz 떨어져 있고, 수신기가 두 신호 사이의 중간 지점에 동조되어 있다면, IF 주입 주파수는 159.5MHz와 160.5MHz가 된다.

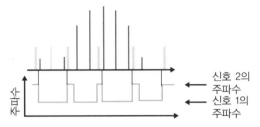

신호 2의
주파수
←
신호 1의
주파수

그림 11.37 펄스 신호의 RF 에뮬레이션을 위해 각 펄스는 그것이 나타내는 신호에 해당하는 올바른 RF 주파수에 있어야 한다.

11.9.3 펄스신호 에뮬레이션

그림 11.38은 다중 펄스 레이다 신호에 대한 기본 에뮬레이터를 보여준다. 이 에뮬레이터에는 각 단일 신호의 펄스 및 스캔 특성을 생성하는 다수의 펄스-스캔 발생기pulse-scan generator가 있다. 비용의 효율성을 위해 에뮬레이터는 하나의 RF 발생기를 공유한다. 이 RF 발생기는 각 펄스가 출력될 때 올바른 RF 주파수로 동조되어야 한다. 이 접근 방식은 펄스-스캔 발생기가 RF 발생기보다 훨씬 단순하기 때문에 경제적이다. 주의할 점은 병합된 펄스-스캔 출력들이 EW 프로세서에 입력될 수도 있고, RF 발생기에 변조 신호로 적용될 수도 있다는 것이다. 그러나 펄스 간 동기화 체계를 적용하여 RF 발생기를 펄스 단위로 동조해야 한다. 만약에 두 개의 펄스가 겹치면 RF 발생기는 펄스 중 하나에 대해서만 정확한 주파수를 제공할 수 있다.

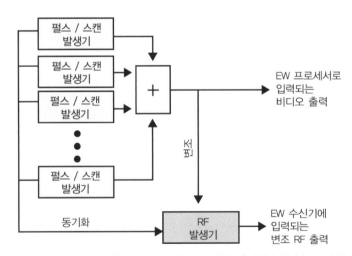

그림 11.38 다중 펄스–스캔 발생기의 결합된 출력은 EW 시스템의 프로세서로 출력될 수 있거나, EW 수신기에 결합된 신호 RF 환경을 제공하도록 동기화된 RF 발생기에 대한 변조 입력으로 사용될 수 있다.

11.9.4 통신 신호

통신 신호는 연속적인 변조를 갖고 있으며, 지속적으로 변화하는 정보를 전달한다. 따라서 오디오 처리를 위한 신호는 일반적으로 녹음기 출력에서 제공된다. 그러나 수신기 테스트를 위해서는 간단한 변조 파형(사인파 등)을 함께 사용하는 것이 실용적일 수 있다. RF 통신 신호를 에뮬레이션할 때는 각 순간에 존재하는 각각의 신호에 대해 별도의 RF 발생기가 필요하다. 이는 푸시-투-토크push-to-talk 네트워크(한 번에 하나의 송신기만 활성화되는)를 단일 RF 발생기로 에뮬레이션할 수 있으며, 전송이 짧고 겹치는 신호들을 무시할 수 있는 경우에는 여러 네트워크(서로 다른 주파수에서)에서 하나의 RF 발생기를 공유할 수 있음을 의미한다. 그렇지 않으면 신호당 하나의 RF 발생기가 필요하다.

그림 11.39는 전형적인 통신 환경 시뮬레이터의 구성을 보여준다. 이와 동일한 구성이 CW, 변조된 CW 또는 펄스-도플러 레이다를 에뮬레이션하는 데 사용된다는 점을 주의할 필요가 있다. 이것은 각각이 매우 높은 듀티 팩터duty factor(또는 100%)를 갖고 있어 RF 발생기를 공유할 수 없기 때문이다.

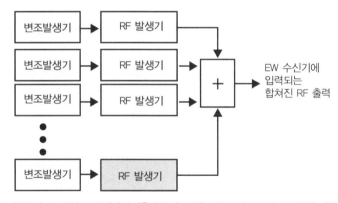

그림 11.39 펄스 또는 통신 변조는 병렬 RF 발생기에 적용하여 서로 다른 신호의 펄스 간에 간섭이 없는 통신 신호 환경이나 레이다 환경을 생성할 수 있다.

11.9.5 높은 충실도 펄스 에뮬레이터

전용 RF 발생기 구성이 사용되는 또 다른 경우는 펄스 드롭아웃dropout이 허용되지 않는 고충실도 펄스 에뮬레이터 경우이다. 공유 RF 발생기는 특정 시점에 하나의 주파수에만 존재할 수 있기 때문에 겹치는(또는 거의 겹치는) 펄스는 하나의 펄스를 세외한 모든 펄스를 삭제해야 한다. 프로세서가 펄스열을 처리하는 경우, 누락된 펄스로 인해 잘못된 결과가 제공될 수 있다. 누락된 펄스의 영향은 효과적인 훈련이나 엄격한 시스템 테스트를 방해가 될 수 있으므로, 프로그램이 그런 비용을 감수할 수 있다면 전용 RF 발생기가 필요할 수 있다.

11.10 위협 안테나 패턴 에뮬레이션

다양한 유형의 레이다에서 사용하는 안테나 스캔 패턴은 임무에 따라 다르다. 위협 에뮬레이션에서는 고정된 위치의 수신기가 볼 수 있는 위협 안테나 이득의 시간 변화를 재현하는 것이 필요하다.

이 절에서 네 개의 그림은 다양한 유형의 스캔을 보여준다. 각 스캔 유형은 안테나의 동작과 고정된 위치의 수신기가 관찰하는 위협 안테나 이득 패턴의 시간 변화 측면에서 설명된다.

11.10.1 원형 스캔

원형 스캔circular scan 안테나는 그림 11.40에 표시한 것과 같이 전체 원을 회전한다. 수신된 패턴은 주엽의 관측 간에 균일한 시간 간격을 특징으로 한다.

11.10.2 섹터 스캔

그림 11.40에서 볼 수 있듯이 섹터 스캔sector scan은 안테나가 각도의 세그먼트를 왕복하여 이동한다는 점에서 원형 스캔과 다르다. 주엽 사이의 시간 간격은 수신기가 스캔 세그먼트의 중앙에 있는 경우를 제외하고 두 가지 값을 가진다.

11.10.3 헬리컬 스캔

헬리컬 스캔helical scan은 그림 11.40과 같이 360°의 방위각을 커버하며, 스캔하는 중에 고도를 변경한다. 주엽의 시간 간격은 일정하게 유지되지만, 위협 안테나의 고도가 수신기 위치의 고도와 멀어질수록 주엽의 진폭이 감소하는 것을 관찰할 수 있다.

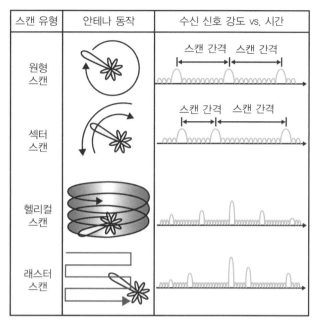

스캔 유형	안테나 동작	수신 신호 강도 vs. 시간
원형 스캔		스캔 간격 스캔 간격
섹터 스캔		스캔 간격 스캔 간격
헬리컬 스캔		
래스터 스캔		

그림 11.40 안테나 스캔은 원형, 섹터, 헬리컬 및 래스터로 분류되며, 수신기에서는 매우 유사한 형태의 파형으로 관찰된다. 차이점은 주빔의 타이밍과 진폭에 있다.

11.10.4 래스터 스캔

래스터 스캔raster scan은 그림 11.40과 같이 각도 영역을 평행한 선들로 커버한다. 이는 섹터 스캔처럼 보이지만, 위협 안테나가 수신기의 위치를 통과하지 않는 래스터 "선lines"을 커버할 때 주엽의 진폭이 감소된 상태로 관찰된다.

11.10.5 코니컬 스캔

코니컬 스캔conical scan은 그림 11.41과 같이 정현파 형태로 변하는 파형으로 관찰된다. 수신기 위치(T)가 안테나 스캔으로 형성된 원뿔의 중심으로 이동할수록 정현파의 진폭이 감소한다. 수신기가 원뿔의 중앙에 있으면, 안테나와 수신기가 동일하게 오프셋되어 있기 때문에 신호의 진폭은 변동이 없다.

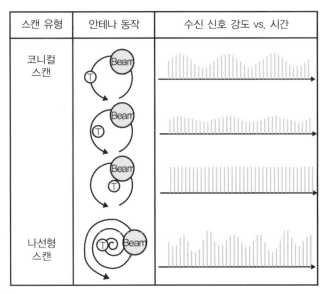

스캔 유형	안테나 동작	수신 신호 강도 vs. 시간

그림 11.41 코니컬 스캔 안테나는 정현파 진폭 패턴으로 수신된다. 정현파의 진폭은 빔 내의 수신기 위치에 따라 변화한다. 나선형 스캔도 유사한 패턴으로 수신되지만, 안테나가 나선형으로 안으로 또는 바깥으로 나아감에 따라 수신기의 표시 위치가 원뿔 안에서 변화한다.

11.10.6 나선형 스캔

나선형 스캔spiral scan은 그림 11.41에서와 같이 원뿔의 각도가 증가하거나 감소한다는 점을 제외하면 코니컬 스캔과 유사하다. 관찰된 패턴은 수신기의 위치를 통과하는 회전에 대해 코니컬 스캔과 유사한 모습을 보인다. 나선형 경로가 수신기 위치에서 멀어짐에 따라 안테나 이득은 진폭이 감소한다. 이 패턴의 불규칙성은 안테나 빔과 수신기 위치 간 각도의 시간 이력에서 비롯된다.

11.10.7 팔머 스캔

팔머 스캔Palmer scan은 그림 11.42와 같이 선형으로 이동하는 원형 스캔이다. 만약 수신기가 한 개의 원 중앙에 있는 경우, 해당 회전에 대해 진폭은 일정하다. 그림에서는 수신기가 중심에 가까운 위치에 있지만 정확하게 중심에 있지는 않다고 가정한다. 따라서 표시된 세 번째 주기는 진폭이 낮은 사인파이다. 원뿔이 수신기 위치에서 멀어짐에 따라 사인파는 원래 크기대로 회복되지만, 신호의 진폭은 약해진다.

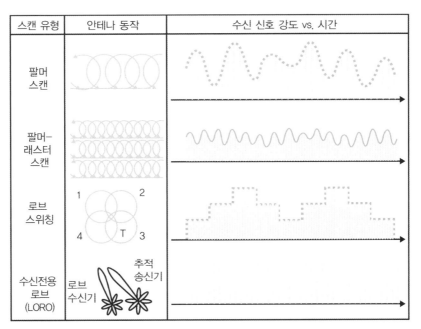

스캔 유형	안테나 동작	수신 신호 강도 vs. 시간
팔머 스캔		
팔머-래스터 스캔		
로브 스위칭		
수신전용 로브 (LORO)		

그림 11.42 팔머 스캔은 선형 범위를 이동하는 코니컬 스캔이다. 팔머-래스터는 래스터 패턴으로 움직이는 코니컬 스캔이다. 로빙 안테나는 송신 안테나가 로브를 통해 전환할 때 계단 진폭 패턴을 보여준다. 수신전용 로브의 경우, 수신기는 일정한 진폭 신호를 보게 된다.

11.10.8 팔머-래스터 스캔

그림 11.42와 같이 코니컬 스캔을 래스터 패턴으로 이동시키면 수신된 위협의 이득 이력은 신기 위치를 통과하는 래스터 라인의 팔머 스캔Palmer-Raster scan과 유사한 형태를 보인다. 그렇지 않으면 패턴은 거의 정현파 형태가 되며, 래스터 라인이 수신기 위치의 각도에서 멀어짐에 따라 진폭이 감소한다.

11.10.9 로브 스위칭

안테나는 그림 11.42에 표시된 것처럼, 로브 스위칭lobe switching은 네 개의 조준 각도 사이를 이동하여 정사각형 모양을 형성하고, 필요한 추적 정보를 제공한다. 다른 패턴과 마찬가지로 수신된 위협 안테나의 이득 이력은 위협 안테나와 수신기 위치 사이의 각도 함수이다.

11.10.10 수신전용 로브

수신전용 로브lobe-on receive only, LORO의 경우, 그림 11.42와 같이 위협 레이다는 표적(수신기 위치)을 추적하고, 송신 안테나가 표적에 지속적으로 향하도록 유지한다. 수신 안테나는 추적 정보를 제공하기 위해 로브 스위칭 기능이 있다. 송신 안테나가 항상 수신기를 향하고 있기 때문에 수신기는 일정한 신호 수준을 감지한다.

11.10.11 위상 배열

위상 배열phased array은 그림 11.43과 같이 전자적으로 조정되기 때문에 임의의 조준 각도에서 다른 조준 각도로 즉시 무작위로 이동할 수 있다. 따라서 수신기에서 관찰되는 논리적 진폭 기록이 없다. 수신된 이득은 위협 안테나의 순시 조준 각도와 수신기 위치 사이의 각도에 따라 달라진다.

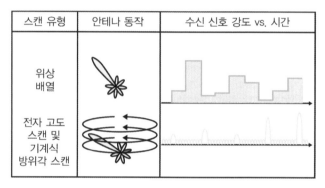

그림 11.43 위상 배열 안테나는 임의의 조준 각도에서 다른 조준 각도로 직접 이동할 수 있으므로 수신된 패턴의 진폭이 무작위로 변경된다. 안테나에 기계식 방위각 제어가 있는 수직 위상 배열의 경우, 원형 스캔처럼 보이지만 주빔 진폭이 임의로 변경된다.

11.10.12 기계식 방위각 스캔 기능을 갖춘 전자 고도 스캔

그림 11.43과 같이 위협 안테나는 원형 스캔을 가정하며, 고도는 수직 위상 배열을 통해 임의로 이동되어 주엽 사이에 일정한 시간 간격을 제공한다. 그러나 그들의 진폭은 논리적인 순서 없이 변할 수 있다. 방위각 스캔은 섹터 스캔일 수도 있고 고정된 방위각으로 명령될 수도 있다.

EW 위협 환경의 특징 중 하나는 많은 신호들이 짧은 듀티 사이클을 가지고 있다는 것이다. 따라서 하나의 신호 발생기를 사용하여 여러 위협 신호를 생성하는 것이 가능하다. 이는 신호당 비용을 상당히 절감할 수 있는 장점을 가지고 있다. 그러나 이러한 비용 절감은 성능 비용으로 이어질 수 있음을 알게 될 것이다. 이 절에서는 다중 신호 에뮬레이션을 달성하는 다양한 방법에 대해 논의한다.

다음 설명에서는 다중 신호를 에뮬레이션하기 위한 두 가지 기본 방법을 다룬다. 두 가지 방법 사이의 기본적인 절충은 비용 대 충실도이다.

11.11.1 병렬 발생기

최대의 충실도를 위해 시뮬레이터는 그림 11.44와 같이 완전한 형태의 병렬 시뮬레이션 채널로 설계된다. 각 채널에는 변조 발생기, RF 발생기 및 감쇠기가 있다. 감쇠기는 수신 안테나 패턴과 같이 위협의 스캔 및 거리에 해당하는 손실을 시뮬레이션할 수 있다(적절한 경우). 변조 발생기는 펄스, CW 또는 변조된 CW와 같은 어떤 유형의 위협 변조도 제공할 수 있다. 이 구성은 모든 신호가 동시에 발생하지는 않기 때문에 채널 수보다 더 많은 신호를 제공할 수 있다. 그러나 채널 수와 동일한 수의 순간 동시 신호를 제공할 수 있다. 예를 들어, 채널이 4개인 경우 CW 신호와 3개의 중첩 펄스를 제공할 수 있다.

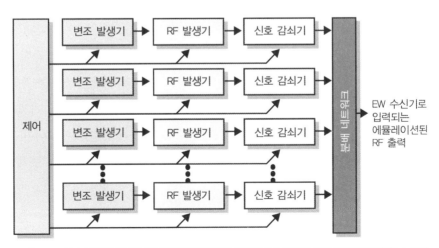

그림 11.44 여러 시뮬레이션 채널의 출력들이 결합되어 복잡한 신호 환경을 매우 정확하게 표현할 수 있다.

11.11.2 시분할 발생기

특정 순간에 단 하나의 신호만 있어야 하는 경우 단일 시뮬레이션 구성요소 세트(그림 11.45 참조)가 많은 신호를 제공할 수 있다. 이 구성은 일반적으로 단일의 펄스-신호 환경에서만 사용된다. 제어 서브시스템에는 에뮬레이션할 모든 신호의 타이밍 및 매개변수 정보가 포함되어 있다. 이 제어 서브시스템은 펄스 간격에 따라 각 시뮬레이션 구성요소를 제어한다. 이 접근 방식의 단점은 주어진 순간에 하나의 RF 신호만 출력할 수 있다는 것이다. 이것은 하나의 CW 또는 변조된 CW 신호 또는 펄스들이 겹쳐지지 않는 한 여러 개의 펄스 신호들을 출력할 수 있음을 의미한다. 그림 11.46 및 11.47과 같이 실제로 펄스가 실제로 겹지지 않더라도 시간적으로 서로 가까이 위치한 펄스에는 제한이 있다.

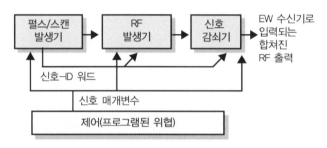

그림 11.45 단일의 에뮬레이션 구성요소 세트는 각 구성요소를 펄스별로 제어하여 다중 신호 펄스 출력을 제공하는 데 사용될 수 있다.

11.11.3 간단한 펄스-신호 시나리오

그림 11.46은 펄스들이 중첩되지 않는 세 개의 신호를 포함한 매우 간단한 펄스 시나리오를 보여준다. 이러한 모든 펄스는 펄스별로 제어되는 단일 시뮬레이터 스트링에 의해 제공될 수 있다. 그림 11.47의 첫 번째 줄은 세 신호가 결합된 비디오를 보여준다. 이것은 모든 세 신호의 주파수를 커버하는 크리스탈 비디오 수신기에 의해 수신되는 신호일 수 있다. 두 번째 줄은 시뮬레이터의 RF 출력에서 세 신호를 모두 포함시키기 위해 필요한 주파수 제어를 보여준다. 올바른 신호 주파수가 전체 펄스 기간 동안 유지되어야 함에 유의해야 한다. 그런 다음 RF 시뮬레이터의 합성기는 다음 펄스의 주파수로 동조하기 위해 인터펄스interpulse 시간을 갖는다. 합성기 동조 및 정착 속도는 지정된 가장 짧은 인터펄스 시간 동안 전체 주파수 범위로 변경될 수 있을 만큼 충분히 빨라야 하는 것에 유의해야 한다. 그림의 세 번째 줄은 모든 신호를 펄스 단위로 시뮬레이션하는 데 필요한 출력 전력

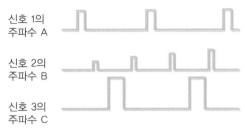

신호 1의
주파수 A

신호 2의
주파수 B

신호 3의
주파수 C

그림 11.46 이것은 세 개의 신호가 있는 매우 간단한 펄스 시나리오이다. 이 예에서는 펄스들이 서로 겹치지 않는다.

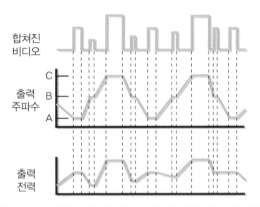

합쳐진
비디오

출력
주파수

출력
전력

그림 11.47 세 개의 신호를 결합하고, 펄스 단위로 시뮬레이터를 제어하려면 출력 주파수와 전력에서 이러한 변경이 필요하다.

을 보여준다. 이는 감쇠기가 최소의 인터펄스 시간 동안 요구되는 정확도로 올바른 전력 수준에 안정되어야 함을 의미한다. 펄스 사이의 변화는 전체 감쇠 범위까지 일어날 수 있다. 시뮬레이터 구성에 따라 이 감쇠는 위협 스캔 및 거리 감쇠만을 위한 것일 수도 있고, 수신 안테나 시뮬레이션을 포함할 수도 있다.

11.11.4 펄스 드롭아웃

합성기와 감쇠기가 다음 펄스에 대한 적절한 값으로 이동하기 전에 제어 신호를 수신해야 한다. 디지털 워드("신호-ID 워드")인 이 제어 신호는 그림 11.48과 같이 펄스의 리딩 에지보다 "예측 시간anticipation time" 만큼 앞서서 전송된다. 예측 시간은 최악의 감쇠기 정착 시간과 최악의 합성기 정착 시간을 고려하여 충분히 길어야 한다. 두 개의 시간 중에서 더 긴 시간이 예측 시간을 결정한다. 그림에서는 최악의 감쇠기 정착 시간이 최악의 합성기 정착 시간보다 길다. "잠금 기간lockout period"은 신호-ID 워드 이후에 다른 신호의 ID 워드를 전송할 수 있는 시간 지연이다. 만일 이전 펄스의 펄스폭과 예측 시간의 합으로 결정된 시간 내에 펄스가 발생하면, 해당 펄스는 시뮬레이터 출력에서 드롭아웃dropout된다.

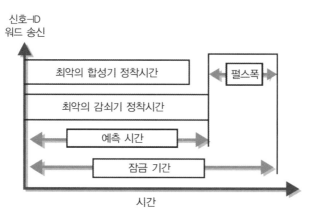

그림 11.48 제어 신호는 주파수와 출력 전력 설정이 안정화될 수 있도록 충분한 시간 동안 각 펄스를 예측해야 한다. 다음 펄스는 예측 시간과 펄스폭이 합에 의한 시간 동안에는 들어올 수 없다.

11.11.5 주 시뮬레이터와 보조 시뮬레이터

주가 되는 시뮬레이터 채널에서 드롭되는 펄스를 제공하기 위해 또 하나의 보조 시뮬레이터 채널이 사용된다면 펄스 드롭아웃 비율을 크게 줄일 수 있다. 다양한 시뮬레이터 구성에서 드롭되는 펄스의 백분율을 분석하는 데는 이항 방정식이 사용되며, 이는 다른 여러 EW 응용 분야에서도 유용하다.

11.11.6 접근방법의 선택

다중 신호 에뮬레이션 방법의 선택은 비용과 충실도의 문제이다. 높은 충실도와 소수의 신호를 요구하는 시스템에서는 완전한 병렬 채널을 제공하는 것이 최선이다. 약간 낮은 충실도(아마도 1% 또는 0.1% 펄스 드롭아웃)가 허용되고, 시나리오에 많은 신호가 있는 경우에는 주 시뮬레이터와 하나 이상의 보조 시뮬레이터를 제공하는 것이 가장 좋을 수 있다. 펄스 드롭아웃이 허용될 수 있는 경우, 단일 채널 시뮬레이터가 상당한 비용 절감을 가져올 수 있다. 우선순위가 높은 신호에서 펄스 드롭을 피하기 위해 신호 간 우선순위를 설정함으로써 펄스 드롭의 영향을 최소화할 수 있다.

뛰어난 결과를 제공할 수 있는 한 가지 방법은 특정 위협 에미터에 대해 전용 시뮬레이터를 사용하고, 동시에 단일-채널, 다중-신호 발생기를 사용하여 배경 신호를 제공하는 것이다. 이는 고밀도 펄스 환경에서 지정된 신호를 처리하는 시스템의 능력을 테스트한다.

부록 A

Journal of Electronic Defense에 게재된 EW 101 칼럼과의 상호 참조

ㅊ

데이비드 아다미David Adamy는 전자전electronic warfare 분야에서 국제적으로 인정받는 전문가입니다. 아마도 그가 많은 해 동안 EW 101 칼럼을 써 왔기 때문일 것입니다. 그러나 칼럼을 쓰는 것 외에도 그는 38년 동안 군복과 무관하게 EW 전문가(자신을 자랑스럽게 "Crow"라고 부름)로 활동해 왔습니다. 시스템 엔지니어, 프로젝트 리더, 프로그램 기술 책임자, 프로그램 매니저 및 라인 매니저로서 그는 DC 신호로부터 광학 신호까지 EW 프로그램에 직접 참여했습니다. 그 프로그램들은 잠수함부터 우주까지 다양한 플랫폼에 배치되었으며, "신속하면서도 사소한 수준"부터 높은 신뢰성까지 충족시키는 시스템을 개발했습니다.

그는 통신 이론 전공 분야에서 전기공학 학사BSEE와 전기공학 석사MSEE 학위를 취득하였습니다. EW 101 기고문 외에도 그는 EW, 정찰 및 관련 분야에서 많은 기술적 논문을 발표하였으며, 본서를 포함하여 7권의 책을 출판했습니다. 그는 전 세계에서 EW 관련 강의를 진행하고 군 기관과 EW 회사들에 자문을 제공하고 있습니다. 그는 국제전자전협회Association of Old Crows의 이사를 오랫동안 역임하였으며, 조직의 전문 개발 과정과 연례 기술 심포지엄의 기술 트랙을 운영하고 있습니다.

그는 40년 동안 헌신적인 아내(오랫동안 고전적인 괴짜를 참고 견디었기 때문에 메달을 받을 자격이 있습니다)와 함께하고 있으며, 네 명의 딸과 여섯 명의 손자, 손녀를 두고 있습니다. 그는 괜찮은 엔지니어라고 말하지만, 낚시에서만큼은 세계에서 정말로 훌륭한 낚시꾼 중 한 명이라고 주장합니다.

옮긴이 소개

두석주   육군사관학교 전산학과(학사)
　　　　　연세대학교 공과대학 전자공학과(석사)
　　　　　미국 The Ohio State University 전기 및 컴퓨터공학과(박사)
　　　　　현재 육군3사관학교 전자공학과 교수
　　　　　『EW 104: 차세대 위협에 대비한 최신 전자전 기술』공동 번역

김대영   육군사관학교 전자공학과(학사)
　　　　　미국 Wayne State University 전자공학과(석사)
　　　　　미국 The University of Texas at Dallas 전자공학과(박사)
　　　　　현재 육군3사관학교 전자공학과 교수
　　　　　『사이버전자전』공동 집필

이길영   공군사관학교 전자공학과(학사)
　　　　　서울대학교 전기 및 컴퓨터공학과(석사)
　　　　　미국 The Ohio State University 전기 및 컴퓨터공학과(박사)
　　　　　현재 공군사관학교 전자통신공학과 교수
　　　　　『EW 104: 차세대 위협에 대비한 최신 전자전 기술』공동 번역

황성인   공군사관학교 기계공학과(학사)
　　　　　일본 방위대학교 전기전자공학(석사, 박사)
　　　　　공군본부 전자전과 전자전기획담당
　　　　　공군사관학교 전자통신공학과 조교수
　　　　　현재 국방과학연구소 군전력연구센터 현역연구원

문병호   한양대학교 정보통신공학과(석사)
　　　　　LG그룹 방산부문 연구소 입사
　　　　　현재 LIG넥스원 전자전연구소 연구소장
　　　　　함정용 전자전장비II, 항공신호정보기III 임무장비 연구개발 책임자

장영진   광운대학교 방위사업과(공학석사)

LG그룹 방산부문 입사

현재 LIG넥스원 전자전사업부 사업부장

함정용 전자전장비II, 항공신호정보기II 임무장비 사업책임자

박동철   서울대학교 공과대학 전자공학과(학사)
한국과학기술원 전기 및 전자공학과(석사)
미국 University of California, Santa Barbara 전기 및 컴퓨터공학과(박사)
현재 충남대학교 공과대학 전파정보통신공학과 명예교수
현재 한국전자파학회 명예회장
현재 한국공학한림원 원로회원

이병남   충남대학교 전파공학과 졸업(박사)
전 국방과학연구소 레이다전자전 기술센터장
전 한국전자파학회 부회장
전 합참 및 공군 전자기전 정책자문위원
현재 국방부 및 육군 전자기전 정책자문위원
현재 국제전자전협회(AOC) 한국지회 부회장

EW 101: 전자전 기술의 기초

초판발행 2024년 2월 28일

지 은 이 데이비드 엘 아다미(David L. Adamy)
옮 긴 이 두석주, 김대영, 이길영, 황성인, 문병호, 장영진
펴 낸 이 김성배
펴 낸 곳 도서출판 씨아이알

책임편집 신은미
디 자 인 문정민 엄해정
제작책임 김문갑

등록번호 제2-3285호
등 록 일 2001년 3월 19일
주   소 (04626) 서울특별시 중구 필동로8길 43(예장동 1-151)
전화번호 02-2275-8603(대표)
팩스번호 02-2265-9394
홈페이지 www.circom.co.kr

I S B N 979-11-6856-197-7 93560